U0185069

"十四五"普通高等院校公共课程类系列教材

高 等 数 学

（上册）

吴健辉　李珍真　主编

中国铁道出版社有限公司

CHINA RAILWAY PUBLISHING HOUSE CO., LTD.

内 容 简 介

本书遵循"以服务为宗旨，以应用为目的，以必需够用为度"的原则，在认真总结经验、分析调研的基础上，合理整合知识内容，以突出重点、强调学法指导为特色，充分体现了模块式教学的应用性。本书集数学知识、数学思维、数学教育于一体，具体内容包括函数、极限与连续，导数和微分，导数的应用，不定积分，定积分，定积分的应用。并按层次配有习题，便于学生学习、掌握数学知识与数学技能。

本书适合作为普通高等院校各专业高等数学、应用数学课程的教材。

图书在版编目（CIP）数据

高等数学．上册/吴健辉,李珍真主编．—北京:中国
铁道出版社有限公司,2022.8
"十四五"普通高等院校公共课程类系列教材
ISBN 978-7-113-29515-8

Ⅰ.①高… Ⅱ.①吴… ②李… Ⅲ.①高等数学-高等
学校-教材 Ⅳ.①O13

中国版本图书馆 CIP 数据核字(2022)第 143535 号

书 名：高等数学（上册）	
作 者：吴健辉 李珍真	

策 划：曹莉群	编辑部电话：(010)51873090
责任编辑：潘星泉 徐盼欣	
封面设计：刘 颖	
责任校对：孙 玫	
责任印制：樊启鹏	

出版发行：中国铁道出版社有限公司(100054,北京市西城区右安门西街 8 号)
网 址：http://www.tdpress.com/51eds/
印 刷：三河市兴达印务有限公司
版 次：2022 年 8 月第 1 版 2022 年 8 月第 1 次印刷
开 本：710 mm×1 000 mm 1/16 **印张**：13.75 **字数**：269 千
书 号：ISBN 978-7-113-29515-8
定 价：39.80 元

前　　言

　　高等数学是普通高等院校各专业的一门必修的基础课程,本书基于编者多年来从事高等数学教学经验积累而编写。在编写过程中,遵循"强基础,重应用"的原则,在保证数学科学性的基础上,减少了复杂的理论求证,注重培养学生的基本运算能力和解决实际应用问题能力,力求在有限的教学时数内拓展学生的知识面。

　　本书具有如下特色:

　　(1)本书包含了普通高等院校各专业所需的主要高等数学内容,在编写过程中既强调数学的逻辑性和严谨性,又做到了通俗易懂,便于读者自学。教师在教学过程中可以根据各专业的特点选择所需内容。

　　(2)在内容选取上,突出基本概念的理解和基本方法的掌握,注重培养学生的数学思想和数学思维方法。在编排上,以实例作为重要概念的切入点,重点分析如何从实例中抽象出数学概念,培养学生的抽象思维能力,遵循数学知识的认知规律,由浅入深,循序渐进。

　　(3)在部分实例求解过程中加入分析,力求提高学生的观察、分析、思考能力,数学语言表达能力,运用数学基本概念、方法解决问题的能力,并提高他们学习数学的兴趣。在例题与习题的选取方面既考虑到了基本知识及基本能力的训练,同时也编排了一些思维能力的提高题。

　　本书由吴健辉、李珍真任主编。

　　由于编者水平所限,书中不足和疏漏之处在所难免,敬请广大读者批评指正。

编　者
2022 年 5 月

目　　录

第 1 章

函数、极限与连续

　　微积分学的创立是由常量数学向变量数学转变的一件具有划时代意义的事情,微积分学的研究对象是函数.高等数学的主要内容是微积分学,它以极限为工具,并在实数范围内研究函数的变化率及其规律性,从而产生微积分的基本概念及性质.本章主要介绍函数的概念及其基本性质,数列与函数的极限及其基本性质,连续函数的概念及其基本性质,为进一步学好微积分打下一个良好的基础.

1.1　函数的概念

1.1.1　几个基本概念

1.常量与变量

　　在日常生活或生产实践中,观察某一个事件的结果往往是用一个量的形式来表现的,在观察的某一个过程中始终保持不变的量称为**常量**,经常变化的量称为**变量**.通常用小写字母 $a,b,c,\cdots$ 表示常量,用小写字母 $x,y,z,\cdots$ 表示变量.

　　常量和变量是相对的,在不同的过程中常量和变量是可以转化的.例如,某商品的价格在第一个月内保持不变,可以说在第一个月内价格是常量;如果在第二个月内发生了变化,那么价格在这两个月内是变量.实际生活中的量短期内可以是常量,从长期来看,绝大多数是变量.

　　从几何意义上来表示,常量对应数轴上的定点,变量对应数轴上的动点.

2.集合与区间

　　集合是表示具有同一种属性的全体.

　　例如,某班的全体学生可以组成一个集合;一家公司所有的在职职工可以组成一个集合;所有的实数可以组成一个集合;等等.

　　有关集合的运算、集合的表示等方面的基本知识,中学数学已有介绍,这里不再赘述.

　　高等数学中常用的数集及其符号表示如下:

　　开区间:$(a,b)=\{x\mid a<x<b\}$;

闭区间：$[a,b] = \{x \mid a \leqslant x \leqslant b\}$；

左半开区间(或右半闭区间)：$(a,b] = \{x \mid a < x \leqslant b\}$；

右半开区间(或左半闭区间)：$[a,b) = \{x \mid a \leqslant x < b\}$；

上述四个区间的长度都是有限长的，因此把它们统称为有限区间.

无穷区间有：

$$(-\infty, +\infty) = \mathbf{R}; \quad (a, +\infty) = \{x \mid x > a\}; \quad [a, +\infty) = \{x \mid x \geqslant a\};$$

$$(-\infty, b) = \{x \mid x < b\}; \quad (-\infty, b] = \{x \mid x \leqslant b\}.$$

如无特别声明,可用如下符号表示一些常用数集：

R—— 实数集；**Q**—— 有理数集；**Z**—— 整数集；**N**—— 自然数集.

为了讨论数轴上某点附近的性质,需要引入邻域的概念.

定义 1　设 x_0 是一个实数,δ 是正数(通常是指很小的正数),数轴上到点 x_0 的距离小于 δ 的点的全体,称为点 x_0 的 δ **邻域**,记为 $U(x_0, \delta)$ [见图 1-1(a)]. 即

$$U(x_0, \delta) = (x_0 - \delta, x_0 + \delta) = \{x \mid \mid x - x_0 \mid < \delta\}.$$

数集 $\{x \mid 0 < \mid x - x_0 \mid < \delta\}$ 称为点 x_0 的去心 δ 邻域,记为 $\mathring{U}(x_0, \delta)$ [见图 1-1(b)].

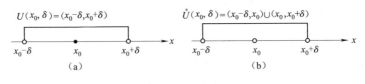

图　1-1

1.1.2　函数的概念

定义 2　设 D 是实数集 $\mathbf{R}$ 上的非空子集,如果存在一个对应法则 f,使得对任意的 $x \in D$,按对应法则 f 都有唯一的一个实数 y 与之对应,则称 f 是从 D 到 $\mathbf{R}$ 上的一个**函数**(也称定义在 D 上的函数),记为

$$f : D \rightarrow \mathbf{R}, \ x \rightarrow y,$$

简记为 $y = f(x)$.

通常把 x 称为**自变量**,把 y 称为**因变量**(或 x 的函数),x 的取值范围称为函数的**定义域**. 一般情况下,用 D 或 D_f 表示函数 f 的定义域. 当取 $x = x_0$ 时,按照对应法则 f 有 $y_0 = f(x_0)$ 与之相对应,则称其为函数在点 x_0 处的**函数值**；当 x 在定义域 D 上取遍时,所对应的函数值的全体称为函数的**值域**,记为 R_f,即

$$R_f = \{y \mid y = f(x), x \in D_f\}.$$

函数的实质是对应法则(或对应关系),只要两个变量之间能找到一种对应关系,满足函数定义中的条件,就说它们之间确定了一个函数. 比如,在方程 $2x - y +$

$1=0$ 中有两个变量,给定变量 x 的一个值,由方程唯一确定了变量 y 的一个值,就在变量 x 与 y 之间确定了一个对应关系,这个对应关系满足函数的定义要求,就称变量 x 与 y 之间确定了一个函数 $y=f(x)$;同样,在这个方程中如果给定变量 y 的一个值,由方程唯一确定了变量 x 的一个值,就在变量 y 与 x 之间确定了一个对应关系,这个对应关系满足函数的定义要求,就称 y 与 x 之间确定了一个函数 $x=g(y)$.

对任给自变量 x 的一个值,根据函数 f 有唯一的一个 y 值与之相对应,将其按顺序形成向量 (x,y),就形成了以 x 为横轴 y 为纵轴的平面直角坐标系上的一个点,当自变量 x 在定义域 D_f 上变化时,该点的变化轨迹就形成一条曲线 C,则称曲线 C 为函数 $y=f(x)$ 的**图形**(或**图像**).

由于定义 2 中定义的函数指的是单值函数,因此一个函数的图像一定是一条平面曲线,但并不是所有的平面曲线都是某一个函数的图像. 比如,平面上单位圆 $x^2+y^2=1$,虽然由方程 $x^2+y^2=1$ 也能确定两个变量之间的一个对应关系,但由于给定一个 x 并不能唯一地确定一个 y 值,如 $x=0$ 时,相应的 y 可以等于 1,也可以等于 -1,通常称这种对应关系为多值函数. 这种对应关系不满足定义 2 中函数的定义要求,因此这个单位圆不是某个函数的图像. 对于多值函数可以通过限定定义域或值域范围的办法,将多值函数分为几个单值函数. 比如,通过限定单位圆 $x^2+y^2=1$ 中 y 的范围,可以将方程 $x^2+y^2=1$ 所确定的多值函数分为 $y=+\sqrt{1-x^2}$ 与 $y=-\sqrt{1-x^2}$ 两个单值函数. 本书中的函数都是单值函数.

对于函数概念,以下几点是值得注意的:

(1)在给定的一个函数中,如果确定了自变量的值,因变量的值也就随之确定了. 因此,确定函数的两个要素是定义域与对应法则.

(2)函数之间可以定义加、减、乘、除等运算,但是运算必须在所有函数都有意义的公共范围内进行.

有关函数的相等,函数的定义域、值域,函数的四则运算等概念在中学数学中已有介绍,这里不再赘述.

1.1.3　函数的表示法

1. 解析法(公式法)

把两个变量之间的关系直接用数学式子表示出来,必要的时候还可以注明函数的定义域、值域,这种表示函数的方法称为解析法. 这在高等数学中是最常见的函数表示法,它便于进行理论研究.

2. 表格法

表格法是指把自变量和因变量的对应值用表格形式列出. 这种表示法有较强

的实用价值,如三角函数表、常用对数表等.

3.图示法

图示法是指用某坐标系下的一条曲线反映自变量与因变量的对应关系的方法.比如,气象台自动温度计记录了某地区的一昼夜气温的变化情况,这条曲线在直角坐标系下反映出来的就是一个函数关系.这种方法几何直观性强,函数的基本性态一目了然,但它不利于理论研究.

下面来看几个具体的例子.

例 1　函数

$$y = |x| = \begin{cases} x, & x \geqslant 0 \\ -x, & x < 0 \end{cases}$$

的定义域为 **R**,值域为 $[0,+\infty)$,称这个函数为**绝对值函数**,其图形如图 1-2 所示.通常这类函数称为**分段函数**.

分段函数是指函数在定义域的不同范围内的函数表达式不同,它实质上是一个函数,不能理解为两个或多个函数.

例 2　函数

$$y = \operatorname{sgn} x = \begin{cases} 1, & x > 0 \\ 0, & x = 0 \\ -1, & x < 0 \end{cases}$$

称为**符号函数**,记为 $\operatorname{sgn} x$,它的定义域是 $D_f = (-\infty,+\infty)$,值域 $R_f = \{-1,0,1\}$,其图形如图 1-3 所示.对任何实数 x 都有关系式 $x = \operatorname{sgn} x \cdot |x|$ 成立,所以它起着一个符号的作用.

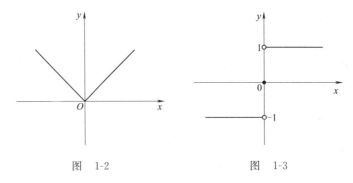

图　1-2　　　　　　　　　　　图　1-3

例 3　设 x 为任一实数,不超过 x 的最大整数称为 x 的整数部分,记作$[x]$.称 $y=[x]$ 为**取整函数**,其定义域为 $D=(-\infty,+\infty)$,值域为 $R_f=\mathbf{Z}$.

例如,$\left[\dfrac{3}{8}\right]=0,[\sqrt{2}]=1,[\pi]=3,[-1]=-1,[-3.5]=-4.$

例 4　狄利克雷函数(Dirchlet)

$$y = \begin{cases} 1, & x \text{ 为有理数时} \\ 0, & x \text{ 为无理数时} \end{cases},$$

它的定义域是 $D_f = (-\infty, +\infty)$,值域是 $R_f = \{0, 1\}$.

例 5　某市出租车收费标准为:当行程不超过 4 km 时收费 6 元;行程超过 4 km 但不超过 10 km 时,在收费 6 元的基础上超过 4 km 的部分每千米收费 1.0 元;超过 10 km 时,超过部分除每千米收费 1.0 元外,再加收 60% 的回程空驶费.试求车费 y(元)与行程 x(千米)之间的函数解析式.

解　当 $0 < x \leqslant 4$ 时,$y = 6$;

当 $4 < x \leqslant 10$ 时,$y = 6 + (x - 4) \times 1 = x + 2$;

当 $x > 10$ 时,$y = 6 + (10 - 4) \times 1 + (x - 10) \times 1.6 = 1.6x - 4$.

因此,车费 y(元)与行程 x(千米)之间的函数解析式为

$$y = \begin{cases} 6, & 0 < x \leqslant 4 \\ x + 2, & 4 < x \leqslant 10. \\ 1.6x - 4, & x > 10 \end{cases}$$

1.1.4　函数的初等性质

微积分学的主要研究对象是函数,既然要对函数进行研究,自然要对函数有哪些基本性质有一定的了解.函数的初等性质在中学阶段都介绍过,指的是函数在一个区间或定义域内的性质.下面逐一进行介绍.

定义 3(函数的单调性)　设 $f(x)$ 在区间 I 上有定义,若对任意的 $x_1, x_2 \in I$,当 $x_1 < x_2$ 时,有 $f(x_1) \leqslant f(x_2)$(或 $f(x_1) \geqslant f(x_2)$),则称 $f(x)$ 在区间 I 上为**单调增加函数**(或**单调减少函数**);若对任意的 $x_1, x_2 \in I$,当 $x_1 < x_2$ 时,有 $f(x_1) < f(x_2)$(或 $f(x_1) > f(x_2)$),则称 $f(x)$ 在区间 I 上为**严格单调增加函数**(或**严格单调减少函数**).

单调增加函数(或单调减少函数)、严格单调增加函数(或严格单调减少函数)统称**单调函数**(也称函数具有单调性).

函数的单调性是函数在一个有定义区间内的特征性质,在不同的区间上可能有不同的单调性.例如,函数 $y = \dfrac{1}{x}$ 的定义域为 $(-\infty, 0) \bigcup (0, +\infty)$,在定义域内它不是单调函数,函数图形如图 1-4 所示.但它在 $(-\infty, 0)$ 内是单调减少的,在 $(0, +\infty)$ 内是单调减少的.

定义 4(函数的有界性)　设函数 $f(x)$ 在区间 I 上有定义,若存在 $M > 0$,使得对任意 $x \in I$,恒有 $|f(x)| \leqslant M$,则称函数 $f(x)$ 在区间 I 上**有界**,否则称**为无界**.

如果存在 $M > 0$,使得对任意 $x \in I$,恒有 $f(x) \leqslant M$(或 $f(x) \geqslant M$),那么称

函数 $f(x)$ 在区间 I 上有**上界**(或**下界**).其几何特征如图 1-5 所示.

显然,$f(x)$ 在区间 I 上有界等价于它在区间 I 上既有上界又有下界.

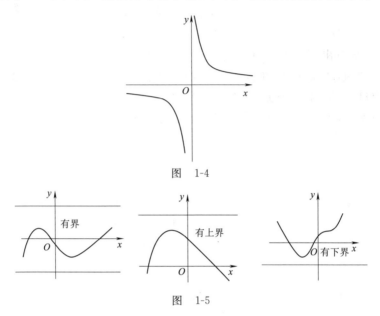

图　1-4

图　1-5

例如,三角函数 $y = \sin x, y = \cos x$ 是有界函数.因为对任意的 $x \in \mathbf{R}$,都有 $|\sin x| \leqslant 1, |\cos x| \leqslant 1$,因此它们在定义域内有界.

函数 $y = \dfrac{1}{x}$ 在 $(0, +\infty)$ 内无上界,但有下界(0 为一个下界);在 $(-\infty, 0)$ 内无下界,但有上界(0 为一个上界).它在定义域内是无界的,但是它在任何不包含原点的闭区间上是有界的.

定义 5(函数的奇偶性)　设函数 $f(x)$ 的定义域 D 关于原点对称,即对 $\forall x \in D$,有 $-x \in D$.

(1)若对 $\forall x \in D$,有 $f(-x) = f(x)$,则称 $f(x)$ 为**偶函数**[见图 1-6(a)];

(2)若对 $\forall x \in D$,有 $f(-x) = -f(x)$,则称 $f(x)$ 为**奇函数**[见图 1-6(b)].

函数的奇偶性揭示了函数图形的对称性,偶函数的图形关于 y 轴对称,奇函数的图形关于原点对称.

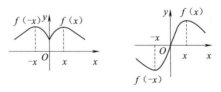

图　1-6

例如，$y = x^2, y = \cos x$ 都是偶函数；$y = x^3, y = \sin x$ 都是奇函数.

对于定义域相同的函数来说，关于函数的奇偶性有如下**结论**：

(1)偶(奇)函数的和仍为偶(奇)函数；

(2)两个偶(奇)函数的积为偶函数；

(3)一偶一奇两个函数的积为奇函数.

但是，不是任何函数都有奇偶性的，如 $y = x + 1$ 既不是奇函数也不是偶函数.

定义 6(函数的周期性) 设函数 $f(x)$ 的定义域为 D，若存在常数 $T > 0$，使得对 $\forall x \in D$，有 $x \pm T \in D$，并且有 $f(x \pm T) = f(x)$ 成立，则称 $f(x)$ 为**周期函数**，并称 T 是函数 $f(x)$ 的一个**周期**.

周期函数的几何特征是：在一个周期的函数曲线沿 x 轴向左或向右平移一个周期，函数曲线将完全重合.

一个函数如果是周期函数，那么它就有无穷多个周期.通常所说的周期，是指它的最小正周期.但是，周期函数不一定存在最小正周期.例如，$y = 2$ 就是一个以任意正实数为一个周期的周期函数，由于不存在最小正实数，所以 $y = 2$ 不存在最小正周期.

1.1.5 初等函数

1.基本初等函数

所谓**基本初等函数**就是指如下函数：

常量函数：$y = c$；

幂函数：$y = x^\alpha \quad (\alpha \neq 0)$；

指数函数：$y = a^x \quad (a > 0 \text{ 且 } a \neq 1)$；

对数函数：$y = \log_a x \quad (a > 0 \text{ 且 } a \neq 1)$；

三角函数：正弦函数 $y = \sin x$，余弦函数 $y = \cos x$，正切函数 $y = \tan x$，余切函数 $y = \cot x$，正割函数 $y = \sec x = \dfrac{1}{\cos x}$，余割函数 $y = \csc x = \dfrac{1}{\sin x}$；

反三角函数：反正弦函数 $y = \arcsin x$，反余弦函数 $y = \arccos x$，反正切函数 $y = \arctan x$，反余切函数 $y = \text{arccot } x$.

注意：(1)正弦函数 $y = \sin x$ 在 $\left[-\dfrac{\pi}{2}, \dfrac{\pi}{2}\right]$ 上是单调增加的，是一一对应的函数，因而存在反函数，其反函数记为 $y = \arcsin x$，所以 $y = \arcsin x$ 的定义域为 $[-1, 1]$，值域为 $\left[-\dfrac{\pi}{2}, \dfrac{\pi}{2}\right]$，并且也是单调增加函数.

(2)余弦函数 $y = \cos x$ 在 $[0, \pi]$ 上是单调减少的，是一一对应的函数，因而存在反函数，其反函数记为 $y = \arccos x$，所以 $y = \arccos x$ 的定义域为 $[-1, 1]$，值

域为 $[0, \pi]$,并且也是单调减少函数.

(3)正切函数 $y = \tan x$ 在 $\left(-\dfrac{\pi}{2}, \dfrac{\pi}{2}\right)$ 内是单调增加的,是一一对应的函数,因而存在反函数,其反函数记为 $y = \arctan x$,所以 $y = \arctan x$ 的定义域为 $(-\infty, +\infty)$,值域为 $\left(-\dfrac{\pi}{2}, \dfrac{\pi}{2}\right)$,并且也是单调增加函数.

(4)余切函数 $y = \cot x$ 在 $(0, \pi)$ 内是单调减少的,是一一对应的函数,因而存在反函数,其反函数记为 $y = \mathrm{arccot}\, x$,所以 $y = \mathrm{arccot}\, x$ 的定义域为 $(-\infty, +\infty)$,值域为 $(0, \pi)$,并且也是单调减少函数.

上述函数的基本性质和几何特征中学数学已有比较透彻的讨论,这里不再赘述.

下面给出常用的一些三角函数关系式:

$$\sin^2 x + \cos^2 x = 1; \quad \sin 2x = 2\sin x \cos x = \frac{2\tan x}{1 + \tan^2 x}; \quad \tan 2x = \frac{2\tan x}{1 - \tan^2 x};$$

$$\cos 2x = \cos^2 x - \sin^2 x = 1 - 2\sin^2 x = 2\cos^2 x - 1 = \frac{1 - \tan^2 x}{1 + \tan^2 x};$$

$$\cos^2 x = \frac{1 + \cos 2x}{2}; \quad \sin^2 x = \frac{1 - \cos 2x}{2};$$

$$\sec^2 x = 1 + \tan^2 x; \quad \csc^2 x = 1 + \cot^2 x.$$

2. 复合函数

在日常生活或生产实践中,表现事物之间的关系往往是错综复杂的,因此,在数学中表示自然规律、生产规律的函数结构也是复杂的.通常情况下遇到的函数往往不是基本初等函数,而是由这些基本初等函数所构造的较为复杂的函数.也就是说,需要把两个或两个以上的函数组合成一个新的函数.

例如,由 $y = \sqrt{u}$,$u = 1 - x^2$,当 $|x| \leqslant 1$ 时,通过变量 u 就建立了变量 x 与变量 y 之间的对应关系,即 $y = \sqrt{1 - x^2}$,$|x| \leqslant 1$,这时称 y 是 x 的复合函数.

定义 7 设函数 $y = f(u)$ 的定义域为 D_f,函数 $u = \varphi(x)$ 的定义域是 D_φ,当 $D_f \cap R_\varphi \neq \varnothing$ 时,令 $D_{f \circ \varphi} = \{x \mid \varphi(x) \in D_f\}$,那么对 $\forall x \in D_{f \circ \varphi}$,通过函数 $u = \varphi(x)$ 有唯一的 u 与之对应,又通过函数 $y = f(u)$ 有唯一的 y 与确定的 u 相对应,这样通过变量 u 就得到 y 与 x 之间的一个函数对应关系,称为**复合函数**.记为

$$y = f[\varphi(x)], \quad x \in D_{f \circ \varphi},$$

其中,y 是因变量;u 是中间变量;x 是自变量.

一般称函数 f 为复合函数 $y = f[\varphi(x)]$ 的**外层函数**,函数 φ 为**内层函数**.此时复合函数的自变量为 x,定义域为 $D_{f \circ \varphi}$;外层函数 f 的自变量为 $\varphi(x)$,定义域为 D_f;内层函数 φ 的自变量为 x,定义域为 D_φ.

按定义的要求可知,构建复合函数的前提条件是:内层函数的值域与外层函数的定义域的交不空.也就是说,内层函数必须有函数值落在外层函数的定义域内.否则,就会成为无意义的函数.

例如,$y = \sqrt{u}$,$u = \sin x - 2$,复合起来的 $y = \sqrt{\sin x - 2}$ 在实函数范围内无意义.

为简单计,书写复合函数时不一定写出其定义域,默认对应的函数链顺次满足构成复合函数的条件.

例 6 设 $f(x) = \dfrac{2}{2-x}$,求 $f[f(x)]$.

解 $f[f(x)] = \dfrac{2}{2 - f(x)} = \dfrac{2}{2 - \dfrac{2}{2-x}} = \dfrac{2-x}{1-x}$,

它的定义域是 $(-\infty, 1) \bigcup (1,2) \bigcup (2, +\infty)$.

例 7 $y = \sqrt{2 + \sin(1 + \ln x)}$ 是由简单函数 $y = \sqrt{u}$,$u = 2 + \sin v$,$v = 1 + \ln x$ 复合而成的.

例 8 指出下列复合函数的复合过程:

    (1) $y = \sin x^2$;   (2) $y = \sin^2(3x^2 - x + 1)$.

解 (1) $y = \sin x^2$ 是由 $y = \sin u$,$u = x^2$ 复合而成的.

(2) $y = \sin^2(3x^2 - x + 1) = [\sin(3x^2 - x + 1)]^2$ 是由 $y = u^2$,$u = \sin v$ 和 $v = 3x^2 - x + 1$ 复合而成的.

3. 反函数

函数反映的是因变量随着自变量的变化而变化的规律,其中自变量 x 是主动变量,因变量 y 是被动变量,主动变量的值一旦取定了,被动变量的值也随之唯一确定.但是,变量之间的制约是相互的,在不同领域里,经常需要更换这两个变量的主次关系,当这种主次关系对换后,仍然成为函数关系,这就是反函数.

定义 8 设函数 $y = f(x)$ 的定义域是 D_f,值域是 R_f,若对 $\forall y \in R_f$,有唯一的一个 $x \in D_f$,使得 $f(x) = y$,这就定义了 R_f 上的一个函数,此函数称为 $y = f(x)$ 的**反函数**,记为 $x = f^{-1}(y)$,$y \in R_f$. 这时 $y = f(x)$ 称为**直接函数**. 在数学上,总习惯用 x 表示自变量,用 y 表示因变量,为了满足习惯记法的需要,一般把反函数 $x = f^{-1}(y)$ 记为 $y = f^{-1}(x)$.

由反函数的定义不难发现,$y = f(x)$ 存在反函数当且仅当 f 是 D_f 到 R_f 的一一对应关系,并且反函数的定义域是直接函数的值域,反函数的值域是直接函数的定义域.

把函数 $y = f(x)$ 和它的反函数 $y = f^{-1}(x)$ 的图形画在同一坐标平面上,这两个图形关于直线 $y = x$ 是对称的,这是因为如果 $P(a,b)$ 是 $y = x$ 图形上的点,则

有 $b = f(a)$. 按反函数的定义,有 $a = f^{-1}(b)$,故 $Q(b,a)$ 是 $y = f^{-1}(x)$ 图形上的点;反之,若 $Q(b,a)$ 是 $y = f^{-1}(x)$ 图形上的点,则 $P(a,b)$ 是 $y = f(x)$ 图形上的点. 而 $P(a,b)$ 与 $Q(b,a)$ 是关于直线 $y = x$ 对称的.

例如,函数 $y = f(x) = x^2, x \in [0, +\infty)$ 与它的反函数 $y = f^{-1}(x) = \sqrt{x}, x \in [0, +\infty)$ 关于直线 $y = x$ 对称,如图 1-7 所示.

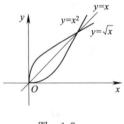

图 1-7

4. 初等函数

前面已经说过,在实际问题中遇到的不仅是基本初等函数,而且往往是较为复杂的函数,也就是指初等函数.

定义 9 由基本初等函数经过有限次四则运算和有限次复合运算得到的并能用一个解析式表示的函数称为**初等函数**.

例如,$y = \sqrt[3]{x^2 - 1} + \lg(1 + x) - \sin[\ln(x^3 - 2)]$ 就是一个初等函数.

不能用一个式子表示的分段函数不是初等函数,如符号函数. 但 $y = \begin{cases} x, & x \geqslant 0 \\ -x, & x < 0 \end{cases}$ 可以表示为 $y = x^2$,故为初等函数.

习 题 1.1

1. 判断下列函数中哪组函数是相等的:

(1) $y = x, y = \dfrac{x^2}{x}$;

(2) $f(x) = \sqrt{x^2}, g(x) = |x|$;

(3) $y = x, y = e^{\ln x}$;

(4) $f(x) = x, g(x) = \sin(\arcsin x)$;

(5) $f(x) = \dfrac{1}{\sqrt{x}}, g(x) = e^{-\frac{1}{2}\ln x}$;

(6) $f(x) = 1, h(x) = \sec x^2 - \tan^2 x$;

(7) $y = 2x + 1, x = 2y + 1$;

(8) $y = \sqrt{1 + \cos 2x}, y = \sqrt{2}\cos x$.

2. 求下列函数的定义域:

(1) $y = \ln \sin x$;

(2) $y = \dfrac{\sqrt{\ln x - x^2}}{x - 1}$;

(3) $\sqrt{1 - x} - \arcsin \dfrac{x + 1}{x}$;

(4) 若 $f(x)$ 的定义域为 $[0, 1]$,分别求函数 $f(x^2)$,$f(\cos x)$ 以及 $f(x+1) - f(x-1)$ 的定义域.

3. 若 $f(x) = \begin{cases} 1, & |x| < 1, \\ 0, & |x| = 1, \\ x, & |x| > 1, \end{cases}$ $g(x) = e^x$,求 $f[g(x)], g[f(x)]$,并画出它们

的图形.

4.设 $f(x) = \dfrac{1}{1-x}$，求 $f[f(x)]$.

5.设 $f(x+1) = x^2 - 3x + 2$，求 $f(x)$.

6.判断下列函数的周期性.若是周期函数,求出其最小正周期.

(1) $y = A\sin(\lambda x + \alpha) + B\cos(\lambda x + \beta)$；　　(2) $y = x\sin 2x$；

(3) $y = 1 - \cos \pi x$；　　(4) $y = \cos^2 x$.

7.将下列函数分解成几个基本初等函数的复合:

(1) $y = \arcsin^2(x+1)$；　　(2) $y = \ln^2\sqrt{x^2-1}$；

(3) $y = \sqrt{1 + \log_a^2 \tan x}$；　　(4) $e^{\tan\frac{1}{x}}$；

(5) $3\arctan(1+x)^2$；　　(6) $y = \dfrac{1}{3}\sqrt{\ln\sqrt{x^2+x}}$.

8.判断下列函数中哪些是偶函数,哪些是奇函数,哪些是非奇非偶函数:

(1) $y = \ln(x + \sqrt{1+x^2})$；　　(2) $y = 0$；

(3) $y = \ln\dfrac{1-x}{1+x}$；　　(4) $y = \dfrac{2^x - 1}{2^x + 1}$.

9.设 $f(x)$ 为定义在 $(-l, l)$ 内的奇函数,若 $f(x)$ 在 $(0, l)$ 内单调增加,证明 $f(x)$ 在 $(-l, 0)$ 内也是单调增加.

10.求下列函数的反函数及其定义域:

(1) $y = \sqrt{x-1}$；　　(2) $y = 2\sin 3x$；

(3) $y = 1 + \ln(x+1)$；　　(4) $y = \begin{cases} x^2+1, & x>0 \\ 0, & x=0 \\ x^2-1, & x<0 \end{cases}$.

11.证明: $y = x\cos x$ 在 $(0, +\infty)$ 上是无界函数.

12.把一圆形铁片自圆心处剪去中心角为 θ 的一扇形后围成一个无底圆锥,试将圆锥的体积表示为 θ 的函数.

1.2　数列的极限

数学是研究客观世界变化规律的,函数 $y = f(x)$ 是描述当自变量 x 发生变化时变量 y 随着 x 而变化的规律的,当自变量 x 朝着某一点(或方向)变化时,因变量 y 有怎样的变化规律? 如何用数学语言来描述与刻画这种变化规律? 这就要用到极限的概念.

极限是微积分学中一个基本概念.微分学与积分学的许多概念都是由极限引入,并且最终由极限知识来解决的,因此它在微积分学中占有非常重要的地位.

1.2.1　极限概念的引入

17 世纪 60 年代至 18 世纪初,牛顿(Newton,1642—1727)和莱布尼茨(Leibniz, 1646—1716)分别从力学问题和几何学问题入手,在前人工作的基础上,利用还不严密的极限方法各自独立地建立了微积分学,最后由柯西(Cauchy,1789—1857)和维尔斯特拉斯(Weierstrass,1815—1897)完善了微积分的基础概念——极限.

我国春秋战国时期的《庄子 · 天下篇》中说:"一尺之棰,日取其半,万世不竭",这体现了极限的最朴素思想.

"一尺之棰,日取其半,万世不竭",也就是说棒子的长度会随着截取次数的增加而越来越短,但总取不完.用数学的语言来描述就是:设一根棒子的长为 l,各次截取后棒子长度分别为 $l_1,l_2,\cdots,l_n,\cdots$,随着次数 n 的无限增加,棒子长度越来越短.试想当 $n\to\infty$ 时 l_n 会有怎样的变化趋势?

公元 3 世纪,中国数学家刘徽的割圆术就是用圆内接正多边形的周长逼近圆的周长的极限思想来近似计算圆周率 π 的.他说:"割之弥细,所失弥少,割之又割,以至不可再割,则与圆合体而无所失矣!"用数学的语言描述就是:设有一圆,首先作内接正四边形,它的面积记为 A_1;再作内接正八边形,它的面积记为 A_2;再作内接正十六边形,它的面积记为 A_3;如此下去,每次边数加倍,一般把内接正 $8\times(2n-1)$ 边形的面积记为 A_n.这样就得到一系列内接正多边形的面积:

$$A_1,A_2,A_3,\cdots,A_n,\cdots.$$

设想 n 无限增大(记为 $n\to\infty$,读作 n 趋于无穷大),即内接正多边形的边数无限增加,在这个过程中,内接正多边形无限接近于圆,同时 A_n 也无限接近于某一确定的数值,这个确定的数值就理解为圆的面积.这个确定的数值在数学上称为数列 A_1, $A_2,A_3,\cdots,A_n,\cdots$ 当 $n\to\infty$ 时的极限.可以说,刘徽的割圆术体现了极限的思想.

1.2.2　数列极限

1.数列的概念

定义 1　按照一定次序排列起来的一组数称为**数列**.

比如,$u_1,u_2,\cdots,u_n,\cdots$,简记为 $\{u_n\}$,其中 u_n 称为该数列的通项或一般项.由于数列 $\{u_n\}$ 完全可由其通项决定,故也常简称 u_n 为数列.

注意:(1)数列分有穷数列和无穷数列.有穷数列是指只含有限项的数列.例如,1,3,5,7,9 这五个数值构成一个有穷数列.本书不讨论有穷数列,以后所讨论的数列都是无穷数列.

(2)对于给定的数列,对任意给定的项数 n,根据数列确定了唯一的数列值 u_n,这样就形成了一个函数的对应关系,因此数列也是函数,是定义在自然数集 **N** 上的函数,即 $u_n = f(n)$,$n = 1,2,3,\cdots$,数列也称**整标函数**.

例 1　(1)数列 $\{x_n\}$:$1, \dfrac{1}{2}, \dfrac{1}{3}, \cdots, \dfrac{1}{n}, \cdots$,其通项为 $\dfrac{1}{n}$,可简记为 $\left\{\dfrac{1}{n}\right\}$;

(2)数列 $\{y_n\}$ 的通项 $y_n = 2n+1$,则数列 $\{y_n\}$ 为:$3, 5, \cdots, 2n+1, \cdots$;

(3)数列 $\{u_n\}$ 为:$0, 1, 0, 1, 0, 1, \cdots$;

(4)数列为 $\{v_n\}$:$1, \dfrac{-1}{2}, \dfrac{1}{3}, \dfrac{-1}{4}, \cdots, \dfrac{(-1)^{n-1}}{n}, \cdots$;

(5)数列为 $\{w_n\}$:$1, \dfrac{4}{3}, \dfrac{6}{4}, \dfrac{8}{5}, \cdots, \dfrac{2n}{n+1} \cdots$.

数列在几何上有两种表示:

(1)数轴上的表示.数列中每一个数都可用数轴上的一个点来表示,这些点的全体就是数列在数轴上的几何表示.例如,数列 $\left\{(-1)^{n-1}\dfrac{1}{n}\right\}$ 在数轴上的表示如图 1-8 所示.

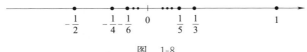

图　1-8

(2)直角坐标平面上的表示.数列 $\{u_n\}$ 中每一个数都可用直角坐标平面上的点 (n, u_n) 来表示,这些点的全体就是数列在平面上的几何表示.例如,数列 $\{n\}$ 在直角坐标系上的表示如图 1-9 所示.

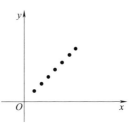

图　1-9

2. 数列极限的概念

以例 1 中的数列为例,观察当项数 n 无限增大时,相应项的值的变化情况.

(1)当项数 n 无限增大时,数列 $\{x_n\}$ 的相应数列值 $\dfrac{1}{n}$ 会越来越小,无限趋近于数值 0;

(2)数列 $\{y_n\}$ 的相应数列值 $y_n = 2n+1$ 会越来越大,向正无穷大方向无限增大,不会趋近于任何常数,即没有最终趋势;

(3)数列 $\{u_n\}$ 的相应数列值在 0 与 1 之间来回变化,有变化规律,但由于不会趋近于任何常数,因而很难从数学上刻画数列值变化趋势,即没有终极变化趋势;

(4)数列 $\{v_n\}$ 的相应数列值 $\dfrac{(-1)^{n-1}}{n}$ 时大时小,但会无限趋近于常数 0;

(5)数列 $\{w_n\}$ 的相应数列值 $\dfrac{2n}{n+1}$ 越来越大,会无限趋近于常数 2.

从上面的分析可以看出,当 n 无限增大时,有的数列相应的数列值飘忽不定或无限增大没有限制,没有终极变化趋势;有的数列相应的数列值无限地接近一个常数,即具有终极变化趋势,对这类数列,可以用极限概念刻画出这种变化趋势.

定义 2　设有数列 $\{u_n\}$,如果当项数 n 无限增大时,相应的数列值 u_n 无限趋近于某一常数 A,则称数列 $\{u_n\}$ 当 n 趋于无穷时以 A 为**极限**,或称数列 $\{u_n\}$ **收敛**于 A.一般记为 $\lim\limits_{n\to\infty} u_n = A$,或 $u_n \to A\,(n\to\infty)$,这时也简称 $\{u_n\}$ **收敛**.

如果数列 $\{u_n\}$ 没有极限,则称 $\{u_n\}$ **发散**.

极限是一个数值,是变量变化的终极趋势,也可以说是变量变化的最终结果.**因此,数列极限的值与数列前面有限项的值无关.**

例如,例 1 中数列 $\{x_n\}$ 的极限为 0,记为 $\lim\limits_{n\to\infty} x_n = 0$;数列 $\{v_n\}$ 的极限为 0,记为 $\lim\limits_{n\to\infty} v_n = 0$;数列 $\{w_n\}$ 的极限为 2,记为 $\lim\limits_{n\to\infty} w_n = 2$,这几个数列都是收敛数列;而数列 $\{y_n\}$ 与 $\{u_n\}$ 没有极限,都是发散的.

上面给出的数列极限的定义,采用的是描述性方式给出的,如何用数学的语言刻画这种变化趋势呢?

数列 $\{u_n\}$ 收敛于 A,并不要求所有的数列值都无限接近于 A,只要求当 n 无限增大时相应的数列值 u_n 无限接近 A.也就是要想使数列值 u_n 与 A 的距离足够小,则相应的项数 n 要足够大.也可以说,只要项数足够大,u_n 与 A 的距离就可以足够小,即 $|u_n - A|$ 可以足够小.用数学的语言来说就是,对于任意给定的一个正数 ε,如果满足 $|u_n - A| < \varepsilon$ 就认为 u_n 与 A 的距离足够小,这时的 n 应该足够大,也就是从某项 N 以后所有的各项都满足 $|u_n - A| < \varepsilon$.

例 2　设有数列 $u_n = 1 + \dfrac{1}{n}$,不难看出,当 n 无限增大时,相应的数列值 u_n 与 1 无限接近.

例如,对 $\varepsilon = 0.01$,要使得 $|u_n - 1| = \dfrac{1}{n} < 0.01$(也就是认为 u_n 与 1 的距离足够小了),可以找到 $N = 100$,当 $n > 100$(从这项以后所有项,也就是项数 n 要足够大)的数列值 $u_{101}, u_{102}, u_{103}, \cdots$ 与 1 的距离都小于 0.01;

如果认为 $\varepsilon = 0.01$ 这个数不够小,再取一个更小的值,比如取 $\varepsilon = 0.001$,要使得 $|u_n - 1| = \dfrac{1}{n} < 0.001$(也就是认为 u_n 与 1 的距离足够小了),这时可以找到 $N = 1\,000$,当 $n > 1\,000$(从这项以后所有项)的数列值 $u_{1\,001}, u_{1\,002}, u_{1\,003}, \cdots$ 与 1 的距离都小于 0.001.

更一般地,对任意给定的 $\varepsilon > 0$,要使 $|u_n - 1| < \varepsilon$ 成立(要使 u_n 与 1 的距离足够小),只要 $\dfrac{1}{n} < \varepsilon$,即 $n > \dfrac{1}{\varepsilon}$ 就可以了,也就是存在自然数 $N = \left[\dfrac{1}{\varepsilon}\right]$,当 $n > N$ 时(这时 n 足够大),总有 $|u_n - 1| < \varepsilon$,于是,按分析定义有 $\lim\limits_{n\to\infty} u_n = 1$.

定义 2 是数列极限的描述性定义,下面给出用数学的 ε-N 语言来刻画数列收敛性,就得到数列极限严格的数学定义.

定义 2′　设有数列 $\{u_n\}$,A 是一个常数,如果对 $\forall \varepsilon > 0$,总存在自然数 N,当 $n > N$ 时,恒有

$$|u_n - A| < \varepsilon$$

成立,则称常数 A 为数列 $\{u_n\}$ 的**极限**,或者说数列 $\{u_n\}$ **收敛**于 A,记作

$$\lim_{n \to \infty} u_n = A ,\text{或 } u_n \to A\ (n \to \infty).$$

如果数列 $\{u_n\}$ 没有极限,就称数列 $\{u_n\}$ **发散**.

例 3　观察以下数列的变化趋势,确定它们的敛散性,对收敛数列,用严格的数学定义加以证明:

(1) $u_n = \dfrac{n}{n+1}$；　(2) $v_n = (-1)^n \dfrac{1}{2n+1}$；　(3) $x_n = (-1)^{n+1}$.

解　(1) $u_n = \dfrac{n}{n+1}$ 即 $\dfrac{1}{2}, \dfrac{2}{3}, \dfrac{3}{4}, \cdots, \dfrac{n}{n+1}, \cdots$,通项 u_n 与 1 之间的距离 $|u_n - 1| = \left| \dfrac{n}{n+1} - 1 \right| = \dfrac{1}{n+1}$,可以发现随着 n 无限增大,这个距离无限接近于 0.

根据数列极限的严格数学定义证明如下:

对任意的 $\varepsilon > 0$,要使 $|u_n - 1| < \varepsilon$,即 $\dfrac{1}{n+1} < \varepsilon$,由于 $\dfrac{1}{n+1} < \dfrac{1}{n}$,只要 $\dfrac{1}{n} < \varepsilon$,即 $n > \dfrac{1}{\varepsilon}$,也就是存在 $N = \left[\dfrac{1}{\varepsilon} \right]$,当 $n > N$ 时,有 $|u_n - 1| < \varepsilon$.

根据极限的定义,数列 $\{u_n\}$ 收敛,且 $\lim\limits_{n \to \infty} \dfrac{n}{n+1} = 1$.

(2) $v_n = (-1)^n \dfrac{1}{2n+1}$ 即 $-\dfrac{1}{3}, \dfrac{1}{5}, -\dfrac{1}{7}, \cdots, (-1)^n \dfrac{1}{2n+1}, \cdots$,通项 v_n 与 0 之间的距离 $|v_n - 0| = \left| (-1)^n \dfrac{1}{2n+1} - 0 \right| = \dfrac{1}{2n+1}$,可以发现随着 n 无限增大,这个距离无限接近于 0.

根据数列极限的严格数学定义证明如下:

对任意的 $\varepsilon > 0$,要使 $|v_n - 1| < \varepsilon$,即 $\dfrac{1}{2n+1} < \varepsilon$,由于 $\dfrac{1}{2n+1} < \dfrac{1}{n}$,只要 $\dfrac{1}{n} < \varepsilon$,即 $n > \dfrac{1}{\varepsilon}$,也就是存在 $N = \left[\dfrac{1}{\varepsilon} \right]$,当 $n > N$ 时,有 $|v_n - 1| < \varepsilon$.

根据极限的定义,数列 $\{v_n\}$ 收敛,且 $\lim\limits_{n \to \infty} (-1)^n \dfrac{1}{2n+1} = 0$.

(3) $x_n = (-1)^{n+1}$ 即 $1, -1, 1, -1, \cdots, (-1)^{n+1}, \cdots$,当 n 为奇数时,$x_n = 1$,当 n 为偶数时,$x_n = -1$,即当 n 无限增大时,奇数项等于 1,而偶数项等于 -1,相

应的数列值 x_n 不会趋近于任何一个常数,因此该数列发散.

例 4 设 $|q| < 1$,证明等比数列 $1, q, q^2, \cdots, q^{n-1}, \cdots$ 的极限是 0.

分析 对于任意给定的 $\varepsilon > 0$,要使 $|q^{n-1} - 0| = |q|^{n-1} < \varepsilon$,只要 $n > 1 + \dfrac{\ln \varepsilon}{\ln |q|}$,故取 $N = \left[1 + \dfrac{\ln \varepsilon}{\ln |q|} \right]$.

证明 因为对于任意给定的 $\varepsilon > 0$,存在 $N = \left[1 + \dfrac{\ln \varepsilon}{\ln |q|} \right]$,当 $n > N$ 时,有 $|q^{n-1} - 0| = |q|^{n-1} < \varepsilon$,所以 $\lim\limits_{n \to \infty} q^{n-1} = 0$.

3. 数列极限的几何解释

(1)数轴上的解释. 若 $\lim\limits_{n \to \infty} u_n = A$,那么对于任意给定的正数 ε,总存在一个自然数 N,使得数列 u_n 中第 $N+1$ 项以后所有项所表示的点,即 $u_{N+1}, u_{N+2}, u_{N+3}, \cdots$ 都落在点 A 的 ε 邻域 $(A - \varepsilon, A + \varepsilon)$ 内(外面的项最多只有 N 项).

也就是说,若 $\lim\limits_{n \to \infty} u_n = A$,那么数列 u_n 对应的点非常密集地"堆积"在点 A 的周围,如图 1-10 所示.

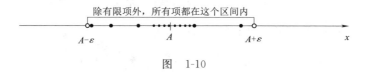

图 1-10

(2)直角坐标平面上的解释. 若 $\lim\limits_{n \to \infty} u_n = A$,那么对于任意给定的正数 ε,总存在一个自然数 N,使得数列 u_n 中第 $N+1$ 项以后的所有项所表示的点,即 $(N+1, u_{N+1}), (N+2, u_{N+2}), \cdots$ 都落在直线 $y = A + \varepsilon$ 与 $y = A - \varepsilon$ 之间,如图 1-11 所示.

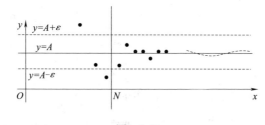

图 1-11

1.2.3 数列极限的性质

定理 1(有界性) 若数列 $\{u_n\}$ 收敛,则一定存在 $M > 0$,使得对任意的 n,有 $|u_n| \leqslant M$. 即收敛数列必有界.

注意:对于数列 $\{u_n\}$,如果存在着正数 M,使得对一切 u_n 都满足不等式 $u_n \leqslant$

M,则称数列 $\{u_n\}$ 是有界的;如果这样的正数 M 不存在,就说数列 $\{u_n\}$ 是无界的.

证明　设数列 $\{u_n\}$ 收敛于 A,根据数列极限的定义,对于 $\varepsilon=1$,存在正整数 N,使对于 $n>N$ 时的一切 u_n,都有 $|u_n-A|<1$,于是当 $n>N$ 时,有

$$|u_n|=|u_n-A+A|\leqslant|u_n-A|+|A|<1+|A|,$$

取
$$M=\max\{u_1,u_2,\cdots,u_N,1+|A|\},$$

那么数列 $\{u_n\}$ 中的一切 u_n 都满足不等式 $|u_n|\leqslant M$,即数列 $\{u_n\}$ 是有界的.

数列有界是数列收敛的必要条件,如果已知一个数列无界,则它一定不收敛.比如,数列 $\{n^2\}$ 是无界数列,因而它是发散的.

但是,有界数列不一定收敛.

比如,数列 $1,0,1,0,1,0,\dfrac{1-(-1)^n}{2},\cdots$ 有界,但它不收敛.

定理 2(唯一性)　若数列 $\{u_n\}$ 收敛,则其极限值唯一.

也就是,如果 $\lim\limits_{n\to\infty}u_n=A,\lim\limits_{n\to\infty}u_n=B$,则 $A=B$.

证明　假设同时有 $\lim\limits_{n\to\infty}x_n=A$ 及 $\lim\limits_{n\to\infty}x_n=B$,且 $A<B$.

按极限的定义,对于 $\varepsilon=\dfrac{B-A}{2}>0$,存在正整数 N,使当 $n>N$ 时,同时有

$|x_n-A|<\varepsilon=\dfrac{B-A}{2}$ 及 $|x_n-B|<\varepsilon=\dfrac{B-A}{2}$,因此同时有 $x_n<\dfrac{B+A}{2}$ 及 $x_n>\dfrac{B+A}{2}$,这是不可能的.所以只能有 $A=B$.

定理 3(保号性)　如果数列 $\{u_n\}$ 收敛于 A,且 $A>0$(或 $A<0$),那么存在正整数 N,当 $n>N$ 时,有 $u_n>0$(或 $u_n<0$).

证明　下面仅就 $A>0$ 的情形证明.

由数列极限的定义,对于 $\varepsilon=\dfrac{A}{2}>0$,$\exists N\in\mathbf{N}^+$,当 $n>N$ 时,有

$$|u_n-A|<\frac{A}{2},$$

从而

$$u_n>A-\frac{A}{2}=\frac{A}{2}>0.$$

推论　如果数列 $\{u_n\}$ 从某项起有 $u_n\geqslant0$(或 $u_n\leqslant0$),且数列 $\{u_n\}$ 收敛于 A,那么 $A\geqslant0$(或 $A\leqslant0$).

证明　就 $u_n\geqslant0$ 情形用反证法证明.

已知数列 $\{u_n\}$ 从 N_1 项起,即当 $n>N_1$ 时有 $u_n\geqslant0$.假设 $A<0$,则由定理 3 知,$\exists N_2\in\mathbf{N}^+$,当 $n>N_2$ 时,有 $u_n<0$.

取 $N = \max\{N_1, N_2\}$,当 $n > N$ 时,按已知有 $u_n \geqslant 0$,由假设按定理 3 有 $u_n < 0$,这就产生了矛盾,所以必有 $A \geqslant 0$.

定义 3　在数列 $\{u_n\}$ 中任意抽取无限多项并保持这些项在原数列中的先后次序,这样得到的一个数列称为原数列 $\{u_n\}$ 的**子数列**,简称**子列**.

例如,由数列 $\{u_n\}$:$1, -1, 1, -1, \cdots, (-1)^{n+1}, \cdots$ 的偶数项保持这些项的先后次序所得到的一子数列为 $\{u_{2n}\}$:$-1, -1, \cdots, (-1)^{2n+1}, \cdots$.

定理 4(收敛数列与其子数列间的关系)　如果数列 $\{u_n\}$ 收敛于 A ,那么它的任一子数列也收敛,且极限也是 A .

问题讨论:

(1)数列的某一子数列如果发散,原数列是否发散?

(2)数列的两个子数列收敛,但其极限不同,原数列的收敛性如何? 发散数列的子数列都发散吗?

(3)如何判断数列 $1, -1, 1, -1, \cdots, (-1)^{n+1}, \cdots$ 是发散的?

准则 1(数列极限存在判定准则)　单调有界数列必有极限.

这是判定数列收敛的充分性条件. 具体来说就是:单调增加有上界的数列必有极限,或者单调减少有下界的数列必有极限.

定理 5(数列极限的四则运算)　设 $\lim\limits_{n \to \infty} u_n = A, \lim\limits_{n \to \infty} v_n = B, k$ 为常数,则:

(1) $\lim\limits_{n \to \infty} k u_n = k \lim\limits_{n \to \infty} u_n = kA$;

(2) $\lim\limits_{n \to \infty} (u_n \pm v_n) = \lim\limits_{n \to \infty} u_n \pm \lim\limits_{n \to \infty} v_n = A \pm B$;

(3) $\lim\limits_{n \to \infty} (u_n \cdot v_n) = \lim\limits_{n \to \infty} u_n \cdot \lim\limits_{n \to \infty} v_n = A \cdot B$;

(4) $\lim\limits_{n \to \infty} \dfrac{u_n}{v_n} = \dfrac{\lim\limits_{n \to \infty} u_n}{\lim\limits_{n \to \infty} v_n} = \dfrac{A}{B}$ 　($B \neq 0$).

特别提醒:四则运算法则的应用是有前提的.

其一,参与运算的每一项必须存在极限,否则就会出现类似于

$$\lim_{n \to \infty} \frac{\sin n}{n} = \lim_{n \to \infty} \frac{1}{n} \cdot \lim_{n \to \infty} \sin n = 0 \cdot \lim_{n \to \infty} \sin n = 0$$

的推理错误.

其二,四则运算法则的(2)与四则运算法则的(3)可以推广到有限个数列的情形,对于无限个数列时不具有上述等式. 否则就会出现类似于

$$\lim_{n \to \infty} \left\{ \frac{1}{n^2} + \frac{2}{n^2} + \cdots + \frac{n}{n^2} \right\} = \lim_{n \to \infty} \frac{1}{n^2} + \lim_{n \to \infty} \frac{2}{n^2} + \cdots + \lim_{n \to \infty} \frac{n}{n^2} = 0 + 0 + \cdots + 0 = 0$$

的计算错误.

其三,分母极限不能为零(即 $B \neq 0$).

当然,如果两个数列都不收敛,它们的和、差、积、商有可能存在极限.

例如，$u_n = n^2, v_n = (-n^2)$ 当 $n \to \infty$ 时都没有极限，但它们的和的极限为 0. 而对于 $x_n = y_n = (-1)^n$ 是发散的，但 $x_n \cdot y_n \equiv 1$ 是收敛的.

例 5　求 $\lim\limits_{n\to\infty}\left(\dfrac{k}{n}+\dfrac{2}{n^3}\right)$（$k$ 为常数）.

解　因为 $\lim\limits_{n\to\infty}\dfrac{k}{n}=0, \lim\limits_{n\to\infty}\dfrac{2}{n^3}=0$，所以，$\lim\limits_{n\to\infty}\left(\dfrac{k}{n}+\dfrac{2}{n^3}\right)=0+0=0$.

例 6　求 $\lim\limits_{n\to\infty}\left(\dfrac{1}{n^2}+\dfrac{2}{n^2}+\cdots+\dfrac{n}{n^2}\right)$.

分析　此题不是有限项之和的极限问题，不能直接运用极限的和差运算法则，注意到 $1+2+3+\cdots+n=\dfrac{(1+n)n}{2}$，可以化为单个数列极限问题.

解　$\lim\limits_{n\to\infty}\left(\dfrac{1}{n^2}+\dfrac{2}{n^2}+\cdots+\dfrac{n}{n^2}\right)=\lim\limits_{n\to\infty}\dfrac{1+2+3+\cdots+n}{n^2}=\lim\limits_{n\to\infty}\dfrac{(1+n)n}{2n^2}=\dfrac{1}{2}$.

例 7　求 $\lim\limits_{n\to\infty}\left[\dfrac{1}{1\cdot 2}+\dfrac{1}{2\cdot 3}+\cdots+\dfrac{1}{n(n+1)}\right]$.

分析　此题也是无限项之和的极限问题，不能直接运用极限的四则运算法则.

解　因为

$$\frac{1}{1\cdot 2}=\frac{1}{1}-\frac{1}{2}, \frac{1}{2\cdot 3}=\frac{1}{2}-\frac{1}{3}, \cdots, \frac{1}{n(n+1)}=\frac{1}{n}-\frac{1}{n+1},$$

所以

$$\lim\limits_{n\to\infty}\left[\frac{1}{1\cdot 2}+\frac{1}{2\cdot 3}+\cdots+\frac{1}{n(n+1)}\right]=\lim\limits_{n\to\infty}\left(1-\frac{1}{n+1}\right)=1.$$

例 8　求 $\lim\limits_{n\to\infty}\dfrac{n^2+5n-2}{2n^2+3}$.

分析　因为 $\lim\limits_{n\to\infty}(n^2+5n-2)=\infty, \lim\limits_{n\to\infty}(2n^2+3)=\infty$，不能直接运用极限的商的运算法则进行计算.

解　$\lim\limits_{n\to\infty}\dfrac{n^2+5n-2}{2n^2+3}=\lim\limits_{n\to\infty}\dfrac{1+\dfrac{5}{n}-\dfrac{2}{n^2}}{2+\dfrac{3}{n^2}}=\dfrac{1}{2}$.

例 9　求 $\lim\limits_{n\to\infty}(\sqrt{n^2+n}-\sqrt{n^2+2})$.

分析　这是"$\infty-\infty$"未定型，不能用差的运算法则，像这样含有根式的求极限，通常情况下是先进行分子有理化.

解　$\lim\limits_{n\to\infty}(\sqrt{n^2+n}-\sqrt{n^2+2})=\lim\limits_{n\to\infty}\dfrac{(\sqrt{n^2+n}-\sqrt{n^2+2})(\sqrt{n^2+n}+\sqrt{n^2+2})}{\sqrt{n^2+n}+\sqrt{n^2+2}}$

$$=\lim\limits_{n\to\infty}\frac{n-2}{\sqrt{n^2+n}+\sqrt{n^2+2}}=\frac{1}{2}.$$

例 10　试将无限循环小数 $2.1\dot{2}\dot{3}$ 化为分数.

解　因 $2.1\dot{2}\dot{3} = 2.1 + 0.023 + 0.000\,23 + 0.000\,002\,3 + \cdots$，注意到 0.023，$0.000\,23, 0.000\,002\,3, \cdots$ 形成一个等比数列,因此构造变量

$$u_n = 2.1 + 0.023 + 0.000\,23 + \cdots + 2.3 \cdot 10^{-2n},$$

易知,当 $n \to \infty$ 时, u_n 的极限值就是 $2.1\dot{2}\dot{3}$ 的值. 又

$$u_n = 2.1 + \frac{0.023(1 - 10^{-2n})}{1 - 0.01},$$

所以

$$\lim_{n \to \infty} u_n = 2.1 + \lim_{n \to \infty} \frac{0.023(1 - 10^{-2n})}{1 - 0.01}$$

$$= 2.1 + \frac{0.023}{1 - 0.01} = \frac{21}{10} + \frac{23}{990} = \frac{2\,102}{990} = \frac{1\,051}{495},$$

即 $2.1\dot{2}\dot{3} = \dfrac{1\,051}{495}$.

习　题　1.2

1.观察以下数列的变化趋势,确定数列的敛散性,对收敛数列,写出它的极限:

(1) $u_n = (-1)^n \dfrac{1}{n}$；

(2) $u_n = \begin{cases} \dfrac{1}{2^n}, & n \text{ 为奇数} \\ 0, & n \text{ 为偶数} \end{cases}$；

(3) $u_n = (-1)^n n$；

(4) $u_n = \sin \dfrac{n\pi}{2}$.

2.判断题:

(1)收敛数列必有界.　　　　　　　　　　　　　　　　　　　　　　　　(　　)

(2)有界数列一定收敛.　　　　　　　　　　　　　　　　　　　　　　　(　　)

(3)发散数列必无界.　　　　　　　　　　　　　　　　　　　　　　　　(　　)

(4)无界数列一定发散.　　　　　　　　　　　　　　　　　　　　　　　(　　)

3.已知数列 $u_n = \dfrac{n-1}{n+1}$.

(1)试估出当 $n \to \infty$ 时, u_n 的极限 A；

(2)若 $\varepsilon = 0.001$，问第几项以后,总有 $|u_n - A| < \varepsilon$；

(3)若 ε 为任意给定的正数,问第几项以后,总有 $|u_n - A| < \varepsilon$.

4.求下列数列的极限:

(1) $\lim\limits_{n \to \infty} \dfrac{n^2(n+1)}{n^3 + 2n - 1}$；

(2) $\lim\limits_{n \to \infty} \dfrac{n}{\sqrt{n^2 + 1} + \sqrt{n^2 - 1}}$；

(3) $\lim\limits_{n \to \infty} \dfrac{2^n - 1}{2^n}$；

(4) $\lim\limits_{n\to\infty}\dfrac{1^2+2^2+\cdots+n^2}{n^3}$;　　　(5) $\lim\limits_{n\to\infty}\left(1+\dfrac{1}{3}+\dfrac{1}{3^2}+\cdots+\dfrac{1}{3^n}\right)$.

5. 若 $u_1=\sqrt{2}$, $u_2=\sqrt{2+\sqrt{2}}$, $u_3=\sqrt{2+\sqrt{2+\sqrt{2}}}$, $\cdots,u_n=\sqrt{2+\sqrt{u_n}}$, $\cdots$, 证明 $\lim\limits_{n\to\infty}u_n$ 存在,并求出它.

1.3　函数极限

数列极限描述了当自变量 n 无限增大时,相应的数列值(即函数值)的变化趋势;数列中的自变量是离散变化的变量,对于函数中连续变化的自变量是否也可以用极限的概念去描述当自变量朝某一数值或方向变化时函数的变化趋势呢? 这就是本节要讲的内容.

对一元函数的自变量有如下几种不同的变化趋势:

x 无限接近 x_0 : $x\to x_0$;

x 从 x_0 的左侧无限接近 x_0 : $x\to x_0^-$;

x 从 x_0 的右侧无限接近 x_0 : $x\to x_0^+$;

x 的绝对值 $|x|$ 无限增大: $x\to\infty$;

x 小于零且绝对值 $|x|$ 无限增大: $x\to-\infty$;

x 大于零且绝对值 $|x|$ 无限增大: $x\to+\infty$.

为了和数列的极限相对应,先给出自变量趋于正无穷时的极限定义.

1.3.1　自变量趋于无穷时的极限

1. $x\to+\infty$ 时的极限

考察函数 $f(x)=1+\dfrac{1}{x}$ 的图形,从图 1-12可以看出,当 x 取正值并无限增大(记为 $x\to+\infty$)时,函数 $f(x)$ 的值越来越接近于常数 1;而当 x 取负值并 $|x|$ 无限增大(记为 $x\to-\infty$)时,函数值也越来越接近于常数 1. 对于函数的这种变化趋势,可以借助极限的概念进行刻画.

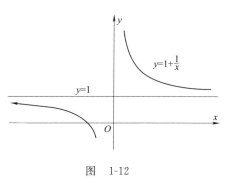

图　1-12

定义 1　若存在常数 $M>0$,函数 $f(x)$ 在 $x>M$ 时有定义,当自变量 x 沿 x 轴正方向无限远离原点时,相应的函数值 $f(x)$ 无限趋近于常数 A ,则称函数 $f(x)$ 当 x 趋向正无穷大时以 A 为极限,记作

$$\lim\limits_{x\to+\infty}f(x)=A\quad\text{或}\quad f(x)\to A\quad(x\to+\infty).$$

例如，$\lim\limits_{x \to +\infty} \dfrac{1}{x} = 0$，$\lim\limits_{x \to +\infty}\left(1 + \dfrac{1}{x}\right) = 1$，$\lim\limits_{x \to +\infty} 2^{-x} = 0$.

定义 1 描述的是当自变量朝正无穷远方向变化时，相应的函数值趋近于某个常数的变化趋势. 当然，不是所有的函数都有这种性质. 比如，函数 $f(x) = x + 1$，当自变量 x 朝正无穷远方向变化时（即 $x \to +\infty$），相应的函数值 $f(x) = x + 1$ 也随之无限增大，不会趋于任何常数，因此这个函数在 x 趋于正无穷大时没有极限.

定义 1 给出的是 $\lim\limits_{x \to +\infty} f(x) = A$ 的描述性定义，下面给出它的严格数学定义.

定义 1'　对 $\forall \varepsilon > 0$，$\exists X > 0$，使当 $x > X$ 时，恒有
$$|f(x) - A| < \varepsilon,$$
则称函数 $f(x)$ 当 $x \to +\infty$ 以 A 为**极限**，记作 $\lim\limits_{x \to +\infty} f(x) = A$.

2. $x \to -\infty$ 时的极限

定义 2　若存在常数 $M > 0$，函数 $f(x)$ 在 $x < -M$ 时有定义，当自变量 x 沿 x 轴负方向无限远离原点时，相应的函数值 $f(x)$ 无限趋近于常数 A，则称函数 $f(x)$ 当 x 趋向负无穷大时以 A 为**极限**，记作
$$\lim\limits_{x \to -\infty} f(x) = A \quad 或 \quad f(x) \to A \quad (x \to -\infty).$$

例如，$\lim\limits_{x \to -\infty} \dfrac{1}{x} = 0$，$\lim\limits_{x \to -\infty}\left(1 + \dfrac{1}{x}\right) = 1$，$\lim\limits_{x \to -\infty} 2^x = 0$.

下面给出 $\lim\limits_{x \to -\infty} f(x) = A$ 的严格数学定义：

定义 2'　对 $\forall \varepsilon > 0$，$\exists X > 0$，使当 $x < -X$ 时，恒有
$$|f(x) - A| < \varepsilon,$$
则称函数 $f(x)$ 当 $x \to -\infty$ 时以 A 为**极限**，记作 $\lim\limits_{x \to -\infty} f(x) = A$.

3. $x \to \infty$ 时的极限

定义 3　若存在常数 $M > 0$，函数 $f(x)$ 在 $|x| > M$ 时有定义，当自变量无限远离原点时，相应的函数值 $f(x)$ 无限趋近于常数 A，则称函数 $f(x)$ 当 x 趋向无穷大时以 A 为**极限**，记作
$$\lim\limits_{x \to \infty} f(x) = A \quad 或 \quad f(x) \to A \quad (x \to \infty).$$

例如，$\lim\limits_{x \to \infty}\left(1 + \dfrac{1}{x}\right) = 1$.

下面给出 $\lim\limits_{x \to \infty} f(x) = A$ 的严格数学定义：

定义 3'　设函数 $f(x)$ 在 $|x| \geqslant M$ 上有定义，如果对 $\forall \varepsilon > 0$，总存在 $X > 0$，当 $|x| > X$ 时，恒有
$$|f(x) - A| < \varepsilon,$$
则称函数 $f(x)$ 当 $x \to \infty$ 时以 A 为**极限**，$\lim\limits_{x \to \infty} f(x) = A$.

$\lim\limits_{x\to\infty}f(x)=A$ 的几何解释:在 xOy 平面上,对于任给的两条直线 $y=A-\varepsilon$ 与 $y=A+\varepsilon$(其中 $\varepsilon>0$),总可找到两条直线 $x=M$ 和 $x=-M$,当自变量 $x<-M$ 或 $x>M$ 时,相应的函数 $y=f(x)$ 图形完全落在 $y=A-\varepsilon$ 与 $y=A+\varepsilon$ 两条直线之间,如图 1-13 所示.

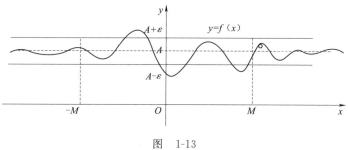

图 1-13

读者可自己给出 $\lim\limits_{x\to-\infty}f(x)=A$ 与 $\lim\limits_{x\to+\infty}f(x)=A$ 的几何解释.

定义 1、定义 2、定义 3 定义了自变量 x 以三种不同的方式无限远离原点时的函数极限,三个极限之间有如下关系:

定理 1 $\lim\limits_{x\to\infty}f(x)=A$ 的充分必要条件是 $\lim\limits_{x\to-\infty}f(x)=\lim\limits_{x\to+\infty}f(x)=A$.

1.3.2 自变量趋于有限值时函数的极限

在引入概念之前,先看一个例子.

设函数 $y=f(x)=\dfrac{x^2-1}{x-1}$,函数的定义域是 $x\neq1$,也就是说在 $x=1$ 这点没有定义.但我们关心的是,当自变量 x 从 1 的附近无限地趋近于 1 时,相应的函数值的变化趋势.

注意到,当 x 无限趋近于 1 时,相应函数值 $\dfrac{x^2-1}{x-1}$ 无限趋近 2(见图 1-14),联想到极限概念的作用,这里也可以用极限的概念来描述在 x=1 处附近函数所具有的性质,这时就称 $f(x)$ 当 $x\to1$ 时以 2 为极限.

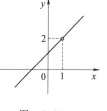

图 1-14

定义 4 设函数 $f(x)$ 在 x_0 的某一去心邻域 $\mathring{U}(x_0,\delta)$ 内有定义,当 x 在 $\mathring{U}(x_0,\delta)$ 内无限趋近 x_0 时,相应的函数值 $f(x)$ 无限趋近于常数 A,则称 $f(x)$ 当 $x\to x_0$ 时以 A 为**极限**,记作

$$\lim\limits_{x\to x_0}f(x)=A \quad 或 \quad f(x)\to A \quad (x\to x_0).$$

值得注意的是:

(1) $\lim\limits_{x\to x_0}f(x)=A$ 描述的是当自变量 x 无限接近 x_0 时,相应的函数值 $f(x)$ 无

限趋近于常数 A 的一种变化趋势,与函数 $f(x)$ 在 x_0 点是否有定义无关.

(2)在 x 无限趋近 x_0 的过程中,既可以从大于 x_0 的方向趋近 x_0,也可以从小于 x_0 的方向趋近于 x_0,且 $x \neq x_0$.

(3)当自变量 x 与 x_0 无限接近时,相应的函数值 $f(x)$ 无限趋近于常数 A 的意义是:要使 $|f(x) - A|$ 可以小于任意给定的正数,x 必须进入 x_0 的充分小的去心邻域内,即对于任意给定的 $\varepsilon > 0$,总可以找到一个 $\delta > 0$,当 $|x - x_0| < \delta$ 时,都有 $|f(x) - A| < \varepsilon$.

下面给出 $\lim\limits_{x \to x_0} f(x) = A$ 的 ε-δ 语言的**严格数学定义**:

定义 4′ 设函数 $f(x)$ 在 x_0 的某一去心邻域 $\mathring{U}(x_0, \delta)$ 内有定义,若对 $\forall \varepsilon > 0$,总存在 $\delta > 0$,当 $0 < |x - x_0| < \delta$ 时,对应的函数值恒满足不等式

$$|f(x) - A| < \varepsilon,$$

则称 $f(x)$ 当 $x \to x_0$ 时以常数 A 为**极限**,记作

$$\lim_{x \to x_0} f(x) = A \quad \text{或} \quad f(x) \to A \quad (x \to x_0).$$

例 1 证明 $\lim\limits_{x \to 2} \dfrac{x^2 - 4}{x - 2} = 4$.

证明 当 $x \neq 2$ 时,$|f(x) - A| = \left| \dfrac{x^2 - 4}{x - 2} - 4 \right| = |x - 2|$.

对 $\forall \varepsilon > 0$,要使 $|f(x) - A| < \varepsilon$,只要 $|x - 2| < \varepsilon$,令 $\delta = \varepsilon$.

因为对 $\forall \varepsilon > 0$,$\exists \delta = \varepsilon$,当 $0 < |x - 2| < \varepsilon$ 时,有

$$|f(x) - A| = \left| \frac{x^2 - 4}{x - 2} - 4 \right| = |x - 2| < \varepsilon,$$

所以 $\lim\limits_{x \to 2} \dfrac{x^2 - 4}{x - 2} = 4$.

该例说明即使函数 $f(x)$ 在 $x = x_0$ 处没有定义,$\lim\limits_{x \to x_0} f(x)$ 也可能存在.

$\lim\limits_{x \to x_0} f(x) = A$ 的几何意义:对任意正数 ε,在 xOy 平面上,作两条直线 $y = A + \varepsilon$ 与 $y = A - \varepsilon$. 总可找到另外两条直线 $x = x_0 + \delta$ 和 $x = x_0 - \delta$,使得在这两条直线之间的函数 $y = f(x)$ 的图像完全落在两条水平直线之间,如图 1-15 所示.

有时在考察函数时只考虑在 x_0 点右邻域(或它的左邻域内)有定义的情况,为此给出函数当 x 从 x_0 的右侧无限接近于 x_0 及从 x_0 的左侧无限接近于 x_0 时的极限定义(包括描述性定义与严格的数学定义).

定义 5 设函数 $f(x)$ 在 x_0 的某个右半邻域 $(x_0, x_0 + \delta)$ 内有定义,当自变量 x 在此邻域内无限接近 x_0 时,相应的函数值 $f(x)$ 无限趋近于常数 A,则称函数 $f(x)$ 在 x_0 点的**右极限**为 A,记作 $\lim\limits_{x \to x_0^+} f(x) = A$ 或 $f(x_0^+) = A$.

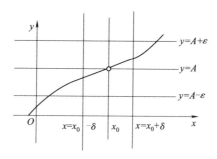

图　1-15

$\lim\limits_{x\to x_0^+} f(x) = A$ 的严格数学定义如下：

定义 5′　设函数 $f(x)$ 在 x_0 的某个右半邻域 $(x_0, x_0 + \delta)$ 内有定义，若对 $\forall \varepsilon > 0$，总存在 $\delta > 0$，当 $x_0 < x < x_0 + \delta$ 时，恒有 $\left| f(x) - A \right| < \varepsilon$，称函数 $f(x)$ 在 x_0 点的**右极限**为 A，记作 $\lim\limits_{x\to x_0^+} f(x) = A$ 或 $f(x_0^+) = A$.

定义 6　设函数 $f(x)$ 在 x_0 的某个左半邻域 $(x_0 - \delta, x_0)$ 内有定义，当自变量 x 在此领域内无限接近 x_0 时，相应的函数值 $f(x)$ 无限趋近于常数 A，则称函数 $f(x)$ 在 x_0 点的**左极限**为 A，记作 $\lim\limits_{x\to x_0^-} f(x) = A$ 或 $f(x_0^-) = A$.

$\lim\limits_{x\to x_0^-} f(x) = A$ 的严格数学定义如下：

定义 6′　设函数 $f(x)$ 在 x_0 的某个左半邻域 $(x_0 - \delta, x_0)$ 内有定义，若对 $\forall \varepsilon > 0$，总存在 $\delta > 0$，当 $x_0 - \delta < x < x_0$ 时，恒有 $\left| f(x) - A \right| < \varepsilon$，则称函数 $f(x)$ 在 x_0 点的左极限为 A，记作 $\lim\limits_{x\to x_0^-} f(x) = A$ 或 $f(x_0^-) = A$.

由定义 4、定义 5、定义 6 不难得到：

定理 2　$\lim\limits_{x\to x_0} f(x) = A$ 的充分必要条件是 $\lim\limits_{x\to x_0^+} f(x) = A$ 并且 $\lim\limits_{x\to x_0^-} f(x) = A$.

例 2　讨论函数 $f(x) = \begin{cases} 1 + x, & 0 < x \leqslant 1 \\ 1, & x = 0 \\ 1 - x, & -1 \leqslant x < 0 \end{cases}$ 　在 $x = 0$ 的极限的存在性.

解　函数 $f(x)$ 在 $x = 0$ 点的 $\mathring{U}(0, 1)$ 内有定义，

当 $x \to 0^+$ 时（即从 $x = 0$ 的右侧趋于 0 时），相应的函数值 $f(x) = 1 + x$ 无限趋近于 1，即 $\lim\limits_{x\to 0^+} f(x) = 1$；当 $x \to 0^-$ 时（即从 $x = 0$ 的左侧趋于 0 时），相应的函数值 $f(x) = 1 - x$ 无限趋近于 1，即 $\lim\limits_{x\to 0^-} f(x) = 1$.

因为 $\lim\limits_{x\to 0^+}f(x)=\lim\limits_{x\to 0^-}f(x)=1$，所以 $\lim\limits_{x\to 0}f(x)=1$.

例 3　已知 $f(x)=\begin{cases}2x, & x<1 \\ 3, & x=1 \\ x, & x>1\end{cases}$，求 $\lim\limits_{x\to 1^-}f(x)$，$\lim\limits_{x\to 1^+}f(x)$ 和 $\lim\limits_{x\to 1}f(x)$.

解　因为 $\lim\limits_{x\to 1^-}f(x)=\lim\limits_{x\to 1^-}2x=2$，$\lim\limits_{x\to 1^+}f(x)=\lim\limits_{x\to 1^+}x=1$，故

$$\lim\limits_{x\to 1^+}f(x)\neq\lim\limits_{x\to 1^-}f(x)，$$

所以 $\lim\limits_{x\to 1}f(x)$ 不存在.

1.3.3　函数极限的性质

1. 函数极限存在的数学性质

性质 1（唯一性）　若 $\lim\limits_{x\to x_0}f(x)=A$，$\lim\limits_{x\to x_0}f(x)=B$，则 $A=B$.

性质 2（局部有界性）　若 $\lim\limits_{x\to x_0}f(x)=A$，则在 x_0 某个去心邻域 $\mathring{U}(x_0,\delta)$ 内，函数 $f(x)$ 是有界的.

即若 $\lim\limits_{x\to x_0}f(x)=A$，则存在 x_0 某个去心邻域 $\mathring{U}(x_0,\delta)$ 和 $M>0$，使得对 $\forall\,x\in\mathring{U}(x_0,\delta)$，有 $|f(x)|\leqslant M$.

性质 3（局部保号性）　若 $\lim\limits_{x\to x_0}f(x)=A$，且 $A>0$（或 $A<0$），则存在 $\delta>0$，使得 $\forall\,x\in\mathring{U}(x_0,\delta)$，有 $f(x)>0$（或 $f(x)<0$）.

证明　就 $A>0$ 的情形证明.

因为 $\lim\limits_{x\to x_0}f(x)=A$，所以对于 $\varepsilon=\dfrac{A}{2}$，$\exists\,\delta>0$，当 $0<|x-x_0|<\delta$ 时，有

$$|f(x)-A|<\varepsilon=\frac{A}{2}，$$

解不等式有 $A-\dfrac{A}{2}<f(x)$，即 $f(x)>\dfrac{A}{2}>0$.

推论　若在 x_0 某个去心邻域 $\mathring{U}(x_0,\delta)$ 内，有 $f(x)\geqslant 0$（或 $f(x)\leqslant 0$），且 $\lim\limits_{x\to x_0}f(x)=A$，则 $A\geqslant 0$（或 $A\leqslant 0$）.

运用反证法及性质 3 即可证明上述推论.

2. 函数极限的运算性质

性质 4（四则运算法则）　若 $\lim\limits_{x\to x_0}f(x)=A$，$\lim\limits_{x\to x_0}g(x)=B$，则：

(1) $\lim\limits_{x\to x_0}[f(x)\pm g(x)]=\lim\limits_{x\to x_0}f(x)\pm\lim\limits_{x\to x_0}g(x)=A\pm B$；

(2) $\lim\limits_{x\to x_0}[f(x)\cdot g(x)]=\lim\limits_{x\to x_0}f(x)\cdot\lim\limits_{x\to x_0}g(x)=A\cdot B$；

(3)当 $B \neq 0$ 时，$\lim\limits_{x \to x_0} \dfrac{f(x)}{g(x)} = \dfrac{\lim\limits_{x \to x_0} f(x)}{\lim\limits_{x \to x_0} g(x)} = \dfrac{A}{B}$.

注意：(1) 以上性质只以 $x \to x_0$ 方式给出，对 x 的其他变化方式，如对于 $x \to x_0^+$，$x \to x_0^-$，$x \to \infty$，$x \to +\infty$，$x \to -\infty$ 等以上性质都成立.

(2)性质 4 结论成立的前提要求和数列极限相同，函数 $f(x)$ 与 $g(x)$ 的极限必须存在，参与运算的项数必须有限，分母极限必须不为零等，否则结论不成立. 如 $\lim\limits_{x \to 0} x \sin \dfrac{1}{x} = \lim\limits_{x \to 0} x \cdot \lim\limits_{x \to 0} \sin \dfrac{1}{x} = 0$ 这个做法是错误的，因为在 $x \to 0$ 时，函数 $\sin \dfrac{1}{x}$ 没有极限.

推论 1 若 $\lim\limits_{x \to x_0} f(x) = A$，$c$ 为常数，则 $\lim\limits_{x \to x_0} cf(x) = c \lim\limits_{x \to x_0} f(x)$.

推论 2 若 $\lim\limits_{x \to x_0} f(x) = A$，$n \in \mathbf{N}$，则 $\lim\limits_{x \to x_0} [f(x)]^n = [\lim\limits_{x \to x_0} f(x)]^n = A^n$.

例如，$\lim\limits_{x \to x_0} x = x_0$，则 $\lim\limits_{x \to x_0} x^n = x_0^n$.

为了以后更容易地求极限，现将后面的一个结论提前：

结论 1 基本初等函数在定义域内任一点的极限等于它在这点的函数值.

例如，$\lim\limits_{x \to 2} \sqrt{x} = \sqrt{2}$，$\lim\limits_{x \to x_0} 3^x = 3^{x_0}$，$\lim\limits_{x \to 5} \log_2 5 = \log_2 5$，$\lim\limits_{x \to x_0} \sin x_0 = \sin x_0$，
$\lim\limits_{x \to x_0} \cos x_0 = \cos x_0$，$\lim\limits_{x \to 3} \tan x = \tan 3$，$\lim\limits_{x \to 6} \cot x = \cot 6$.

定理 3 设函数 $y = f[\varphi(x)]$ 是由函数 $y = f(u)$，$u = \varphi(x)$ 复合而成，如果 $\lim\limits_{x \to x_0} \varphi(x) = u_0$，$f[\varphi(x)]$ 在点 x_0 的某个去心邻域内有定义，且在此去心邻域内 $\varphi(x) \neq u_0$，又 $\lim\limits_{u \to u_0} f(u) = A$，则 $\lim\limits_{x \to x_0} f[\varphi(x)] = A$.

例如，$\lim\limits_{x \to x_0} \sin x = \sin x_0$，$\lim\limits_{x \to x_0} x^n = x_0^n$，根据定理 3，有 $\lim\limits_{x \to x_0} (\sin x)^n = (\sin x_0)^n$.

结论 2 设 n 次多项式函数 $Q_n(x) = a_0 x^n + a_1 x^{n-1} + \cdots + a_{n-1} x + a_n$，其中 $x \in \mathbf{R}$，则有

$$\lim\limits_{x \to x_0} Q_n(x) = Q_n(x_0).$$

例 4 求 $\lim\limits_{x \to 3} (4x^2 - 5x + 1)$.

解 $\lim\limits_{x \to 3} (4x^2 - 5x + 1) = 4 \times 3^2 - 5 \times 3 + 1 = 22$.

结论 3 设函数 $P(x) = \dfrac{Q_m(x)}{Q_n(x)}$，其中 $Q_m(x)$ 为 m 次多项式函数，$Q_n(x)$ 为 n 次多项式函数，且 $Q_n(x_0) \neq 0$，则有 $\lim\limits_{x \to x_0} P(x) = P(x_0)$.

例 5 求 $\lim\limits_{x \to 1} \dfrac{x^2 + 3x - 1}{2x^4 - 5}$.

解　首先看分母的极限，$\lim\limits_{x \to 1}(2x^4 - 5) = 2 \cdot 1^4 - 5 = -3 \neq 0$，运用结论 3，得

$$\lim\limits_{x \to 1} \frac{x^2 + 3x - 1}{2x^4 - 5} = \frac{1^2 + 3 \cdot 1 - 1}{2 \cdot 1^4 - 5} = -1.$$

例 6　$\lim\limits_{x \to 1} \frac{x^2 + 2x - 3}{x^2 - 1}$.

分析　首先看分母的极限，$\lim\limits_{x \to 1}(x^2 - 1) = 0$，所以不能运用商的极限的运算法则，再看分子的极限，$\lim\limits_{x \to 1}(x^2 + 2x - 3) = 0$，这种极限通常称为未定型，记为"$\frac{0}{0}$"型，由于分子、分母在 $x = 1$ 的函数值都为 0，说明分子、分母都含有因式 $(x - 1)$，可先消去分子分母同为零的因式 $(x - 1)$，然后再运用极限的运算法则进行计算.

解　$\lim\limits_{x \to 1} \frac{x^2 + 2x - 3}{x^2 - 1} = \lim\limits_{x \to 1} \frac{(x-1)(x+3)}{(x-1)(x+1)} = \lim\limits_{x \to 1} \frac{x+3}{x+1} = \frac{1+3}{1+1} = 2.$

例 7　求 $\lim\limits_{x \to \infty} \frac{x^2 + 2x - 3}{x^2 - 1}$.

分析　当 $x \to \infty$ 时分子、分母都是无穷大量，这种两个无穷大量之比的极限，也称不定式，记为"$\frac{\infty}{\infty}$"型，此时不能运用商的极限的运算法则，对这种形式的极限，首先将分子分母的 x 的最高次幂提出，再进行运算.

解　$\lim\limits_{x \to \infty} \frac{x^2 + 2x - 3}{x^2 - 1} = \lim\limits_{x \to \infty} \frac{x^2\left(1 + \dfrac{2}{x} - \dfrac{3}{x^2}\right)}{x^2\left(1 - \dfrac{1}{x^2}\right)} = \lim\limits_{x \to \infty} \frac{1 + \dfrac{2}{x} - \dfrac{3}{x^2}}{1 - \dfrac{1}{x^2}} = 1.$

例 8　求 $\lim\limits_{x \to \infty} \dfrac{a_n x^n + a_{n-1} x^{n-1} + \cdots + a_1 x + a_0}{b_m x^m + b_{m-1} x^{m-1} + \cdots + b_1 x + b_0}$（$a_n \neq 0, b_m \neq 0, m, n$ 为正整数）.

解　$\lim\limits_{x \to \infty} \dfrac{x^n}{x^m} \cdot \dfrac{a_n + a_{n-1}\dfrac{1}{x} + \cdots + a_1 \dfrac{1}{x^{n-1}} + a_0 \dfrac{1}{x^n}}{b_m + b_{m-1}\dfrac{1}{x} + \cdots + b_1 \dfrac{1}{x^{m-1}} + b_0 \dfrac{1}{x^m}} = D,$

(1) 当 $n < m$ 时，$\lim\limits_{x \to \infty} \dfrac{1}{x^{m-n}} = 0$，

$$D = \lim\limits_{x \to \infty} x^{n-m} \cdot \dfrac{a_n + a_{n-1}\dfrac{1}{x} + \cdots + a_1 \dfrac{1}{x^{n-1}} + a_0 \dfrac{1}{x^n}}{b_m + b_{m-1}\dfrac{1}{x} + \cdots + b_1 \dfrac{1}{x^{m-1}} + b_0 \dfrac{1}{x^m}} = 0 \cdot \dfrac{a_n}{b_m} = 0;$$

(2) $n = m$ 时，$\lim\limits_{x \to \infty} \dfrac{1}{x^{m-n}} = 1$，

$$D = \lim\limits_{x \to \infty} x^{n-m} \cdot \dfrac{a_n + a_{n-1}\dfrac{1}{x} + \cdots + a_1 \dfrac{1}{x^{n-1}} + a_0 \dfrac{1}{x^n}}{b_m + b_{m-1}\dfrac{1}{x} + \cdots + b_1 \dfrac{1}{x^{m-1}} + b_0 \dfrac{1}{x^m}} = \dfrac{a_n}{b_m};$$

（3）$n > m$ 时，$\lim\limits_{x\to\infty} x^{n-m} = \infty$，

$$D = \lim_{x\to\infty} x^{n-m} \cdot \frac{a_n + a_{n-1}\dfrac{1}{x} + \cdots + a_1\dfrac{1}{x^{n-1}} + a_0\dfrac{1}{x^n}}{b_m + b_{m-1}\dfrac{1}{x} + \cdots + b_1\dfrac{1}{x^{m-1}} + b_0\dfrac{1}{x^m}} = \infty.$$

综上所述，当 $a_n \neq 0, b_m \neq 0, m, n$ 为正整数时，

$$\lim_{x\to\infty} \frac{a_n x^n + a_{n-1}x^{n-1} + \cdots + a_1 x + a_0}{b_m x^m + b_{m-1}x^{m-1} + \cdots + b_1 x + b_0} = \begin{cases} 0, & n < m \\ \dfrac{a_n}{b_m}, & n = m. \\ \infty, & n > m \end{cases}$$

讨论：$\lim\limits_{x\to\infty} \dfrac{2x^3 - x^2 + 5}{3x^2 - 2x - 1} = ?$，$\lim\limits_{x\to\infty} \dfrac{2x^3 - x^2 + 5}{3x^4 - 2x - 1} = ?$，$\lim\limits_{x\to\infty} \dfrac{2x^3 - x^2 + 5}{3x^3 - 2x - 1} = ?$

例 9 求 $\lim\limits_{x\to\infty}(\sqrt{x^2+1} - \sqrt{x^2-1})$.

解 这是"$\infty-\infty$"未定型，先分子有理化，再进行运算.

$$\lim_{x\to\infty}(\sqrt{x^2+1} - \sqrt{x^2-1}) = \lim_{x\to\infty} \frac{(\sqrt{x^2+1} - \sqrt{x^2-1})(\sqrt{x^2+1} + \sqrt{x^2-1})}{\sqrt{x^2+1} + \sqrt{x^2-1}}$$

$$= \lim_{x\to\infty} \frac{2}{\sqrt{x^2+1} + \sqrt{x^2-1}} = 0.$$

例 10 设函数 $f(x) = \begin{cases} 2x^2 + 1, & x > 0 \\ x + b, & x \leqslant 0 \end{cases}$，当 b 取什么值时，$\lim\limits_{x\to 0} f(x)$ 存在？

分析 函数 $f(x)$ 在 $x = 0$ 处左、右两侧的表达式不同，而求 $x\to 0$ 时 $f(x)$ 的极限，要考察 x 从 0 的两侧趋于 0 时相应的函数值的变化情况，因此要分别求在 $x = 0$ 这点的左右极限.

解 因为

$$\lim_{x\to 0^-} f(x) = \lim_{x\to 0^-}(x + b) = b, \quad \lim_{x\to 0^+} f(x) = \lim_{x\to 0^+}(2x^2 + 1) = 1,$$

所以当 $b = 1$ 时，$\lim\limits_{x\to 0} f(x)$ 存在.

习 题 1.3

1. 设函数 $f(x) = 0$，函数 $g(x) = \begin{cases} 1, & x \geqslant 0 \\ 0, & x < 0 \end{cases}$

（1）函数 $f(x)$ 在 $x = 0$ 是否有左、右极限？若有，是多少？在 $x = 0$ 是否有极限？若有，是多少？

（2）函数 $g(x)$ 在 $x = 0$ 是否有左、右极限？若有，是多少？在 $x = 0$ 是否有极限？若有，是多少？

2.判断题:

(1)若函数 $f(x)$ 为有界函数,则 $\lim\limits_{x\to x_0}f(x)=A$ 一定存在. ( )

(2)当 $x\to x_0$ 时 $f(x)$ 有极限,$g(x)$ 无极限,则 $f(x)g(x)$ 必无极限. ( )

(3)当 $x\to x_0$ 时 $f(x)$ 无极限,$g(x)$ 无极限,则 $f(x)+g(x)$ 必无极限. ( )

(4)若 $f(x)>0$,且 $\lim\limits_{x\to x_0}f(x)=A$,则 $A>0$. ( )

(5)若 $\lim\limits_{x\to x_0}f(x)=A$,则 $f(x_0)=A$. ( )

(6)若 $\lim\limits_{x\to+\infty}f(x)=A$,则 $\lim\limits_{n\to\infty}f(n)=A$. ( )

3.当 $x\to 1$ 时,$y=2x-1\to 1$,问 δ 等于多少,使当 $|x-1|<\delta$ 时,有

$$|y-1|<\frac{1}{1\,000}.$$

4.下面各题的解法对不对? 若不对,指出错在哪里,并用正确的方法解出.

(1) $\lim\limits_{x\to-2}\dfrac{x^2+3x+2}{x+2}=\dfrac{\lim\limits_{x\to-2}(x^2+3x+2)}{\lim\limits_{x\to-2}(x+2)}=\dfrac{1}{0}=\infty$;

(2) $\lim\limits_{x\to\infty}\dfrac{\cos x}{x^2}=\dfrac{\lim\limits_{x\to\infty}\cos x}{\lim\limits_{x\to\infty}x^2}=\dfrac{1}{\infty}=0$;

(3) $\lim\limits_{x\to+\infty}\dfrac{x^3+x^2+3}{x^3-1}=\lim\limits_{x\to+\infty}\dfrac{\infty}{\infty}=1$;

(4) $\lim\limits_{x\to\frac{\pi}{2}}(\tan^2 x-\sec^2 x)=\lim\limits_{x\to\frac{\pi}{2}}\tan^2 x-\lim\limits_{x\to\frac{\pi}{2}}\sec^2 x=\infty-\infty=0.$

5.计算下列极限:

(1) $\lim\limits_{x\to 3}\dfrac{2x-1}{x^2+4}$;

(2) $\lim\limits_{x\to\sqrt2}\dfrac{x-\sqrt2}{x^2+2}$;

(3) $\lim\limits_{x\to\sqrt2}\dfrac{x-\sqrt2}{x^2-2}$;

(4) $\lim\limits_{x\to 2}\dfrac{x^2+x-6}{x^2-4}$;

(5) $\lim\limits_{h\to 0}\dfrac{(x+h)^2-x^2}{h}$;

(6) $\lim\limits_{x\to a}\dfrac{x^n-a}{x-a}$ （n 为正整数,a 为常数）;

(7) $\lim\limits_{x\to\infty}\dfrac{x^2+4x-3}{3x^3-10x-9}$;

(8) $\lim\limits_{x\to\infty}\dfrac{7x^3+2x-3}{9x^2-1}$;

(9) $\lim\limits_{x\to\infty}\dfrac{x^2-3}{4x^2+3}$;

(10) $\lim\limits_{x\to\infty}(\sqrt{x^2-x+1}-\sqrt{x^2+x+1})$;

(11) $\lim\limits_{x\to+\infty}x(\sqrt{2+x^2}-x)$;

(12) $\lim\limits_{x\to-\infty}x(\sqrt{2+x^2}-x)$;

(13) $\lim\limits_{x\to\infty}\dfrac{2x^2-x-10}{x^{\frac{5}{2}}+1}$;

(14) $\lim\limits_{x\to\infty}\dfrac{\arctan x}{x}$;

(15) $\lim\limits_{x\to\infty}\dfrac{(2x+1)^{40}(3x-1)^{20}}{(2x-1)^{60}}$;

(16) $\lim\limits_{x\to\infty}\dfrac{x^2+4x-3}{3x^3-10x-9}$;

(17) $\lim\limits_{x\to 1}\dfrac{\sqrt{1-x}+2}{\sqrt{1+x}+1}$;

(18) $\lim\limits_{n\to\infty}\dfrac{(2n-1)(n-1)(n+2)}{3n^3}$;

(19) $\lim\limits_{n\to\infty}\left(1+\dfrac{1}{2}+\dfrac{1}{2^2}+\cdots+\dfrac{1}{2^n}\right)$;

(20) $\lim\limits_{x\to\infty}\left(\dfrac{x^3}{3x^2+1}-\dfrac{x^2}{2x-1}\right)$;

(21) $\lim\limits_{x\to+\infty}\arctan x$;

(22) $\lim\limits_{x\to-\infty}\arctan x$;

(23) $\lim\limits_{x\to 0^+}\dfrac{2^{\frac{1}{x}}-1}{2^{\frac{1}{x}}+1}$;

(24) $\lim\limits_{x\to 0^-}\dfrac{2^{\frac{1}{x}}-1}{2^{\frac{1}{x}}+1}$.

6. 若 $\lim\limits_{x\to\infty}\left(\dfrac{x^2+2}{x+1}+ax+b\right)=1$，求 a,b 的值.

7. 设 $f(x)=\begin{cases}\dfrac{\sin x}{x}, & x>0\\ 1, & x=0\ ,\\ x+2, & x<0\end{cases}\lim\limits_{x\to 0}f(x)$ 是否存在?

8. "若 $\lim\limits_{x\to x_0}\big[f(x)\cdot g(x)\big]=0$，则 $\lim\limits_{x\to x_0}f(x)=0$ 或 $\lim\limits_{x\to x_0}g(x)=0$."这个结论对不对? 若不对,试举出反例.

9. 求 $f(x)=\dfrac{x}{x},g(x)=\dfrac{|x|}{x}$ 当 $x\to 0$ 时的左右极限,并说明它们在 $x\to 0$ 时的极限是否存在.

1.4　无穷小量与无穷大量

1.4.1　无穷小量

定义 1　若 $\lim\limits_{x\to x_0}f(x)=0$，则称 $f(x)$ 当 $x\to x_0$ 时是无穷小量(或无穷小).

注意:(1) 同一个函数在不同的趋向下,可能是无穷小量,也可能不是无穷小量. 例如,对于 $f(x)=x-1$,在 $x\to 1$ 时 $f(x)$ 的极限为 0,所以在 $x\to 1$ 时 $f(x)$ 是一个无穷小量;当 $x\to 0$ 时 $f(x)$ 的极限为 -1,因而当 $x\to 0$ 时 $f(x)$ 不是一个无穷小量. 所以,称一个函数为无穷小量,一定要明确指出其自变量的趋向.

(2) 无穷小量不是一个量的概念,不能把它看作一个很小很小的(常)量,它是一个变化过程中的变量,最终在自变量的某一趋向下,函数以零为极限.

(3)特别地,零本身看作无穷小量.

(4)定义中可以将自变量的趋向换成其他任何一种情形 $x\to x_0^-$，$x\to x_0^+$，$x\to\infty$，$x\to-\infty$ 或 $x\to+\infty$,结论同样成立,以后不再说明.

例 1　指出自变量 x 在怎样的趋向下,下列函数为无穷小量:

(1) $y = \dfrac{1}{x+1}$； (2) $y = x^2 - 1$； (3) $y = a^x (a > 0, a \neq 1)$.

解 (1)因为 $\lim\limits_{x \to \infty} \dfrac{1}{x+1} = 0$，所以当 $x \to \infty$ 时，函数 $y = \dfrac{1}{x+1}$ 是一个无穷小量；

(2)因为 $\lim\limits_{x \to 1}(x^2 - 1) = 0$ 与 $\lim\limits_{x \to -1}(x^2 - 1) = 0$，所以当 $x \to 1$ 与 $x \to -1$ 时函数 $y = x^2 - 1$ 都是无穷小量；

(3)对于 $a > 1$，因为 $\lim\limits_{x \to -\infty} a^x = 0$，所以当 $x \to -\infty$ 时，$y = a^x$ 为一个无穷小量；而对于 $0 < a < 1$，因为 $\lim\limits_{x \to +\infty} a^x = 0$，所以当 $x \to +\infty$ 时，$y = a^x$ 为一个无穷小量.

下面的定理 1 揭示了函数与其极限之间的密切关系.

定理 1 $\lim\limits_{x \to x_0} f(x) = A$ 的充分必要条件是 $f(x) = A + \alpha(x)$，其中，当 $x \to x_0$ 时 $\alpha(x)$ 是一个无穷小量.

分析 令 $\alpha(x) = f(x) - A$，则
$$\lim\limits_{x \to x_0} f(x) = A \leftrightharpoons \lim\limits_{x \to x_0}(f(x) - A) = 0 \leftrightharpoons \lim\limits_{x \to x_0}\alpha(x) = 0,$$
即 $f(x) = A + \alpha(x)$，其中，当 $x \to x_0$ 时 $\alpha(x)$ 是一个无穷小量.

定理 1 表明函数与其极限之间相差一个无穷小量.

无穷小量具有以下性质：

定理 2 若 $\lim\limits_{x \to x_0} f(x) = 0$，$\lim\limits_{x \to x_0} g(x) = 0$，$c$ 为常数， 则：

(1) $\lim\limits_{x \to x_0} cf(x) = c \lim\limits_{x \to x_0} f(x) = 0$（即常数与无穷小的乘积仍为无穷小）；

(2) $\lim\limits_{x \to x_0} [f(x) \pm g(x)] = \lim\limits_{x \to x_0} f(x) \pm \lim\limits_{x \to x_0} g(x) = 0$（即无穷小的和差仍为无穷小）；

(3) $\lim\limits_{x \to x_0} f(x) = 0$，$h(x)$ 在 $\mathring{U}(x_0, \delta)$ 内是有界函数，则 $\lim\limits_{x \to x_0} f(x)h(x) = 0$（即无穷小量与有界函数的乘积仍为无穷小）；

(4) $\lim\limits_{x \to x_0} [f(x)g(x)] = \lim\limits_{x \to x_0} f(x) \cdot \lim\limits_{x \to x_0} g(x) = 0$（即两个无穷小的乘积仍为无穷小）.

推论 1 有限个无穷小量的和（差）仍为无穷小量.

推论 2 有限个无穷小量的积是无穷小量.

但是，无穷多个无穷小量之和不一定是无穷小量.

例如，$\lim\limits_{n \to \infty} \left(\dfrac{1}{n^2} + \dfrac{2}{n^2} + \cdots + \dfrac{n}{n^2} \right) = \lim\limits_{n \to \infty} \dfrac{n(n+1)}{2n^2} = \dfrac{1}{2}$.

两个无穷小量的商不一定是无穷小量. 例如，当 $x \to 0$ 时，x 与 $2x$ 都是无穷小

量，但 $\lim\limits_{x \to 0} \dfrac{2x}{x} = 2$，所以当 $x \to 0$ 时 $\dfrac{2x}{x}$ 不是无穷小量.

有界函数与无穷小量的乘积仍为无穷小. 例如，当 $x \to \infty$ 时，函数 $\dfrac{1}{x}$ 是无穷小量，而函数 $\cos x$，$\sin x$ 虽然都没有极限，但都是有界函数，根据定理 2 知：

$$\lim_{x \to \infty} \frac{1}{x}\cos x = \lim_{x \to \infty} \frac{1}{x}\sin x = 0.$$

1.4.2　无穷大量

考察当 $x \to 0$ 时，函数 $f(x) = \dfrac{1}{x}$ 的变化情况（见图 1-16）. 在自变量无限接近于 0 时，函数值的绝对值 $\left|\dfrac{1}{x}\right|$ 无限增大，也就是对于任意给定的正数 M，总存在一个正数 $\delta = \dfrac{1}{M}$，当 $0 < |x-0| < \delta$ 时，恒有 $|f(x)| = \left|\dfrac{1}{x}\right| > M$.

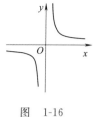

图 1-16

定义 2　设函数 $f(x)$ 在 x_0 处的某去心邻域 $\mathring{U}(x_0, \delta)$ 内有定义（或 $|x|$ 大于某一正数时有定义），当自变量 x 无限地趋近于 x_0 时（当 $|x|$ 无限增大时），如果相应的 $|f(x)|$ 无限增大，则称函数 $f(x)$ 在 $x \to x_0$ 时（在 $x \to \infty$ 时）为一个**无穷大量**，记为 $\lim\limits_{x \to x_0} f(x) = \infty$（$\lim\limits_{x \to \infty} f(x) = \infty$）；如果相应的 $f(x)$ 无限增大，则称函数 $f(x)$ 在 $x \to x_0$ 时（当 $x \to \infty$ 时）为一个**正无穷大量**，记为 $\lim\limits_{x \to x_0} f(x) = +\infty$（$\lim\limits_{x \to \infty} f(x) = +\infty$）；如果相应的 $-f(x)$ 无限增大，则称函数 $f(x)$ 在 $x \to x_0$ 时（当 $x \to \infty$ 时）为一个**负无穷大量**，记为 $\lim\limits_{x \to x_0} f(x) = -\infty$（$\lim\limits_{x \to \infty} f(x) = -\infty$）.

应注意的是，当 $x \to x_0$（或 $x \to \infty$）时为无穷大（或正、负无穷大）的函数 $f(x)$，按函数极限定义来说，极限是不存在的. 但为了便于叙述函数在自变量的某一趋向下无限增大的这一性态，也说“函数的极限是无穷大”.

下面给出无穷大的严格数学定义：

定义 2′　设 $f(x)$ 在 x_0 的某一去心邻域内有定义（在 $|x|$ 大于某一正数时），如果对于任意给定的正数 M，总存在一个正数 δ（总存在一个正数 X），当 $0 < |x - x_0| < \delta$ 时（当 $|x| > X$ 时），如果恒有 $|f(x)| > M$，则称函数 $f(x)$ 当 $x \to x_0$ 时（当 $x \to \infty$ 时）为**无穷大**，记作 $\lim\limits_{x \to x_0} f(x) = \infty$；如果 $f(x) > M$，则称函数 $f(x)$ 当 $x \to x_0$ 时（当 $x \to \infty$ 时）为**正无穷大**，记作 $\lim\limits_{x \to x_0} f(x) = +\infty$；如果 $-f(x) > M$，则称函数 $f(x)$ 当 $x \to x_0$ 时（当 $x \to \infty$ 时）为**负无穷大**，记作 $\lim\limits_{x \to x_0} f(x) = -\infty$.

易知 $\lim\limits_{x \to 1^+} \dfrac{1}{x-1} = +\infty$, $\lim\limits_{x \to 1^-} \dfrac{1}{x-1} = -\infty$, $\lim\limits_{x \to 1} \dfrac{1}{x-1} = \infty$, $\lim\limits_{x \to \infty} 2x = \infty$.

注意:(1)无穷大量也不是一个量的概念,它是一个变化的过程.反映了自变量在某个趋近过程中,函数的绝对值无限地增大的一种趋势.因此,称一个函数为无穷大量时,必须明确指出其自变量的变化趋向,否则毫无意义.

(2)无穷大量与无界函数是有区别的,一个无穷大量一定是一个无界函数,但一个无界函数不一定是一个无穷大量.

例如,函数 $f(x) = x \cos x$, $x \in (-\infty, +\infty)$,当 $n \to \infty$ 时,

$$f(2n\pi) = 2n\pi \cos 2n\pi \to \infty,$$

但

$$f\left(n\pi + \frac{\pi}{2}\right) = \left(n\pi + \frac{\pi}{2}\right) \cos\left(n\pi + \frac{\pi}{2}\right) = 0,$$

即在 $n \to \infty$ 的过程中总有些点的函数值为 0,因此当 $n \to \infty$ 时 $f(x) = x \cos x$ 是无界函数,但不是无穷大量.

下面的定理 3 给出了无穷大量与无穷小量之间的关系.

定理 3 (1)若 $\lim\limits_{x \to x_0} f(x) = 0$,且对 $\forall x \in \overset{\circ}{U}(x_0, \delta)$,有 $f(x) \neq 0$,则 $\lim\limits_{x \to x_0} \dfrac{1}{f(x)} = \infty$;

(2)若 $\lim\limits_{x \to x_0} f(x) = \infty$,则 $\lim\limits_{x \to x_0} \dfrac{1}{f(x)} = 0$.

例 2 指出自变量 x 在怎样的趋向下,下列函数为无穷大量:

(1) $y = \dfrac{1}{x-2}$; 　　　(2) $y = \log_a x (a > 1)$.

解 (1)因为 $\lim\limits_{x \to 2}(x - 2) = 0$,根据无穷小量与无穷大量之间的关系有 $\lim\limits_{x \to 2} \dfrac{1}{x-2} = \infty$;

(2)因为当 $x \to 0^+$ 时,$\log_a x \to -\infty$,所以当 $x \to 0^+$ 时,$\log_a x$ 为负无穷大量;当 $x \to +\infty$ 时,$\log_a x \to +\infty$.所以当 $x \to +\infty$ 时,$\log_a x$ 为正无穷大量.

习　题　1.4

1.判断题:

(1)零是一个无穷小量. 　　　　　　　　　　　　　　　　　　　(　　)

(2)无穷小量是一个非常小的数. 　　　　　　　　　　　　　　　(　　)

(3)两个无穷小量的商是一个无穷小量. 　　　　　　　　　　　　(　　)

(4)无穷大量是一个非常大的数. 　　　　　　　　　　　　　　　(　　)

(5) 两个无穷大量的和是一个无穷大量.　　　　　　　( )

2. 指出下列各题中哪些是无穷大量,哪些是无穷小量:

(1) $y = \dfrac{x}{x^2 - 2}$,当 $x \to \sqrt{2}$ 时;

(2) $y = \mathrm{e}^{\frac{1}{x-1}}$,当 $x \to 1^+$ 时;

(3) $y = \mathrm{e}^{\frac{1}{x-1}}$,当 $x \to 1^-$ 时.

3. 指出自变量 x 在怎样的趋向下,下列函数为无穷小量;变量 x 在怎样的趋向下,下列函数为无穷大量:

(1) $y = \ln(x - 1)$;　　　　　　　　(2) $y = 2^x - 1$;

(3) $y = \dfrac{1}{x^2 - 1}$;　　　　　　　　(4) $y = 2^{\frac{1}{x}}$.

4. 已知 $f(x) = \dfrac{ax^2 - 1}{x^2 + 1} + 2bx + 3$,当 a,b 取何值时,在 $x \to \infty$ 时 $f(x)$ 是一个无穷小量? 当 a,b 取何值时, $f(x)$ 是一个无穷大量?

5. 已知 $\lim\limits_{x \to 3} \dfrac{x^2 - 2x + k}{x - 3} = 4$,求 k.

6. 已知 $\lim\limits_{x \to \infty} 3x f(x) = \lim\limits_{x \to \infty}[4 f(x) + 5]$,求 $\lim\limits_{x \to \infty} x f(x)$.

1.5　两个重要极限

在极限理论中,有两个重要极限:

(1) $\lim\limits_{x \to 0} \dfrac{\sin x}{x}$;

(2) $\lim\limits_{x \to \infty} \left(1 + \dfrac{1}{x}\right)^x$.

1.5.1　夹逼定理

设 $f(x), g(x), h(x)$ 在 x_0 点的去心邻域 $\mathring{U}(x_0, \delta)$ 内有定义,且满足:

(1) 对 $\forall x \in \mathring{U}(x_0, \delta)$,有 $g(x) \leqslant f(x) \leqslant h(x)$;

(2) $\lim\limits_{x \to x_0} g(x) = \lim\limits_{x \to x_0} h(x) = A$.

则　$\lim\limits_{x \to x_0} f(x) = A$.

上述准则仅以 $x \to x_0$ 类型的极限给出,对于其他各种类型的极限,本定理仍然成立.特别地,当定理中的三个函数换成三个数列时,定理也成立.

下面运用夹逼定理证明两个重要极限的存在性.

1.5.2 两个重要极限

1.重要极限 I

$$\lim_{x \to 0} \frac{\sin x}{x} = 1.$$

证明 因为函数 $\frac{\sin x}{x}$ 是偶函数,所以只证明 $\lim\limits_{x \to 0^+} \frac{\sin x}{x} = 1$ 的情形.

先考虑 $0 < x < \frac{\pi}{2}$ 的情形. 如图 1-17 所示,在单位圆中,$\triangle OAB$ 的面积 $<$ 扇形 OAB 的面积 $< \triangle OAE$ 的面积,所以

$$\frac{1}{2}\sin x < \frac{1}{2}x < \frac{1}{2}\tan x,$$

从而 $1 < \frac{x}{\sin x} < \frac{1}{\cos x}$, $\cos x < \frac{\sin x}{x} < 1.$

又 $\lim\limits_{x \to 0^+}\cos x = 1$,所以 $\lim\limits_{x \to 0^+} \frac{1}{\cos x} = 1.$

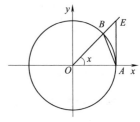

图 1-17

根据夹逼定理,有 $\lim\limits_{x \to 0^+} \frac{\sin x}{x} = 1.$

当 $-\frac{\pi}{2} < x < 0$,令 $y = -x$,则 $0 < y < \frac{\pi}{2}$,并且 $x \to 0^- \Leftrightarrow y \to 0^+$,所以

$$\lim_{x \to 0^-} \frac{\sin x}{x} = \lim_{y \to 0^+} \frac{\sin y}{y} = 1.$$

综上所述,有 $\lim\limits_{x \to 0} \frac{\sin x}{x} = 1.$

这个极限在形式上的特点是:

(1)它是“$\frac{0}{0}$”型;

(2)自变量 x 应与函数 $\frac{\sin x}{x}$ 中的 x 一致.

这个极限的一般形式为: $\lim\limits_{\nabla \to 0} \frac{\sin \nabla}{\nabla} = 1.$

例 1 求 $\lim\limits_{x \to 0} \frac{\sin 3x}{x}$.

解 $\lim\limits_{x \to 0} \frac{\sin 3x}{x} = \lim\limits_{x \to 0} 3 \frac{\sin 3x}{3x} = 3 \lim\limits_{3x \to 0} \frac{\sin 3x}{3x} = 3.$

例 2 求 $\lim\limits_{x \to \pi} \frac{\sin x}{\pi - x}$.

虽然这是“$\frac{0}{0}$”型的,但不是 $x \to 0$,因此不能直接运用重要极限 I.

解 令 $t = \pi - x$,则 $x = \pi - t$,而 $x \to \pi \Leftrightarrow t \to 0$,因此,

$$\lim_{x \to \pi} \frac{\sin x}{\pi - x} = \lim_{t \to 0} \frac{\sin(\pi - t)}{t} = \lim_{t \to 0} \frac{\sin t}{t} = 1.$$

例 3 求 $\lim\limits_{x \to 0} \dfrac{1 - \cos x}{x^2}$.

解 $\lim\limits_{x \to 0} \dfrac{1 - \cos x}{x^2} = \lim\limits_{x \to 0} \dfrac{2 \sin^2 \left(\dfrac{x}{2} \right)}{x^2} = \lim\limits_{x \to 0} \dfrac{1}{2} \cdot \left(\dfrac{\sin \dfrac{x}{2}}{\dfrac{x}{2}} \right)^2 = \dfrac{1}{2}.$

2. 重要极限 Ⅱ

$$\lim_{x \to \infty} \left(1 + \frac{1}{x} \right)^x = e.$$

先观察下表:

x	1	10	100	1 000	10 000	100 000	1 000 000	⋯
$\left(1 + \dfrac{1}{x}\right)^x$	2	2.594	2.705	2.716 9	2.718 15	2.718 27	2.718 280	⋯

考察当 $x \to +\infty$ 及 $x \to -\infty$ 时,函数 $\left(1 + \dfrac{1}{x} \right)^x$ 的变化趋势,如下表所示:

x	−10	−100	−1 000	−10 000	−10 000	−100 000	−1 000 000	⋯
$\left(1 + \dfrac{1}{x}\right)^x$	2.868	2.732	2.719 6	2.718 4	2.718 295	2.718 283	2.718 282	⋯

根据表中数列值的变化可以发现,当 $x \to +\infty$ 或 $x \to -\infty$ 时,函数 $\left(1 + \dfrac{1}{x} \right)^x$ 的对应值无限趋近于一个数. 可以证明,当 $x \to +\infty$ 或 $x \to -\infty$ 时,函数 $\left(1 + \dfrac{1}{x} \right)^x$ 的极限都存在且相等,这个极限是一个无理数 2.718 281 828 45⋯,用 e 来表示这个无理数.

下面给出 $\lim\limits_{x \to \infty} \left(1 + \dfrac{1}{x} \right)^x = e$ 的证明过程.

首先证明数列 $\lim\limits_{n \to \infty} \left(1 + \dfrac{1}{n} \right)^n$ 存在极限.

令 $a_n = \left(1 + \dfrac{1}{n} \right)^n$,用二项展开式展开,得

$$a_n = 1 + n \cdot \frac{1}{n} + \frac{n(n-1)}{2!} \cdot \left(\frac{1}{n}\right)^2 + \cdots +$$

$$\frac{n(n-1)\cdots(n-k+1)}{k!} \cdot \left(\frac{1}{n}\right)^k + \cdots + \frac{n(n-1)\cdots 2 \cdot 1}{n!} \cdot \left(\frac{1}{n}\right)^n$$

$$= 1 + 1 + \frac{1}{2!}\left(1 - \frac{1}{n}\right) + \frac{1}{3!}\left(1 - \frac{1}{n}\right) \cdot \left(1 - \frac{2}{n}\right) + \cdots +$$

$$\frac{1}{k!}\left(1 - \frac{1}{n}\right) \cdot \left(1 - \frac{2}{n}\right)\cdots\left(1 - \frac{k-1}{n}\right) + \cdots +$$

$$\frac{1}{n!}\left(1 - \frac{1}{n}\right) \cdot \left(1 - \frac{2}{n}\right)\cdots\left(1 - \frac{n-1}{n}\right), \tag{1.1}$$

于是

$$a_{n+1} = 1 + 1 + \frac{1}{2!}\left(1 - \frac{1}{n+1}\right) + \frac{1}{3!}\left(1 - \frac{1}{n+1}\right) \cdot \left(1 - \frac{2}{n+1}\right) + \cdots +$$

$$\frac{1}{k!}\left(1 - \frac{1}{n+1}\right) \cdot \left(1 - \frac{2}{n+1}\right)\cdots\left(1 - \frac{k-1}{n+1}\right) + \cdots +$$

$$\frac{1}{n!}\left(1 - \frac{1}{n+1}\right) \cdot \left(1 - \frac{2}{n+1}\right)\cdots\left(1 - \frac{n-1}{n+1}\right) +$$

$$\frac{1}{(n+1)!}\left(1 - \frac{1}{n+1}\right) \cdot \left(1 - \frac{2}{n+1}\right)\cdots\left(1 - \frac{n}{n+1}\right).$$

注意到，$1 - \frac{k}{n} < 1 - \frac{k}{n+1}(k=1,2,\cdots,n)$，并且 a_{n+1} 比 a_n 多一项，所以，$a_n < a_{n+1}$，即 a_n 是单调增加数列.

另外，由(1.1)式得

$$a_n < 1 + 1 + \frac{1}{2!} + \frac{1}{3!} + \cdots + \frac{1}{n!}$$

$$< 1 + 1 + \left(1 - \frac{1}{2}\right) + \left(\frac{1}{2} - \frac{1}{3}\right) + \cdots + \left(\frac{1}{n-1} - \frac{1}{n}\right)$$

$$< 3,$$

所以，a_n 是单调有界数列，根据 1.2 节数列极限存在的判定准则，单调有界数列必存在极限，于是 $\lim\limits_{n\to\infty} a_n$ 存在. 极限值是一个无理数，记它为

$$\lim_{n\to\infty}\left(1 + \frac{1}{n}\right)^n = \mathrm{e}.$$

再证明 $\lim\limits_{x\to+\infty}\left(1 + \frac{1}{x}\right)^x = \mathrm{e}$.

当 $x > 0$ 时，令 $n = [x]$（即 x 所包含的最大的整数），则 $n \leqslant x < n+1$，于是

$$1 + \frac{1}{n+1} < 1 + \frac{1}{x} \leqslant 1 + \frac{1}{n},$$

且

$$\left(1 + \frac{1}{n+1}\right)^n \leqslant \left(1 + \frac{1}{x}\right)^x \leqslant \left(1 + \frac{1}{n}\right)^{n+1}.$$

又
$$\lim_{n\to+\infty}\left(1+\frac{1}{n+1}\right)^{n}=\lim_{n\to+\infty}\left(1+\frac{1}{n+1}\right)^{n+1-1}$$
$$=\lim_{n\to+\infty}\left[\left(1+\frac{1}{n+1}\right)^{n+1}\cdot\left(1+\frac{1}{n+1}\right)^{-1}\right]=\mathrm{e},$$
$$\lim_{n\to+\infty}\left(1+\frac{1}{n}\right)^{n+1}=\lim_{n\to+\infty}\left[\left(1+\frac{1}{n}\right)^{n}\cdot\left(1+\frac{1}{n}\right)\right]=\mathrm{e}.$$

另外，$x\to+\infty\Rightarrow n\to\infty$，由夹逼定理，得
$$\lim_{x\to+\infty}\left(1+\frac{1}{x}\right)^{x}=\mathrm{e}.$$

当 $x<0$ 时，令 $y=-x$，并且 $x\to-\infty\Leftrightarrow y\to+\infty$，于是
$$\left(1+\frac{1}{x}\right)^{x}=\left(1-\frac{1}{y}\right)^{-y}=\left(\frac{y-1}{y}\right)^{-y}=\left(1+\frac{1}{y-1}\right)^{y}$$
$$=\left(1+\frac{1}{y-1}\right)^{y-1}\left(1+\frac{1}{y-1}\right),$$

所以，$\displaystyle\lim_{x\to-\infty}\left(1+\frac{1}{x}\right)^{x}=\lim_{y\to+\infty}\left(1+\frac{1}{y-1}\right)^{y-1}\left(1+\frac{1}{y-1}\right)=\mathrm{e}$，

故
$$\lim_{x\to\infty}\left(1+\frac{1}{x}\right)^{x}=\mathrm{e}. \tag{1.2}$$

在(1.2)式中，令 $t=\dfrac{1}{x}$，则 $x\to\infty$ 时，$t\to 0$，可得到重要极限的另一种形式：
$$\lim_{t\to 0}(1+t)^{\frac{1}{t}}=\mathrm{e}. \tag{1.3}$$

重要极限 Ⅱ 的一般形式为：$\displaystyle\lim_{\Delta\to 0}(1+\Delta)^{\frac{1}{\Delta}}=\mathrm{e}$，$\displaystyle\lim_{\Delta\to\infty}\left(1+\frac{1}{\Delta}\right)^{\Delta}=\mathrm{e}$.

例如，$\displaystyle\lim_{x\to\infty}\left(1+\frac{1}{2x+3}\right)^{2x+3}=\lim_{2x+3\to\infty}\left(1+\frac{1}{2x+3}\right)^{2x+3}=\mathrm{e}$，
$$\lim_{x\to 0}(1+\sin x)^{\csc x}=\lim_{\sin x\to 0}(1+\sin x)^{\frac{1}{\sin x}}=\mathrm{e}.$$

例 4　求 $\displaystyle\lim_{x\to\infty}\left(1+\frac{1}{x}\right)^{kx}$.

解　$\displaystyle\lim_{x\to\infty}\left(1+\frac{1}{x}\right)^{kx}=\left[\lim_{x\to\infty}\left(1+\frac{1}{x}\right)^{x}\right]^{k}=\mathrm{e}^{k}.$

例 5　求 $\displaystyle\lim_{x\to\infty}\left(1-\frac{1}{x}\right)^{x}$.

解　$\displaystyle\lim_{x\to\infty}\left(1-\frac{1}{x}\right)^{x}=\lim_{x\to\infty}\left[1+\left(\frac{-1}{x}\right)\right]^{-x\cdot(-1)}=\mathrm{e}^{-1}.$

例 6　求 $\displaystyle\lim_{x\to\infty}\left(\frac{2x+1}{2x-1}\right)^{x}$.

解　$\displaystyle\lim_{x\to\infty}\left(\frac{2x+1}{2x-1}\right)^{x}=\lim_{x\to\infty}\left(1+\frac{2}{2x-1}\right)^{x}=\lim_{x\to\infty}\left(1+\frac{2}{2x-1}\right)^{\frac{2x-1}{2}\cdot\frac{2}{2x-1}\cdot x}$

$$= \lim_{x \to \infty} \left[\left(1 + \frac{2}{2x-1} \right)^{\frac{2x-1}{2}} \right]^{\frac{2x}{2x-1}} = e^{\lim\limits_{x \to \infty} \frac{2x}{2x-1}} = e.$$

例 7　求 $\lim\limits_{n \to \infty} \left(\dfrac{n-3}{n-5} \right)^n$.

解　$\lim\limits_{n \to \infty} \left(\dfrac{n-3}{n-5} \right)^n = \lim\limits_{n \to \infty} \left(\dfrac{1 - \dfrac{3}{n}}{1 - \dfrac{5}{n}} \right)^n = \lim\limits_{n \to \infty} \dfrac{\left(1 - \dfrac{3}{n} \right)^n}{\left(1 - \dfrac{5}{n} \right)^n} = \dfrac{\lim\limits_{n \to \infty} \left(1 - \dfrac{3}{n} \right)^n}{\lim\limits_{n \to \infty} \left(1 - \dfrac{5}{n} \right)^n}$

$$= \dfrac{\lim\limits_{n \to \infty} \left(1 + \dfrac{-3}{n} \right)^{\frac{n}{-3} \cdot (-3)}}{\lim\limits_{n \to \infty} \left(1 + \dfrac{-5}{n} \right)^{\frac{n}{-5} \cdot (-5)}} = \dfrac{e^{-3}}{e^{-5}} = e^2.$$

习　题　1.5

1. 求下列函数的极限：

(1) $\lim\limits_{x \to 2} \dfrac{\sin(x^3 - 8)}{\sin(x^2 - 4)}$;

(2) $\lim\limits_{x \to \infty} x \sin \dfrac{1}{x}$;

(3) $\lim\limits_{x \to \infty} \dfrac{\sin x}{x}$;

(4) $\lim\limits_{x \to 0} \dfrac{\sqrt{1 - \cos x}}{|x|}$;

(5) $\lim\limits_{x \to 0} \dfrac{\cos mx - \cos nx}{x^2}$　(m, n 为整数);

(6) $\lim\limits_{x \to a} \dfrac{\sin x - \sin a}{x - a}$;

(7) $\lim\limits_{x \to \infty} \left(1 - \dfrac{1}{x} \right)^{ax}$　($a \in \mathbf{N}$) ;

(8) $\lim\limits_{x \to \infty} \left(\dfrac{x}{x+1} \right)^{x+2}$;

(9) $\lim\limits_{x \to \infty} \left(\dfrac{2x+3}{2x+5} \right)^x$;

(10) $\lim\limits_{x \to \frac{\pi}{2}} (1 + 2 \cot x)^{\tan x}$;

(11) $\lim\limits_{x \to 0} \left(\dfrac{2 + e^{\frac{1}{x}}}{1 + e^{\frac{1}{x}}} + \dfrac{\sin x}{|x|} \right)$;

(12) $\lim\limits_{x \to 0} \dfrac{\arcsin x}{x}$.

2. 已知 $\lim\limits_{x \to \infty} \left(\dfrac{x + 2a}{x - a} \right)^x = 8$，求 a.

3. 利用夹逼定理证明 $\lim\limits_{n \to \infty} \left(\dfrac{1}{\sqrt{2n^2 + 1}} + \dfrac{1}{\sqrt{2n^2 + 2}} + \cdots + \dfrac{1}{\sqrt{2n^2 + n}} \right) = \dfrac{1}{\sqrt{2}}$.

4. 利用夹逼定理证明 $\lim\limits_{n \to \infty} \left(\dfrac{1}{\sqrt{n^2 + \pi}} + \dfrac{1}{\sqrt{n^2 + 2\pi}} + \cdots + \dfrac{1}{\sqrt{n^2 + n\pi}} \right) = 1$.

5. 设 $f(x) = \begin{cases} \dfrac{\sin 2x}{x}, & x < 0 \\ x + b, & x \geqslant 0 \end{cases}$，试判定在什么条件下 $\lim\limits_{x \to 0} f(x)$ 存在.

1.6 函数的连续性

1.6.1 连续函数的概念

在自然界中有许多现象都是连续不断地变化的,如小树的高度随着时间的变化而连续地变化,金属轴的长度随气温的改变有极微小的连续变化.这些连绵不断发展变化的事物在量的方面的反映就是连续函数,连续函数就是刻画变量连续变化的数学模型.函数的连续性反映在几何上就是一条不间断、可以一笔画成的曲线.

定义 1 设函数 $y = f(x)$ 在点 x_0 的某上邻域内有定义,如果在该邻域内,自变量从起点 x_0 变化到终点 x_1,对应的函数值由 $f(x_0)$ 变化到 $f(x_1)$,则称 $x_1 - x_0$ 为自变量 x 在 x_0 的**增量**(也称**自变量的改变量**),记作 Δx,称 $f(x_1) - f(x_0)$ 为函数 $f(x)$ 在 x_0 的**增量**(也称**函数的改变量**),记作 Δy. 即

$$\Delta x = x_1 - x_0, \quad \Delta y = f(x_1) - f(x_0) = f(x_0 + \Delta x) - f(x_0).$$

注意:增量可正可负,当起点大于终值时,增量 Δx 就是负的.

观察下面两个函数在点 x_0 处的连续情况及当 $\Delta x \to 0$ 时 Δy 的变化情况.

在图 1-18 中,曲线 $y = f(x)$ 在点 x_0 的邻域内没有断开,可一笔画成.如果让 $\Delta x \to 0$,则对应曲线上的点 Q 沿着曲线无限趋近于 P 点,从而 $f(x_0 + \Delta x) \to f(x_0)$,即 $\Delta y \to 0$;在图 1-19 中,曲线 $y = g(x)$ 在点 x_0 处断开,不能一笔画成.如果让 $\Delta x \to 0$,对应曲线上的点 Q 不趋近于 P 点而趋近于 R 点,故 Δy 不趋向于 0.由以上分析可以得出以下结论:

(1)当 $\Delta x \to 0$ 时,$\Delta y \to 0$,则 $(x_0 + \Delta x, f(x_0 + \Delta x)) \to (x_0, f(x_0))$,从而 $Q \to P$,这说明曲线在点 P 处连续;

(2)当 $\Delta x \to 0$ 时,$\Delta y \to 0$ 不成立,则点 $(x_0 + \Delta x, f(x_0 + \Delta x))$ 不趋近于点 $(x_0, f(x_0))$,即 Q 不趋近于 P 点,这说明曲线在点 P 处不连续.

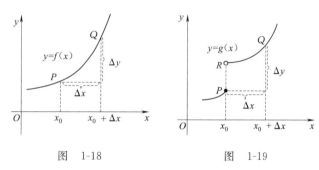

图 1-18   图 1-19

定义 2 设函数 $y = f(x)$ 在 x_0 的某一个邻域 $U(x_0, \delta)$ 内有定义,若

$$\lim_{\Delta x \to 0} \Delta y = \lim_{\Delta x \to 0} [f(x_0 + \Delta x) - f(x_0)] = 0,$$

则称函数 $f(x)$ 在点 x_0 处**连续**.

如果记 $x = x_0 + \Delta x$,则 $\Delta x \to 0 \Leftrightarrow x \to x_0$,因而

$$\lim_{\Delta x \to 0} [f(x_0 + \Delta x) - f(x_0)] = \lim_{x \to x_0} [f(x) - f(x_0)]$$
$$= \lim_{x \to x_0} f(x) - f(x_0) = 0,$$

可得到函数 $y = f(x)$ 在点 x_0 处连续的下列等价定义:

定义 3 设函数 $y = f(x)$ 在 x_0 的某一个邻域 $U(x_0, \delta)$ 内有定义,若 $\lim_{x \to x_0} f(x) = f(x_0)$,则称函数 $y = f(x)$ 在点 x_0 处**连续**,点 x_0 称为函数 $f(x)$ 的**连续点**.

如果 $\lim_{x \to x_0^-} f(x) = f(x_0)$,则称函数 $y = f(x)$ 在点 x_0 **左连续**;

如果 $\lim_{x \to x_0^+} f(x) = f(x_0)$,则称函数 $y = f(x)$ 在点 x_0 **右连续**.

根据函数 $y = f(x)$ 在 x_0 处存在极限的充分必要条件是 $y = f(x)$ 在 x_0 处左、右极限相等,容易得到:

定理 1 函数 $f(x)$ 在点 x_0 处连续的充分必要条件是函数 $f(x)$ 在点 x_0 处左连续且右连续.

即 $$\lim_{x \to x_0} f(x) = f(x_0) \Leftrightarrow \lim_{x \to x_0^+} f(x) = \lim_{x \to x_0^-} f(x) = f(x_0).$$

由定义可知,一个函数 $f(x)$ 在点 x_0 连续必须同时满足下列三个条件:

(1)函数 $y = f(x)$ 在 x_0 的某一个邻域有定义.

(2) $\lim_{x \to x_0^-} f(x) = \lim_{x \to x_0^+} f(x) = A$;

(3) $A = f(x_0)$.

注意:(1)函数 $y = f(x)$ 在 x_0 点有极限并不要求其在 x_0 点有定义,而函数 $y = f(x)$ 在点 $x = x_0$ 连续,则要求其在 x_0 点有定义.

(2)如果上述三个条件中有一个不满足,则函数 $f(x)$ 在 x_0 点不连续.

下面给出函数 $f(x)$ 在 x_0 点连续的严格数学定义:

定义 3′ 设函数 $f(x)$ 在 x_0 点的某个邻域内有定义,如果对 $\forall \varepsilon > 0$,总 $\exists \delta > 0$,当 $|x - x_0| < \delta$ 时,有 $|f(x) - f(x_0)| < \varepsilon$ 成立,则称函数 $f(x)$ 在 x_0 点**连续**.

定义 4 若函数 $f(x)$ 在开区间 (a, b) 内每一点都连续,则称函数 $f(x)$ **在开区间 (a, b) 内连续**.若函数 $f(x)$ 在开区间 (a, b) 内连续,且在点 a 右连续,在点 b 左连续,则称函数 $f(x)$ **在闭区间 $[a, b]$ 上连续**.

若函数 $f(x)$ 在它的定义域内每一点都连续,则称 $f(x)$ 为**连续函数**.

例 1 证明函数 $f(x) = \begin{cases} x^2, & x \geqslant 1 \\ \dfrac{1}{x}, & 0 < x < 1 \end{cases}$ 在 $x = 1$ 处连续.

证明 因为 $\lim\limits_{x \to 1^+} f(x) = \lim\limits_{x \to 1^+} x^2 = 1$，$\lim\limits_{x \to 1^-} f(x) = \lim\limits_{x \to 1^-} \dfrac{1}{x} = 1$，所以

$$\lim\limits_{x \to 1} f(x) = 1.$$

又 $f(1) = 1$，有 $\lim\limits_{x \to 1} f(x) = f(1)$，因此函数 $f(x)$ 在 $x = 1$ 处连续.

例 2 证明函数 $f(x) = \begin{cases} x\cos\dfrac{1}{x} + 1, & x \neq 0 \\ 1, & x = 0 \end{cases}$ 在 $x = 0$ 处连续.

证明 因为 $\lim\limits_{x \to 0} f(x) = \lim\limits_{x \to 0} \left(x\cos\dfrac{1}{x} + 1 \right) = 1$，$f(0) = 1$，有 $\lim\limits_{x \to 0} f(x) = 1 = f(0)$，所以函数 $f(x)$ 在 $x = 0$ 处连续.

例 3 证明函数 $f(x) = \begin{cases} x^2, & x \geqslant 1 \\ \dfrac{\sin x}{x}, & 0 < x < 1 \end{cases}$ 在 $x = 1$ 处不连续.

证明 因为 $\lim\limits_{x \to 1^+} f(x) = \lim\limits_{x \to 1^+} x^2 = 1$，$\lim\limits_{x \to 1^-} f(x) = \lim\limits_{x \to 1^-} \dfrac{\sin x}{x} = \sin 1$，所以 $\lim\limits_{x \to 1} f(x)$ 不存在，因而函数 $f(x)$ 在 $x = 1$ 处不连续.

注意：对于讨论分段函数 $f(x)$ 在分段点 $x = a$ 处连续性问题，如果函数 $f(x)$ 在 $x = a$ 左、右两边的表达式相同，则直接计算函数 $f(x)$ 在 $x = a$ 处的极限；如果函数 $f(x)$ 在 $x = a$ 左、右两边的表达式不相同，则要分别计算函数 $f(x)$ 在 $x = a$ 处的左、右极限，再确定函数 $f(x)$ 在 $x = a$ 处的极限.

1.6.2 连续函数的运算性质

定理 2 设函数 $f(x)$ 与 $g(x)$ 在 x_0 处连续，则

(1) 函数 $f(x) \pm g(x)$ 与函数 $f(x) \cdot g(x)$ 在 x_0 处连续；

(2) 当 $g(x_0) \neq 0$ 时，函数 $\dfrac{f(x)}{g(x)}$ 在 x_0 处连续.

根据函数连续的定义及函数的和差积商的极限运算法则，可给出上述定理的证明.

定理 3 若函数 $u = \varphi(x)$ 在 x_0 处连续，$u_0 = \varphi(x_0)$，并且函数 $y = f(u)$ 在 u_0 处连续，则复合函数 $y = f[\varphi(x)]$ 在 x_0 处也连续.

例如，$u = \sin x$ 在 $x = 1$ 处连续，$y = u^2$ 在 $\sin 1$ 处连续，则复合函数 $y = (\sin x)^2$ 在 $x = 1$ 处连续，即有 $\lim\limits_{x \to 1} (\sin x)^2 = (\sin 1)^2$.

定理 4 若 $\lim\limits_{x \to x_0} \varphi(x) = u_0$，$\lim\limits_{u \to u_0} f(u) = A$，则 $\lim\limits_{x \to x_0} f[\varphi(x)] = \lim\limits_{u \to u_0} f(u) = A$.

事实上，由于当 $x \to x_0$ 时函数 $\varphi(x)$ 的极限与 $\varphi(x)$ 在 x_0 处有无定义无关，因此不管函数 $\varphi(x)$ 在 x_0 处的值是不是 u_0，可通过重新定义 $\varphi(x_0) = u_0$，使得函数 $u = \varphi(x)$ 在 x_0 处连续，通过同样的方法，定义 $\lim\limits_{u \to u_0} f(u) = A = f(u_0)$，也可使数 $y = f(u)$ 在 u_0 处连续，根据定理 4，复合函数 $y = f[\varphi(x)]$ 在 x_0 处连续，即

$$\lim_{x \to x_0} f[\varphi(x)] = f[\varphi(x_0)] = f(u_0) = A.$$

当 $x \to x_0$ 换成其他趋向时，这个定理也成立，以下相同.

推论 若 $\lim\limits_{x \to x_0} \varphi(x) = u_0$，函数 $y = f(u)$ 在 u_0 处连续，则

$$\lim_{x \to x_0} f[\varphi(x)] = f\big[\lim_{x \to x_0} \varphi(x)\big].$$

例 4 求 $\lim\limits_{x \to 1} \sqrt{x^2 + x - 1}$.

解 函数 $y = \sqrt{x^2 + x - 1}$ 是由 $y = \sqrt{u}$ 与 $u = x^2 + x - 1$ 复合而成的.
由于 $\lim\limits_{x \to 1}(x^2 + x - 1) = 1$，并且 $y = \sqrt{u}$ 在 $u = 1$ 处连续，所以

$$\lim_{x \to 1} \sqrt{x^2 + x - 1} = \sqrt{\lim_{x \to 1}(x^2 + x - 1)} = \sqrt{1} = 1.$$

例 5 $\lim\limits_{x \to \infty} \ln \dfrac{2x^2 - x}{x^2 + 1}$.

解 函数 $y = \ln \dfrac{2x^2 - x}{x^2 + 1}$ 是由 $y = \ln u$ 与 $u = \dfrac{2x^2 - x}{x^2 + 1}$ 复合而成的.
由于 $\lim\limits_{x \to \infty} \dfrac{2x^2 - x}{x^2 + 1} = 2$，并且 $y = \ln u$ 在 $u = 2$ 处连续，所以

$$\lim_{x \to \infty} \ln \frac{2x^2 - x}{x^2 + 1} = \ln \lim_{x \to \infty} \frac{2x^2 - x}{x^2 + 1} = \ln 2.$$

例 6 证明 $\lim\limits_{x \to 0} \dfrac{\ln(1 + x)}{x} = 1$.

证明 $\lim\limits_{x \to 0} \dfrac{\ln(1 + x)}{x} = \lim\limits_{x \to 0} \ln(1 + x)^{\frac{1}{x}} = \ln \lim\limits_{x \to 0}(1 + x)^{\frac{1}{x}} = \ln \mathrm{e} = 1$.

例 7 证明 $\lim\limits_{x \to 0} \dfrac{\mathrm{e}^x - 1}{x} = 1$.

证明 令 $t = \mathrm{e}^x - 1$，则 $x = \ln(1 + t)$；又当 $x \to 0$ 时，$t \to 0$. 所以

$$\lim_{x \to 0} \frac{\mathrm{e}^x - 1}{x} = \lim_{t \to 0} \frac{t}{\ln(1 + t)} = 1.$$

定理 5 若函数 $y = f(x)$ 在其定义区间 D_f 上单调增加(或单调减少)且连续，则其反函数 $y = f^{-1}(x)$ 在对应区间 $R_f = \{y \mid y = f(x), x \in D_f\}$ 上也单调增加(或单调减少)且连续.

1.6.3 初等函数的连续性

由前面函数极限的讨论及函数连续性的定义可得到如下结论：

结论 1 基本初等函数在其定义域内是连续的.

由于初等函数是由基本初等函数经过有限次四则运算或有限次复合得到的，根据连续函数的定义及其运算法则，可得到下面的重要结论：

结论 2 一切初等函数在其定义区间内都是连续的.

例 8 求 $\lim\limits_{x \to 0} \sqrt{1-x^2}$.

解 初等函数 $f(x) = \sqrt{1-x^2}$ 在点 $x_0 = 0$ 是有定义的，所以

$$\lim_{x \to 0} \sqrt{1-x^2} = \sqrt{1} = 1.$$

例 9 求 $\lim\limits_{x \to \frac{\pi}{2}} \ln \sin x$.

解 初等函数 $f(x) = \ln \sin x$ 在点 $x_0 = \frac{\pi}{2}$ 是有定义的，所以

$$\lim_{x \to \frac{\pi}{2}} \ln \sin x = \ln \sin \frac{\pi}{2} = 0.$$

例 10 已知 $f(x) = \begin{cases} \sqrt{x}, & x \geqslant 1 \\ \dfrac{1}{x-1}, & x < 1 \end{cases}$，求 $\lim\limits_{x \to 0} f(x)$.

解 当 $x < 1$ 时，$f(x) = \dfrac{1}{x-1}$ 在 $x = 0$ 处连续，所以

$$\lim_{x \to 0} f(x) = \lim_{x \to 0} \frac{1}{x-1} = \frac{1}{0-1} = -1.$$

例 11 求 $\lim\limits_{x \to 1} \dfrac{\sqrt{x^2+3}-2}{x-1}$.

分析 当 $x \to 1$ 时，分母、分子的极限都为零，此极限为 $\dfrac{0}{0}$ 型，要设法消去为零因式，首先进行分子有理化.

解 $\lim\limits_{x \to 1} \dfrac{\sqrt{x^2+3}-2}{x-1} = \lim\limits_{x \to 1} \dfrac{(\sqrt{x^2+3}-2)(\sqrt{x^2+3}+2)}{(x-1)(\sqrt{x^2+3}+2)}$

$$= \lim_{x \to 1} \frac{x^2-1}{(x-1)(\sqrt{x^2+3}+2)} = \lim_{x \to 1} \frac{x+1}{\sqrt{x^2+3}+2} = \frac{1}{2}.$$

1.6.4 间断点

定义 5 设函数 $f(x)$ 在点 x_0 的某个去心邻域内有定义，若函数 $f(x)$ 在点 x_0

处不连续,则称点 x_0 是函数 $f(x)$ 的一个**间断点**或**不连续点**.

由函数 $f(x)$ 在点 x_0 连续的定义可知,如果 $f(x)$ 在点 x_0 有以下三种情况之一:

(1) $f(x)$ 在点 x_0 无定义;

(2) $f(x)$ 在点 x_0 有定义,但 $\lim\limits_{x \to x_0} f(x)$ 不存在;

(3) $f(x)$ 在点 x_0 有定义且 $\lim\limits_{x \to x_0} f(x)$ 存在,但 $\lim\limits_{x \to x_0} f(x) \neq f(x_0)$,

则函数 $f(x)$ 在点 x_0 不连续.

下面以具体的例子说明函数间断点的类型.

例 12 设函数 $f(x) = \begin{cases} x+1, & x \geqslant 0 \\ x-1, & x < 0 \end{cases}$,讨论在点 $x = 0$ 处的连续性.

解 虽然 $f(0) = 1$,但 $\lim\limits_{x \to 0^-} f(x) = \lim\limits_{x \to 0^-} (x-1) = -1$,

$$\lim\limits_{x \to 0^+} f(x) = \lim\limits_{x \to 0^+} (x+1) = 1,$$

即 $f(x)$ 在 $x = 0$ 处左、右极限存在,但不相等,故 $\lim\limits_{x \to 0} f(x)$ 不存在,所以函数 $f(x)$ 在点 $x = 0$ 处是间断的.如图 1-20 所示,其函数图形在 $x = 0$ 处是断开的,发生了跳跃.

这种类型的间断点称为**跳跃间断点**.

例 13 设函数 $f(x) = \dfrac{1}{x}$,讨论在点 $x = 0$ 处的连续性.

解 函数 $f(x)$ 在 $x = 0$ 无定义,$x = 0$ 是函数 $f(x)$ 的间断点,又因 $\lim\limits_{x \to 0} \dfrac{1}{x} = \infty$,故这类间断点为**无穷间断点**.

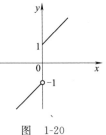

图 1-20

例 14 设函数 $f(x) = \sin \dfrac{1}{x}$,讨论 $f(x)$ 在点 $x = 0$ 处的连续性.

解 函数 $f(x)$ 在 $x = 0$ 无定义,$x = 0$ 是函数 $f(x)$ 的间断点.

当 $x \to 0$ 时,相应的函数值在 -1 与 1 之间振荡,$\lim\limits_{x \to 0} \sin \dfrac{1}{x}$ 不存在,这种类型的间断点称为**振荡间断点**.

例 15 设函数 $f(x) = \begin{cases} x, & x > 1 \\ 0, & x = 1 \\ x^2, & x < 1 \end{cases}$,讨论在点 $x = 1$ 处的连续性.

解 函数 $f(x)$ 在 $x = 1$ 有定义,$f(1) = 0$,

$$\lim\limits_{x \to 1^-} f(x) = \lim\limits_{x \to 1^-} x^2 = 1, \quad \lim\limits_{x \to 1^+} f(x) = \lim\limits_{x \to 1^+} x = 1,$$

故

$$\lim\limits_{x \to 1} f(x) = 1,$$

但 $\lim\limits_{x \to 1} f(x) \neq f(1)$，所以 $x = 1$ 是函数 $f(x)$ 的间断点（见图 1-21）.

如果重新定义 $f(1)$，使 $f(1) = 1$，函数 $f(x)$ 将成为一个新函数 $g(x)$，

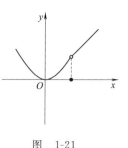

图　1-21

$$g(x) = \begin{cases} x, & x > 1 \\ 1, & x = 1 \\ x^2, & x < 1 \end{cases},$$

显然 $g(x)$ 在点 $x = 1$ 处是连续的. 所以，称 $x = 1$ 为函数 $f(x)$ 的**可去间断点**. 函数 $g(x)$ 称为函数 $f(x)$ 的连续延拓函数. 一般地，若 x_0 是函数 $f(x)$ 一个可去间断点，可通过重新定义在间断点的值（若函数在这间断点没有定义，可补充定义这点的函数值），生成 $f(x)$ 的连续延拓函数 $g(x)$，即

$$g(x) = \begin{cases} f(x), & x \neq x_0 \\ \lim\limits_{x \to x_0} f(x), & x = x_0 \end{cases}.$$

函数 $f(x)$ 的间断点 x_0 分为两类：

（1）若 $f(x)$ 在点 x_0 的左、右极限都存在，则称点 x_0 为 $f(x)$ 的**第一类间断点**，在第一类间断点中，若 $f(x)$ 在点 x_0 的左、右极限相等，则点 x_0 为 $f(x)$ 的可去间断点；若 $f(x)$ 在 x_0 的左、右极限不相等，则点 x_0 为 $f(x)$ 的跳跃间断点.

（2）不是第一类间断点的间断点称为**第二类间断点**. 如无穷间断点、振荡间断点.

例 16　求函数 $f(x) = \begin{cases} \sin x, & x \geqslant 0 \\ x + 1, & x < 0 \end{cases}$ 的间断点，并指出间断点的类型.

解　函数 $f(x)$ 的定义域为 **R**.

由于当 $x > 0$ 时 $f(x) = \sin x$ 为基本初等函数，故 $f(x)$ 在 $x > 0$ 内是连续的；

当 $x < 0$ 时 $f(x) = x + 1$ 为初等函数，故 $f(x)$ 在 $x < 0$ 内是连续的；

考察 $f(x)$ 在分段点 $x = 0$ 的极限：

$$\lim\limits_{x \to 0^-} f(x) = \lim\limits_{x \to 0^-} (x + 1) = 1,$$

$$\lim\limits_{x \to 0^+} f(x) = \lim\limits_{x \to 0^+} \sin x = 0,$$

因为函数 $f(x)$ 在 $x = 0$ 的左、右极限都存在，但不相等，所以 $x = 0$ 是 $f(x)$ 的第一类间断点中的跳跃间断点.

例 17　求函数 $f(x) = \dfrac{x^2 - 4}{x^2 - 5x + 6}$ 的间断点，指出间断点的类型，若是可去间断点，写出函数的连续延拓函数.

分析　由于函数 $f(x)$ 为初等函数，而初等函数在其定义区间内都是连续的，

故 $f(x)$ 的间断点应是其没有定义的点.

解 函数 $f(x)$ 在 $x=2$ 与 $x=3$ 处无定义,故 $x=2$ 与 $x=3$ 是 $f(x)$ 的间断点.对于 $x=2$, $\lim\limits_{x\to2}\dfrac{x^2-4}{x^2-5x+6}=\lim\limits_{x\to2}\dfrac{(x-2)(x+2)}{(x-2)(x-3)}=\lim\limits_{x\to2}\dfrac{x+2}{x-3}=-4$,
所以 $x=2$ 是 $f(x)$ 的可去间断点.
其连续延拓函数为

$$g(x)=\begin{cases}f(x), & x\neq2\\ -4, & x=2\end{cases}.$$

对于 $x=3$,

$$\lim\limits_{x\to3^+}\dfrac{x^2-4}{x^2-5x+6}=\lim\limits_{x\to3^+}\dfrac{(x-2)(x+2)}{(x-2)(x-3)}=\lim\limits_{x\to3^+}\dfrac{x+2}{x-3}=+\infty ,$$

所以 $x=3$ 是 $f(x)$ 的第二类间断点.

1.6.5 闭区间上连续函数的性质

定理 6(最值性) 若函数 $f(x)$ 在闭区间 $[a,b]$ 上连续,则 $f(x)$ 在闭区间 $[a,b]$ 上可取得最大值与最小值.

即,如果函数 $f(x)$ 在闭区间 $[a,b]$ 上连续,那么至少有一点 $\xi_1\in[a,b]$,使 $f(\xi_1)$ 是 $f(x)$ 在 $[a,b]$ 上的最大值,又至少有一点 $\xi_2\in[a,b]$,使 $f(\xi_2)$ 是 $f(x)$ 在 $[a,b]$ 上的最小值.

显然函数 $f(x)$ 在闭区间 $[a,b]$ 上有界.

如果函数在开区间内连续,或函数在闭区间上有间断点,那么函数在该区间上就不一定有最大值或最小值.

例如,函数 $y=x$ 在开区间 (a,b) 内连续,但在开区间内取不到最大值和最小值.

又如,函数 $y=f(x)=\begin{cases}-x, & 0\leqslant x<1\\ 0, & x=1\\ -x+2, & 1<x\leqslant2\end{cases}$ 在 $x=1$

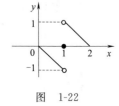

图 1-22

处间断, $f(x)$ 在闭区间 $[0,2]$ 上无最大值和最小值(见图 1-22).

定理 6 的条件是充分而非必要条件,即不满足这两个条件的函数也可能取得最大值与最小值.例如,狄利克雷函数处处不连续,但它有最大值 1,也有最小值 0.

定理 7(零点定理) 若函数 $f(x)$ 在闭区间 $[a,b]$ 上连续,且 $f(a)\cdot f(b)<0$,则在 (a,b) 内至少存在一点 ξ ,使得 $f(\xi)=0$.

例如,一铁块从水平面上自由落体进入水中,必然在某个时刻经过水平面.

零点定理的几何意义:设 xOy 平面上的点 A 与点 B 分别在 x 轴上方与下方,

如果用一条连续变化的曲线 $y = f(x)$ 将 A 与 B 两点连接起来,那么曲线 $y = f(x)$ 至少与 x 轴有一个交点,如图 1-23 所示.

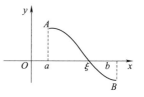

注意:(1)如果 x_0 使 $f(x_0) = 0$,则称 x_0 为函数 $f(x)$ 的零点.

(2)函数 $f(x)$ 在 (a,b) 内至少有一个零点,也就是方程 $f(x) = 0$ 在 (a,b) 内有至少有一个实根.

图　1-23

定理 8(介值定理)　若函数 $f(x)$ 在闭区间 $[a,b]$ 上连续,且 $f(a) \neq f(b)$,c 为介于 $f(a)$ 与 $f(b)$ 的任意数,则在 (a,b) 内至少存在一点 ξ ,使得 $f(\xi) = c$.

分析　将 $f(\xi) = c$ 进行变形为 $f(\xi) - c = 0$,说明 ξ 为函数 $f(x) - c$ 的一个零点.

证明　设 $g(x) = f(x) - c$,则 $g(x)$ 在闭区间 $[a,b]$ 上连续.

因为数 c 介于 $f(a)$ 与 $f(b)$ 之间,所以 $g(a) = f(a) - c$, $g(b) = f(b) - c$ 异号.根据零点定理,在开区间 (a,b) 内至少存在一点 ξ ,使得 $g(\xi) = 0$,即 $f(\xi) - c = 0$,也就是 $f(\xi) = c$.

介值定理的几何意义:若 c 为介于 $f(a)$ 与 $f(b)$ 的任意数,则连续曲线 $y = f(x)$ 与水平直线 $y = c$ 至少有一个交点(见图 1-24).

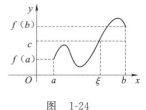

例如,在海拔 100 m 处登上一座海拔 200 m 的山,那么对于海拔 100~200 m 之间的任何一个高度,都必然会在某个时刻经过.

图　1-24

由定理 6 与定理 8 知,对于在闭区间 $[a,b]$ 上连续函数 $f(x)$,可取得介于其在闭区间 $[a,b]$ 上的最小值与最大值之间的任意一个数.

例 18　证明方程 $x - 2\sin x = 1$ 至少有一个正根小于 3.

分析　要证明方程 $x - 2\sin x = 1$ 即方程 $x - 2\sin x - 1 = 0$ 至少有一个正根小于 3,即是要证明函数 $f(x) = x - 2\sin x - 1$ 在 $(0,3)$ 内至少有一个零点.可联想到用零点定理加以证明.

证明　设 $f(x) = x - 2\sin x - 1$,因为 $f(x)$ 为初等函数,在其定义区间 $(-\infty, +\infty)$ 内连续,所以, $f(x)$ 在 $[0,3]$ 上连续.

又 $f(0) = -1 < 0$, $f(3) = 3 - 2\sin 3 - 1 > 0$,根据零点定理,在 $(0,3)$ 内至少存在一个 ξ ,使得 $f(\xi) = 0$,即方程 $x - 2\sin x = 1$ 至少有一个正根小于 3.

例 19　设函数 $f(x)$ 在闭区间 $[a,b]$ 上连续,且 $f(a) < a$, $f(b) < b$,证明至少存在一点 $\xi \in (a,b)$,使得 $f(\xi) = \xi$.

分析　将 $f(\xi) = \xi$ 变形为 $f(\xi) - \xi = 0$,要证明 $x = \xi$ 为函数 $f(x) - x$ 的零

点,可联想到用零点定理加以证明.

证明 令 $g(x) = f(x) - x$,则 $g(x)$ 闭区间 $[a,b]$ 上连续,且

$$g(a) = f(a) - a < 0 , g(b) = f(b) - b > 0 ,$$

所以根据零点定理,至少存在一点 $\xi \in (a,b)$,使得 $g(\xi) = 0$,即 $f(\xi) - \xi = 0$,也就是 $f(\xi) = \xi$.

习 题 1.6

1.判断题:

(1)若 $f(x)$ 与 $g(x)$ 均在 x_0 不连续,则 $f(x) + g(x)$ 在 x_0 也不连续. (   )

(2)设 $f(x)$ 在 (a,b) 上有定义,但在 $x_0 \in (a,b)$ 不连续,则 $f(x)$ 必非初等函数. (   )

(3) $f(x)$ 在 $[a,b]$ 上连续,且无零点,则 $f(x)$ 在 $[a,b]$ 上恒为正或恒为负.

(   )

(4)分段函数必存在间断点. (   )

(5)若函数 $f(x)$ 在 $(-\infty,+\infty)$ 内连续,则 $f(x)$ 在任一闭区间 $[a,b]$ 上连续. (   )

(6)若函数 $f(x)$ 在 x_0 处连续,$g(x)$ 在 x_0 处间断,则函数 $f(x) + g(x)$ 在 x_0 处间断. (   )

2.举出下列各题中所列出的情形的例子:

(1) $\lim\limits_{x \to x_0} f(x)$ 存在,但 $f(x)$ 在 x_0 处无定义;

(2) $\lim\limits_{x \to x_0} f(x) = A$,但 $A \neq f(x_0)$;

(3) $\lim\limits_{x \to x_0^-} f(x)$ 与 $\lim\limits_{x \to x_0^+} f(x)$ 均存在,但不相等.

3.求下列函数的连续区间和间断点,并指出间断点的类型. 若是可去间断点,则写出其连续延拓函数:

(1) $f(x) = \begin{cases} x^2 - 2, & x \geqslant 0 \\ x - 1, & x < 0 \end{cases}$;　　　　(2) $f(x) = (1 + 2x)^{\frac{1}{x}}$;

(3) $f(x) = \dfrac{x}{x^2 - 5x + 6}$;　　　　(4) $f(x) = \dfrac{1}{\sin \pi x}$;

(5) $f(x) = \dfrac{x}{\tan x}$;　　　　(6) $f(x) = \dfrac{\sin x}{|x|}$.

(7) $f(x) = \begin{cases} \dfrac{\sin 2x}{x}, & x > 0 \\ 1, & x = 0 \\ \dfrac{-2}{x}\ln(1 - x), & x < 0 \end{cases}$;　　(8) $f(x) = e^{\frac{1}{x}}$;

(9) $f(x)=\dfrac{1}{1-\mathrm{e}^{\frac{x}{x-1}}}$;

(10) $f(x)=\dfrac{x-1}{x^2+2x-3}\sin\dfrac{1}{x}$.

4. 求下列函数的极限:

(1) $\lim\limits_{x\to6}\dfrac{3-\sqrt{x+3}}{x^2-36}$;

(2) $\lim\limits_{x\to\infty}3x(\sqrt{x^2+2}-x)$;

(3) $\lim\limits_{x\to+\infty}x^{\frac{1}{3}}\cdot\left[(x+1)^{\frac{2}{3}}-(x-1)^{\frac{2}{3}}\right]$;

(4) $\lim\limits_{x\to0^+}\dfrac{1+\mathrm{e}^{\frac{1}{x}}}{1-\mathrm{e}^{\frac{1}{x}}}$;

(5) $\lim\limits_{x\to0^-}\dfrac{1+\mathrm{e}^{\frac{1}{x}}}{1-\mathrm{e}^{\frac{1}{x}}}$;

(6) $\lim\limits_{x\to\pi}\dfrac{\sin x}{x}$;

(7) $\lim\limits_{x\to\infty}\sin\ln\left(1+\dfrac{2x^2-10^{100}}{2x^2+10^{100}}\right)$;

(8) $\lim\limits_{x\to\frac{\pi}{4}}(\cot x+1)^3$;

(9) $\lim\limits_{x\to1}\dfrac{\sqrt[3]{x}-1}{\sqrt{x}-1}$;

(10) $\lim\limits_{x\to a}\dfrac{\sin x-\sin a}{x-a}$;

(11) $\lim\limits_{x\to+\infty}(\sqrt{x^2+2x}-\sqrt{x^2-2x})$;

(12) $\lim\limits_{x\to0}(1+\sin x)^{\frac{1}{x}}$;

(13) $\lim\limits_{x\to0}\sqrt[x]{1-x}$;

(14) $\lim\limits_{x\to0}\dfrac{1}{x}\ln\sqrt{\dfrac{1+x}{1-x}}$;

(15) $\lim\limits_{x\to0}\dfrac{\ln(a+x)+\ln(a-x)-2\ln a}{x^2}$;

(16) $\lim\limits_{x\to\frac{\pi}{2}}(1-\cos x)^{3\sec x}$;

(17) $\lim\limits_{x\to\pi}(1+\sin x)^{\frac{1}{\pi-x}}$;

(18) $\lim\limits_{x\to\infty}\sin\left(\dfrac{x}{x+1}\right)^{x+2}$;

(19) $\lim\limits_{x\to0}(\cos x)^{\frac{1}{x}}$;

(20) $\lim\limits_{x\to+\infty}\arcsin(\sqrt{x^2+x}-x)$;

(21) $\lim\limits_{x\to0}\sqrt{\mathrm{e}^x+x\cos x}$;

(22) $\lim\limits_{x\to1}\dfrac{\sin x}{x}$.

5. 设函数 $f(x)=\begin{cases}\mathrm{e}^x, & x\geqslant0\\ x^2+a, & x<0\end{cases}$,常数 a 为何值时,函数 $f(x)$ 在 $(-\infty,+\infty)$ 连续?

6. 设函数 $f(x)=\begin{cases}x\sin\dfrac{1}{x}, & x>0\\ 2x+a, & x\leqslant0\end{cases}$,常数 a 为何值时,函数 $f(x)$ 在 $(-\infty,+\infty)$ 连续?

7. 设 $f(x)=\lim\limits_{n\to\infty}\dfrac{1+x}{1+x^{2n}}$,求 $f(x)$ 的间断点,并指出间断点类型.

8. 设 $f(x)=\begin{cases}x, & x<1\\ a, & x\geqslant1\end{cases}$, $g(x)=\begin{cases}b, & x<0\\ 2+x, & x\geqslant0\end{cases}$,试问 a,b 为何值时, $F(x)=f(x)+g(x)$ 在 $(-\infty,+\infty)$ 内连续.

9. 设 $f(x) = \sin x, g(x) = \begin{cases} x - \pi, & x \leqslant 0 \\ x + \pi, & x > 0 \end{cases}$，试判定 $f[g(x)]$ 的连续性.

10. 证明方程 $x^3 - 6x + 3 = 0$ 在 $(0, 2)$ 至少有一个实根.

11. 证明方程 $x3^x = 1$ 至少有一个小于 1 的正根.

12. 设 $f(x) = \lim\limits_{n \to \infty} \dfrac{nx}{nx^3 + 1}$，求 $f(x)$ 的表达式，试讨论其连续性.

13. $f(x)$ 在 (a, b) 内连续，$a < x_1 < x_2 < b$，证明：存在 $\xi \in [x_1, x_2]$，使 $f(\xi) = \dfrac{2f(x_1) + f(x_2)}{3}$.

14. 设函数 $f(x)$ 在闭区间 $[0, 1]$ 上任一点 x 有 $0 \leqslant f(x) \leqslant 1$，证明在 $[0, 1]$ 中必存在一点 ξ，使得 $f(\xi) = \xi$.

1.7　无穷小量的比较

无穷小量的比较是研究两个无穷小量趋于零的快慢速度问题。可以根据两个无穷小量比值的极限来判定这两个无穷小量趋向零的快慢程度。

例如，设 $f(x) = x, g(x) = x^2, h(x) = 3x^2$，则当 $x \to 0$ 时，这三个函数都是无穷小量，但 $\lim\limits_{x \to 0} \dfrac{g(x)}{f(x)} = \lim\limits_{x \to 0} x = 0, \lim\limits_{x \to 0} \dfrac{f(x)}{g(x)} = \infty, \lim\limits_{x \to 0} \dfrac{h(x)}{g(x)} = 3.$

列表如下：

x	0.1	0.01	0.001	0.000 1	0.000 01	...	→	0
x^2	0.01	0.000 1	0.000 001	0.000 000 01	0.000 000 000 1	...	→	0
$3x^2$	0.03	0.000 3	0.000 003	0.000 000 03	0.000 000 000 3	...	→	0

观察上表可以发现，当 $x \to 0$ 时，x^2 比 x 趋于零的速度快得多，而 $3x^2$ 和 x^2 趋于零的速度相仿，为了描述这种现象，引入无穷小量的阶的概念。

下面的定义都是以自变量 $x \to x_0$ 时来叙述的，对其他情形如 $x \to x_0^+, x \to x_0^-$，$x \to \infty, x \to +\infty, x \to -\infty$ 同样适用。

定义 1　设 $\lim\limits_{x \to x_0} \alpha(x) = 0, \lim\limits_{x \to x_0} \beta(x) = 0.$

(1) 如果 $\lim\limits_{x \to x_0} \dfrac{\alpha(x)}{\beta(x)} = 0$，则称当 $x \to x_0$ 时，$\alpha(x)$ 是 $\beta(x)$ 的**高阶无穷小量**，记作：当 $x \to x_0$ 时，$\alpha(x) = o(\beta(x))$. 同时也称 $\beta(x)$ 是比 $\alpha(x)$ 低阶的无穷小量。

(2) 如果 $\lim\limits_{x \to x_0} \dfrac{\alpha(x)}{\beta(x)} = l \neq 0$，则称当 $x \to x_0$ 时，$\alpha(x)$ 与 $\beta(x)$ 是**同阶无穷小量**，特别地，当 $\lim\limits_{x \to x_0} \dfrac{\alpha(x)}{\beta(x)} = 1$ 时，则称当 $x \to x_0$ 时，$\alpha(x)$ 与 $\beta(x)$ 是**等价无穷小量**，记作：当 $x \to x_0$

时,$\alpha(x) \sim \beta(x)$.

例如,由于 $\lim\limits_{x \to 0} \dfrac{1-\cos x}{x} = 0$,因此,当 $x \to 0$ 时,$1-\cos x$ 是 x 的高阶无穷小量.

由于
$$\lim\limits_{x \to 0} \dfrac{1-\cos x}{x^2} = \lim\limits_{x \to 0} \dfrac{2\sin^2 \dfrac{x}{2}}{x^2} = \lim\limits_{x \to 0} \dfrac{1}{2}\left(\dfrac{\sin \dfrac{x}{2}}{\dfrac{x}{2}}\right)^2 = \dfrac{1}{2},$$

所以当 $x \to 0$ 时,$1-\cos x$ 与 x^2 是同阶无穷小量。

由于 $\lim\limits_{x \to 0} \dfrac{1-\cos x}{\dfrac{1}{2}x^2} = 1$,所以,当 $x \to 0$ 时,$1-\cos x$ 与 $\dfrac{1}{2}x^2$ 是等价无穷小量。

定义 2 若 $x \to 0$ 时,$\alpha(x)$ 与 x^k($k > 0$,k 为常数)是同阶无穷小量,则称当 $x \to 0$ 时,$\alpha(x)$ 为 x 的 k 阶无穷小量。

例 1 证明:$x \to 0$ 时,$(1+x)^n - 1 \sim nx$($n \in \mathbf{N}$).

证明
$$\lim\limits_{x \to 0} \dfrac{(1+x)^n - 1}{nx} = \lim\limits_{x \to 0} \dfrac{C_n^n x^n + C_n^{n-1} x^{n-1} + \cdots + C_n^1 x + C_n^0 - 1}{nx}$$
$$= \lim\limits_{x \to 0} \dfrac{C_n^n x^n + C_n^{n-1} x^{n-1} + \cdots + C_n^1 x}{nx}$$
$$= \lim\limits_{x \to 0} \dfrac{C_n^n x^{n-1} + C_n^{n-1} x^{n-2} + \cdots + C_n^2 x + C_n^1}{n} = 1,$$

所以,当 $x \to 0$ 时,$(1+x)^n - 1 \sim nx$.

一般地,当 $\Delta \to 0$ 时,$(1+\Delta)^n - 1 \sim n\Delta$.

例如,当 $x \to 0$ 时,$\sin x \to 0$,所以 $(1+\sin x)^n - 1 \sim n\sin x$.

例 2 当 $x \to 0$ 时,$e^{\sqrt{x}} - 1$ 是 x 的几阶无穷小量?

解 令 $t = \sqrt{x}$,则 $x = t^2$;当 $x \to 0$ 时,$t \to 0$.

$e^{\sqrt{x}} - 1 = e^t - 1$,由 1.6 节的例 7 知 $\lim\limits_{x \to 0} \dfrac{e^x - 1}{x} = 1$,也就是当 $t \to 0$ 时,$e^t - 1 \sim t$,即当 $x \to 0$ 时,$e^{\sqrt{x}} - 1 \sim x^{\frac{1}{2}}$. 所以,当 $x \to 0$ 时,$e^{\sqrt{x}} - 1$ 是 x 的 $\dfrac{1}{2}$ 阶无穷小量.

例 3 当 $x \to 0$ 时,$x^{\frac{2}{3}} - x^{\frac{1}{2}}$ 是 x 的几阶无穷小量?

解 $x^{\frac{2}{3}} - x^{\frac{1}{2}} = x^{\frac{1}{2}}(x^{\frac{1}{6}} - 1)$,当 $x \to 0$ 时,$x^{\frac{1}{6}} - 1 \to -1$,$x^{\frac{2}{3}} - x^{\frac{1}{2}} \to -x^{\frac{1}{2}}$,所以当 $x \to 0$ 时,$x^{\frac{2}{3}} - x^{\frac{1}{2}}$ 是 x 的 $\dfrac{1}{2}$ 阶无穷小量.

常用的等价无穷小量有:

当 $x \to 0$ 时,$\sin x \sim x$,$\tan x \sim x$,$\arcsin x \sim x$,$\ln(1+x) \sim x$,$e^x - 1 \sim x$,$1-\cos x \sim \dfrac{1}{2}x^2$,$\sqrt[n]{1+x} - 1 \sim \dfrac{x}{n}$.

注意到上面等价无穷小量的公式,左边是各种类型的函数,右边都是 x 的幂函数,正是因为具有这个特点,使得等价无穷小量在计算极限的问题中起着重要的作用.

在以下定理中,当 $x \to x_0$ 时,$\alpha, \alpha^*, \beta, \beta^*$ 都为无穷小量.

定理　设当 $x \to x_0$ 时,$\alpha \sim \alpha^*, \beta \sim \beta^*$.

(1)若 $\lim\limits_{x \to x_0} \dfrac{\alpha^*}{\beta^*}$ 存在(或为无穷大量),则 $\lim\limits_{x \to x_0} \dfrac{\alpha}{\beta} = \lim\limits_{x \to x_0} \dfrac{\alpha^*}{\beta^*}$(或为无穷大量);

(2)若 $\lim\limits_{x \to x_0} \dfrac{\alpha^* \cdot f(x)}{\beta^* \cdot g(x)}$ 存在(或为无穷大量),则 $\lim\limits_{x \to x_0} \dfrac{\alpha \cdot f(x)}{\beta \cdot g(x)} = \lim\limits_{x \to x_0} \dfrac{\alpha^* \cdot f(x)}{\beta^* \cdot g(x)}$(或为无穷大量)。

上述定理表明,在求极限时,若分子分母中某个乘积因子是无穷小量,则可用其等价无穷小量代换,使计算简化,这种方法称为**等价无穷小量代换法**。等价无穷小量代换法只能针对乘积因子,对于因子中的加减项不能使用。

例 4　求 $\lim\limits_{x \to 0} \dfrac{\tan x - \sin x}{x^3}$.

下列做法是错误的:

当 $x \to 0$ 时,$\sin x \sim x, \tan x \sim x$,所以 $\lim\limits_{x \to 0} \dfrac{\tan x - \sin x}{x^3} = \lim\limits_{x \to 0} \dfrac{x - x}{x^3} = 0$.

因为 $\tan x$ 与 $\sin x$ 不是乘积因子,而是乘积因子($\tan x - \sin x$)的加减项,当 $x \to 0$ 时,$\tan x - \sin x$ 与 $x - x$ 不是等价无穷小量。

解　$\lim\limits_{x \to 0} \dfrac{\tan x - \sin x}{x^3} = \lim\limits_{x \to 0} \dfrac{\sin x \left(\dfrac{1}{\cos x} - 1\right)}{x^3}$

$= \lim\limits_{x \to 0} \dfrac{\sin x (1 - \cos x)}{x^3 \cdot \cos x}$

$= \lim\limits_{x \to 0} \dfrac{x \cdot \dfrac{x^2}{2}}{x^3 \cdot 1} = \dfrac{1}{2}$.

在计算极限过程中,可以把乘积因子中极限不为零的部分用其非零极限值替代,如上例中的乘积因子 $\cos x$ 用其极限值 1 替代,以简化计算。

例 5　求 $\lim\limits_{x \to 0} \dfrac{\sin 2x \cdot (e^x - 1) \cdot x^2}{\ln(1+x) \cdot \tan 3x \cdot (1 - \cos x)}$.

解　因为当 $x \to 0$ 时,

$$\sin 2x \sim 2x, e^x - 1 \sim x, \ln(1+x) \sim x, \tan 3x \sim 3x, 1 - \cos x \sim \dfrac{1}{2}x^2,$$

所以　$\lim\limits_{x \to 0} \dfrac{\sin 2x \cdot (e^x - 1) \cdot x^2}{\ln(1+x) \cdot \tan 3x \cdot (1 - \cos x)} = \lim\limits_{x \to 0} \dfrac{2x \cdot x \cdot x^2}{x \cdot 3x \cdot \dfrac{1}{2}x^2} = \dfrac{4}{3}$.

例 5 中有多种类型的函数，看上去很复杂，但当 $x\to0$ 时，函数的乘积因子都是无穷小量，由于这些乘积因子的等价无穷小量都是 x 的幂函数，利用等价无穷小量代换法，可以看到求解极限的过程相当简捷.

习 题 1.7

1. 当 $x\to0$ 时，$x-x^2$ 与 x^2+x^3 相比，哪一个是高阶无穷小量？

2. 当 $x\to0$ 时，$\left(\sin x+x^2\cos\dfrac{1}{x}\right)$ 与 $(1+\cos x)\ln(1+x)$ 是否为同阶无穷小量？

3. 当 $x\to0$ 时，$\sqrt{2+x^3}-\sqrt{2}$ 与 x 相比是几阶无穷小量？

4. 当 $x\to0$ 时，若 $1-\cos x$ 与 mx^n 等阶，求 m 和 n 的值.

5. 利用等价无穷小性质求下列极限：

(1) $\lim\limits_{x\to0}\dfrac{\sin(x^n)}{(\sin x)^m}(n,m\in\mathbf{N})$；

(2) $\lim\limits_{x\to0}\dfrac{\ln(1+nx)}{\sin mx}(n,m\in\mathbf{N})$；

(3) $\lim\limits_{x\to0}\dfrac{\sec x-1}{x^2}$；

(4) $\lim\limits_{x\to0}\dfrac{\ln^2(1+3x)}{\sin^2 2x}$；

(5) $\lim\limits_{x\to0}\dfrac{e^{3x}-1}{\sin 5x}$；

(6) $\lim\limits_{x\to0}\dfrac{\tan x-\sin x}{\sin^3 x}$；

(7) $\lim\limits_{x\to0}\dfrac{\sqrt{1+2x}-1}{\arctan x}$；

(8) $\lim\limits_{x\to0}\dfrac{\cos x-\cos 2x}{\sqrt{1+2x^2}-1}$；

(9) $\lim\limits_{x\to0}\dfrac{(\sin x^3)\tan x}{1-\cos x^2}$；

(10) $\lim\limits_{x\to0}\dfrac{\sqrt{1+x^2}-\cos x}{\sin^2\dfrac{x}{3}}$.

6. 若在自变量的同一趋向下，α,β 与 γ 都为无穷小量，且 $\alpha\sim\beta,\beta\sim\gamma$，则 $\alpha\sim\gamma$.

第2章

导数和微分

微积分在自然科学和工程技术中有着广泛的应用. 微积分学包含微分学与积分学两个分支, 微分学又分为一元函数微分学与多元函数微分学, 导数与微分是一元函数微分学中两个最基本的概念. 本章着重研究导数与微分的概念、导数与微分的运算及微分的应用.

2.1 导数的概念

2.1.1 概念的引入

有两类问题导致了导数概念的产生, 解决这两类问题最终都归结为求变量变化的快慢程度, 即变化率问题.

1. 变速直线运动的瞬时速度

设一质点做变速直线运动, 若质点的位移 s 与运行时间 t 的关系为 $s = s(t)$, 求质点在 t_0 时刻的"瞬时速度".

设时间 t 在时刻 t_0 时有改变量 Δt, 则 $s(t)$ 相应的改变量为 $\Delta s = s(t_0 + \Delta t) - s(t_0)$, 质点在 t_0 到 $t_0 + \Delta t$ 时间段内的平均速度为

$$\bar{v} = \frac{s(t_0 + \Delta t) - s(t_0)}{\Delta t} = \frac{\Delta s}{\Delta t}.$$

如果时间间隔 Δt 很小, 质点的速度变化也微小, 平均速度 $\bar{v}$ 就很接近于 t_0 时刻的瞬时速度, Δt 越小, 近似程度就越好. 因此, 若当 $\Delta t \to 0$ 时 $\bar{v}$ 的极限存在, 则此极限值就是 t_0 时刻的瞬时速度. 即

$$v(t_0) = \lim_{\Delta t \to 0} \frac{\Delta s}{\Delta t} = \lim_{\Delta t \to 0} \frac{s(t_0 + \Delta t) - s(t_0)}{\Delta t}.$$

2. 曲线切线的斜率

设有一平面曲线 C, 其方程为 $y = f(x)$. 曲线 C 上有一定点 $P(x_0, y_0)$, 在该曲线 C 上任取一点 $P(x, y)$, 过 P_0 与 P 作割线 $P_0 P$, 当动点 P 沿曲线 C 无限趋近于定点 P_0 的时候, 割线 $P_0 P$ 的极限位置就称为曲线 C 过点 P_0 的切线 L(见图 2-1).

由上述关于切线的定义,可以先求出割线 P_0P 的斜率

$$K_{割} = \frac{f(x) - f(x_0)}{x - x_0}.$$

注意到,P 无限趋近于定点 P_0 等价于 $x \to x_0$,因此,曲
线 C 过 P_0 点的切线的斜率为

$$K_{切} = \lim_{x \to x_0} \frac{f(x) - f(x_0)}{x - x_0}.$$

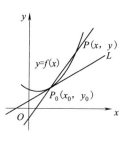

图　2-1

如果令 $\Delta x = x - x_0$,那么 $x = x_0 + \Delta x$,并且 $x \to$
$x_0 \Leftrightarrow \Delta x \to 0$,所以

$$K_{切} = \lim_{\Delta x \to 0} \frac{f(x_0 + \Delta x) - f(x_0)}{\Delta x} = \lim_{\Delta x \to 0} \frac{\Delta y}{\Delta x}.$$

上面两个实际问题的具体含义虽然不同,但从抽象的数量关系来看,解决这两
个问题方法的实质都是一样的,最终都是计算当自变量改变量趋于零时函数改变
量与自变量改变量之比的极限,即 $\lim\limits_{\Delta x \to 0} \frac{\Delta y}{\Delta x}$. 这种模型的应用非常广泛,在数学上,
这种特殊形式的极限称为函数的导数.

2.1.2　导数的定义

1. 函数在一点的导数

定义 1　设函数 $y = f(x)$ 在点 x_0 的某邻域内有定义,当自变量 x 在 x_0 有一
个改变量 Δx 时,相应的函数 $f(x)$ 在 x_0 点也有一个改变量 $\Delta y = f(x_0 + \Delta x) -$
$f(x_0)$,若

$$\lim_{\Delta x \to 0} \frac{\Delta y}{\Delta x} = \lim_{\Delta x \to 0} \frac{f(x_0 + \Delta x) - f(x_0)}{\Delta x}$$

存在,则称函数 $f(x)$ 在点 x_0 处可导,并称这个极限值为函数 $f(x)$ 在点 x_0 处的**导
数**. 记作

$$f'(x_0), \; y' \mid_{x = x_0}, \; \frac{\mathrm{d}y}{\mathrm{d}x}\bigg|_{x = x_0} \quad 或 \; \frac{\mathrm{d}f}{\mathrm{d}x}\bigg|_{x = x_0}.$$

即

$$f'(x_0) = \lim_{\Delta x \to 0} \frac{f(x_0 + \Delta x) - f(x_0)}{\Delta x}. \tag{2.1}$$

如果上述极限不存在,则称函数 $y = f(x)$ 在点 x_0 处不可导.

因为　$x = x_0 + \Delta x$,故 $\Delta x \to 0 \Leftrightarrow x \to x_0$,则(2.1)式可改写为

$$f'(x_0) = \lim_{x \to x_0} \frac{f(x) - f(x_0)}{x - x_0}. \tag{2.2}$$

根据导数定义,瞬时速度 $v(t_0) = s'(t_0)$,曲线 $y = f(x)$ 在 $x = x_0$ 处的切线的
斜率为 $k = f'(x_0)$.

导数从数量方面刻画了变化率的本质:自变量 x 由点 x_0 变化到 $x_0 + \Delta x$,相应的因变量 y 也有一个增量 $\Delta y = f(x_0 + \Delta x) - f(x_0)$,因变量的变化相对于自变量的变化快慢如何? $\dfrac{\Delta y}{\Delta x}$ 是函数 y 在以 x_0 和 $x_0 + \Delta x$ 为端点的区间上的平均变化率,而导数 $f'(x_0)$ 则是函数 y 在 x_0 处的(瞬时)变化率,它反映了 y 随自变量的变化而变化的快慢程度.

导数的定义式有很多,除了上面的两个定义式外,如果 $f'(x_0)$ 存在,则有

$$f'(x_0) = \lim_{h \to 0} \frac{f(x_0 + h) - f(x_0)}{h} = \lim_{h \to 0} \frac{f(x_0 - h) - f(x_0)}{-h} = \cdots.$$

但 $f'(x_0)$ 的本质只有一个,就是在点 x_0 处函数 $f(x)$ 的改变量 Δy 与自变量的改变量 Δx 之比 $\dfrac{\Delta y}{\Delta x}$ 的极限.

一般地,称 $\dfrac{\Delta y}{\Delta x}$ 为函数关于自变量的平均变化率(又称差商),称导数 $f'(x_0)$ 为函数 $f(x)$ 在点 x_0 处关于 x 的变化率.

由导数的定义知,$f'(x_0)$ 本质为一个极限值,是一个确定的数值.而极限存在的充要条件是左右极限都存在且相等,因此 $f'(x_0) = \lim\limits_{h \to 0} \dfrac{f(x_0 + h) - f(x_0)}{h}$ 存在的充要条件是 $\lim\limits_{h \to 0^+} \dfrac{f(x_0 + h) - f(x_0)}{h}$ 与 $\lim\limits_{h \to 0^-} \dfrac{f(x_0 + h) - f(x_0)}{h}$ 存在且相等.

由此可定义函数 $f(x)$ 在 x_0 处的左导数 $f'_-(x_0)$ 和右导数 $f'_+(x_0)$:

$$f'_-(x_0) = \lim_{\Delta x \to 0^-} \frac{\Delta y}{\Delta x} = \lim_{\Delta x \to 0^-} \frac{f(x_0 + \Delta x) - f(x_0)}{\Delta x} = \lim_{x \to x_0^-} \frac{f(x) - f(x_0)}{x - x_0},$$

$$(2.3)$$

$$f'_+(x_0) = \lim_{\Delta x \to 0^+} \frac{\Delta y}{\Delta x} = \lim_{\Delta x \to 0^+} \frac{f(x_0 + \Delta x) - f(x_0)}{\Delta x} = \lim_{x \to x_0^+} \frac{f(x) - f(x_0)}{x - x_0}.$$

$$(2.4)$$

右导数和左导数统称**单侧导数**.

定理 1 若函数 $y = f(x)$ 在点 x_0 的某邻域内有定义,则 $f'(x_0)$ 存在的**充要条件**是 $f'_+(x_0)$ 与 $f'_-(x_0)$ 都存在,且 $f'_+(x_0) = f'_-(x_0)$.

例 1 求函数 $f(x) = x^2 + x$ 在点 $x_0 = 0$ 处的导数.

解 由定义得

$$f'(0) = \lim_{\Delta x \to 0} \frac{f(0 + \Delta x) - f(0)}{\Delta x} = \lim_{\Delta x \to 0} \frac{(0 + \Delta x)^2 + (0 + \Delta x) - 0}{\Delta x}$$

$$= \lim_{\Delta x \to 0} (\Delta x + 1) = 1.$$

例 2 证明函数 $f(x) = |x|$ 在点 $x_0 = 0$ 处不可导.

证明　因为 $\dfrac{\Delta y}{\Delta x} = \dfrac{f(0 + \Delta x) - f(0)}{\Delta x} = \dfrac{|\Delta x| - 0}{\Delta x} = \dfrac{|\Delta x|}{\Delta x}$，所以

$$f'_-(0) = \lim_{\Delta x \to 0^-} \frac{\Delta y}{\Delta x} = \lim_{\Delta x \to 0^-} \frac{-\Delta x}{\Delta x} = -1, \quad f'_+(0) = \lim_{\Delta x \to 0^+} \frac{\Delta y}{\Delta x} = \lim_{x \to 0^+} \frac{\Delta x}{\Delta x} = 1.$$

因为 $f'_-(0) \neq f'_+(0)$，所以函数 $f(x) = |x|$ 在点 $x_0 = 0$ 处不可导.

例 3　设函数 $f'(x_0)$ 存在，求极限 $\lim\limits_{h \to 0} \dfrac{f(x_0 + h) - f(x_0 - h)}{h}$.

解　因为 $\lim\limits_{h \to 0} \dfrac{f(x_0 + h) - f(x_0)}{h} = \lim\limits_{h \to 0} \dfrac{f(x_0 - h) - f(x_0)}{-h} = f'(x_0)$，所以

$$\lim_{h \to 0} \frac{f(x_0 + h) - f(x_0 - h)}{h}$$

$$= \lim_{h \to 0} \frac{f(x_0 + h) - f(x_0) + f(x_0) - f(x_0 - h)}{h}$$

$$= \lim_{h \to 0} \frac{f(x_0 + h) - f(x_0)}{h} + \lim_{h \to 0} \frac{f(x_0 - h) - f(x_0)}{-h}$$

$$= 2f'(x_0).$$

注意：在 $f'(x_0) = \lim\limits_{h \to 0} \dfrac{f(x_0 + h) - f(x_0)}{h}$ 中，自变量的变化的起点 x_0 是固定的，终点是变化的. 因此例 3 如果是下面的求解过程：

$$\lim_{h \to 0} \frac{f(x_0 + h) - f(x_0 - h)}{h} = 2\lim_{h \to 0} \frac{f(x_0 + h) - f(x_0 - h)}{2h} = 2f'(x_0),$$

就是错误的.

2. 导函数

定义 2　如果函数 $f(x)$ 在 (a,b) 内的每一点都可导，则称函数 $f(x)$ 在开区间 (a,b) 内可导；若函数 $f(x)$ 在开区间 (a,b) 内可导，且在 a 点右可导，在 b 点左可导，则称**函数 $f(x)$ 在闭区间 $[a,b]$ 上可导**.

如果函数 $y = f(x)$ 在开区间 I 内点点可导，这时，对于区间 I 内任一点 x，都对应着 $f(x)$ 的一个确定的导数值，这种对应关系满足函数的定义要求，这样就构成了一个新的函数，这个函数称为原来函数 $y = f(x)$ 的**导函数**，简称导数，记作

$$y', \quad f'(x), \quad \frac{\mathrm{d}y}{\mathrm{d}x} \quad \text{或} \quad \frac{\mathrm{d}f(x)}{\mathrm{d}x}.$$

导函数的定义式为

$$y' = f'(x) = \lim_{\Delta x \to 0} \frac{f(x + \Delta x) - f(x)}{\Delta x} = \lim_{h \to 0} \frac{f(x + h) - f(x)}{h}.$$

注意：在上面求极限过程中，x 是常量，Δx 与 h 是变量.

显然，$f'(x_0)$ 就是导函数 $f'(x)$ 在 x_0 处的函数值.

例 4　求函数 $y = 2 + 5x - x^2$ 的导函数，并计算出 $f'(1)$，$f'(0)$.

解 按照导函数的定义可得

$$f'(x) = \lim_{\Delta x \to 0} \frac{f(x + \Delta x) - f(x)}{\Delta x}$$

$$= \lim_{\Delta x \to 0} \frac{2 + 5(x + \Delta x) - (x + \Delta x)^2 - 2 - 5x + x^2}{\Delta x}$$

$$\lim_{\Delta x \to 0} \frac{5\Delta x - 2x\Delta x - (\Delta x)^2}{\Delta x}$$

$$= \lim_{\Delta x \to 0} (5 - 2x - \Delta x) = 5 - 2x,$$

所以 $f'(1) = 3, f'(0) = 5.$

例 5 设 $f(x) = C$（C 为常数），求 $f'(x)$.

解 因为 $\dfrac{f(x + \Delta x) - f(x)}{\Delta x} = \dfrac{C - C}{\Delta x} = 0$ ，所以

$$f'(x) = \lim_{\Delta x \to 0} \frac{f(x + \Delta x) - f(x)}{\Delta x} = \lim_{\Delta x \to 0} 0 = 0.$$

例 6 设 n 为正整数，幂函数 $f(x) = x^n$ ，求 $f'(x)$.

解 因为 $\dfrac{f(x + \Delta x) - f(x)}{\Delta x} = \dfrac{(x + \Delta x)^n - x^n}{\Delta x}$

$$= \frac{nx^{n-1}\Delta x + C_n^2 x^{n-2}\Delta x^2 + \cdots + \Delta x^n}{\Delta x}$$

$$= nx^{n-1} + C_n^2 \cdot x^{n-2} \cdot \Delta x + \cdots + (\Delta x)^{n-1},$$

所以 $f'(x) = \lim_{\Delta x \to 0} \dfrac{f(x + \Delta x) - f(x)}{\Delta x}$

$$= \lim_{\Delta x \to 0} [nx^{n-1} + C_n^2 \cdot x^{n-2} \cdot \Delta x + \cdots + (\Delta x)^{n-1}] = nx^{n-1}.$$

例 7 设 $f(x) = \sin x$ ，求 $f'(x)$.

解 因为 $f(x + \Delta x) - f(x) = \sin(x + \Delta x) - \sin x = 2\cos\left(x + \dfrac{\Delta x}{2}\right) \cdot \sin\dfrac{\Delta x}{2}$ ，

所以 $f'(x) = \lim_{\Delta x \to 0} \dfrac{f(x + \Delta x) - f(x)}{\Delta x} = \lim_{\Delta x \to 0} \cos\left(x + \dfrac{\Delta x}{2}\right) \cdot \dfrac{\sin\dfrac{\Delta x}{2}}{\dfrac{\Delta x}{2}} = \cos x.$

类似可得：余弦函数 $f(x) = \cos x$ 的导数 $f'(x) = -\sin x.$

例 8 设 $f(x) = a^x (a > 0)$ ，求 $f'(x)$.

解 $f(x + \Delta x) - f(x) = a^{x + \Delta x} - a^x = a^x \cdot (a^{\Delta x} - 1).$

令 $a^{\Delta x} - 1 = b$ ，则 $\Delta x = \log_a(1 + b)$ ，显然，当 $\Delta x \to 0$ 时，$b \to 0.$

因为 $f'(x) = \lim_{\Delta x \to 0} \dfrac{f(x + \Delta x) - f(x)}{\Delta x} = \lim_{\Delta x \to 0} a^x \cdot \dfrac{a^{\Delta x} - 1}{\Delta x}$

$$= \lim_{b \to 0} a^x \cdot \frac{b}{\log_a(1+b)} = \lim_{b \to 0} \frac{a^x}{\frac{1}{b} \log_a(1+b)}$$

$$= \lim_{b \to 0} \frac{a^x}{\log_a(1+b)^{\frac{1}{b}}}$$

$$= \frac{a^x}{\log_a e} = a^x \ln a.$$

特别地,当 $a = e$ 时,即当 $f(x) = e^x$ 时,有 $f'(x) = e^x$.

例 9　设 $f(x) = \log_a x$ 　$(a > 0, a \neq 1)$,求 $f'(x)$.

解　$f(x + \Delta x) - f(x) = \log_a(x + \Delta x) - \log_a x = \log_a\left(1 + \frac{\Delta x}{x}\right)$.

$$f'(x) = \lim_{\Delta x \to 0} \frac{f(x + \Delta x) - f(x)}{\Delta x} = \lim_{\Delta x \to 0} \frac{1}{\Delta x} \log_a\left(1 + \frac{\Delta x}{x}\right)$$

$$= \lim_{\Delta x \to 0} \log_a\left(1 + \frac{\Delta x}{x}\right)^{\frac{1}{\Delta x}}$$

$$= \lim_{\Delta x \to 0} \frac{1}{x} \log_a\left(1 + \frac{\Delta x}{x}\right)^{\frac{x}{\Delta x}} = \frac{1}{x} \log_a e = \frac{1}{x \ln a}.$$

特别地,当 $a = e$ 时,即当 $f(x) = \ln x$ 时,$f'(x) = \frac{1}{x}$.

2.1.3　导数的几何意义

由前面曲线切线问题的讨论及导数的定义可知,若函数 $y = f(x)$ 在 x_0 点处可导,$f'(x_0)$ 在几何上表示曲线 $y = f(x)$ 在点 $P_0(x_0, y_0)$ 处的切线斜率,即

$$f'(x_0) = k_{切线} = \tan \alpha.$$

其中 α 为切线的倾角.

若 $\alpha = 0$,则 $f'(x_0) = 0$,此时曲线 $y = f(x)$ 在点 P_0 处的切线平行于 x 轴;若 $\alpha = \pm \frac{\pi}{2}$,则 $f'(x_0) = \pm \infty$,此时曲线 $y = f(x)$ 在点 P_0 处的切线垂直于 x 轴.

曲线 $y = f(x)$ 在点 $P_0(x_0, y_0)$ 处的切线方程为

$$y - y_0 = f'(x_0)(x - x_0);$$

曲线 $y = f(x)$ 在点 $P_0(x_0, y_0)$ 处的法线是过此点且与切线垂直的直线,它的斜率为 $-\frac{1}{f'(x_0)}$ $(f'(x_0) \neq 0)$,所以法线方程为

$$y - y_0 = -\frac{1}{f'(x_0)}(x - x_0).$$

当 $f'(x_0) = 0$ 时,切线方程为 $y = y_0$,法线方程为 $x = x_0$;

当 $f'(x_0) = \pm \infty$ 时,切线方程为 $x = x_0$,法线方程为 $y = y_0$.

例 10　求曲线 $y = x^2$ 在点$(2,4)$处的切线方程及法线方程.

解　$y' = 2x$,有 $y'|_{x=2} = 4$,故

所求切线方程为　　$y - 4 = 4(x - 2)$,即 $4x - y - 4 = 0$,

所求法线方程为　　$y - 4 = -\dfrac{1}{4}(x - 2)$,即 $x + 4y - 18 = 0$.

2.1.4　可导与连续的关系

定理 2　若函数 $f(x)$ 在点 x_0 处可导,则它在点 x_0 处一定连续.

证明　因为函数 $f(x)$ 在 x_0 点处可导,由导数的定义知

$$\lim_{\Delta x \to 0} \frac{\Delta y}{\Delta x} = f'(x_0),$$

所以

$$\lim_{\Delta x \to 0} \Delta y = \lim_{\Delta x \to 0} \left(\frac{\Delta y}{\Delta x} \cdot \Delta x \right) = \lim_{\Delta x \to 0} \frac{\Delta y}{\Delta x} \cdot \lim_{\Delta x \to 0} \Delta x = f'(x_0) \cdot 0 = 0.$$

根据 $f(x)$ 在 x_0 点连续的定义知,$f(x)$ 在 x_0 点连续.

连续是可导的必要条件,但不是充分条件.也就是说:可导一定连续,连续不一定可导.例如,函数 $y = |x|$ 在点 x_0 处连续,但在 x_0 处不可导.

例 11　设函数 $f(x) = \begin{cases} x\sin\dfrac{1}{x}, & x \neq 0 \\ 0, & x = 0 \end{cases}$,讨论其在 $x = 0$ 的连续性和可导性.

解　因为 $\lim\limits_{x \to 0} f(x) = \lim\limits_{x \to 0} x\sin\dfrac{1}{x} = 0 = f(0)$,所以 $f(x)$ 在 $x = 0$ 点连续.

但 $\lim\limits_{h \to 0} \dfrac{f(0 + h) - f(0)}{h} = \lim\limits_{h \to 0} \dfrac{h \cdot \sin\dfrac{1}{h} - 0}{h} = \lim\limits_{h \to 0} \sin\dfrac{1}{h}$ 不存在,所以函数 $f(x)$ 在 $x = 0$ 处不可导.

推论　若函数 $f(x)$ 在 x_0 点处左(右)可导,则函数 $f(x)$ 在 x_0 点处左(右)连续.

习　题　2.1

1.设 $f(x) = x^3 + 1$,试按定义求 $f'(1)$.

2.设 $f'(x_0)$ 存在,求下列的 A 表示什么?

(1) $\lim\limits_{\Delta x \to 0} \dfrac{f(x_0 - 2\Delta x) - f(x_0)}{\Delta x} = A$;

(2) $\lim\limits_{x \to 0} \dfrac{f(1+2x)-2}{x} = A$,其中 $f(1) = 2$;

(3) $\lim\limits_{x \to 0} \dfrac{x}{f(x_0 - 2x) - f(x_0 - x)} = A \neq 0$.

3.当 a 与 b 取何值时,函数 $f(x) = \begin{cases} x^3, & x \geqslant c \\ ax^2 + b, & x < c \end{cases}$ 在 c 可导.

4.求下列函数在 $x = 0$ 处的左右导数:

(1) $f(x) = \begin{cases} x^2 + 1, & x \leqslant 0 \\ e^x, & x > 0 \end{cases}$;　　　(2) $f(x) = \begin{cases} \sin x + 1, & x \leqslant 0 \\ \cos x, & x > 0 \end{cases}$

5.讨论下列函数在 $x = 0$ 处的连续性与可导性:

(1) $y = |\sin x|$;　　　(2) $f(x) = \begin{cases} x^2 \sin \dfrac{1}{x}, & x \neq 0 \\ 0, & x = 0 \end{cases}$;

(3) $f(x) = \begin{cases} \sin x, & x \leqslant 0 \\ \ln(1+x), & x > 0 \end{cases}$;

(4) $f(x) = \begin{cases} \dfrac{1 - \cos x}{\sqrt{x}}, & x > 0 \\ x^2 g(x), & x \leqslant 0 \end{cases}$,其中 $g(x)$ 是有界函数.

6.求下列函数的导数:

(1) $y = 10^x + x^{10}$;　　　(2) $y = \sin x + \cos x$;

(3) $y = x^5 + 2x^3 + 10$;　　　(4) $y = \lg x + 5^x$.

7.求下列各曲线在已知点的切线与法线方程:

(1) $y = x^3 + 2x^2 + 3$ 曲线在 $(1,6)$ 点处的切线与法线方程;

(2) $y = e^x + \ln x$ 曲线在 $(1,e)$ 点处的切线与法线方程;

(3)求与直线 $x + 9y - 1 = 0$ 垂直的曲线 $y = x^3 - 3x^2 + 5$ 的切线方程.

8.设 1 g 质量的物体,温度由 0 ℃升高 τ ℃ 时所需要的热量 q 是温度 τ 的函数,关系式是 $q = q(\tau)$,求该物体所需热量非均匀变化时在温度 τ_0 时的比热.

9.对于一根质量分布均匀的细棒来说,单位长度细棒的质量称为这根细棒的线密度.设有一根质量分布不均匀的细棒,取棒的一端作为原点,棒上任意点的坐标为 x ,于是分布在区间 $[0,x]$ 上细棒的质量 m 与 x 存在函数关系 $m = m(x)$,试确定细棒在点 x_0 处的线密度.

10.若 $y = f(x)$ 为偶函数,且 $f'(0)$ 存在,试证明: $f'(0) = 0$.

11.证明双曲线 $xy = 1$ 上任一点处的切线与两坐标轴构成的三角形面积都等于 2.

2.2　函数的求导法则

在 2.1 节,根据导数的定义求出了一些基本初等函数的导数,但对于一般的初等函数,利用定义求导数,从理论上来说可行,但在实际过程中是不现实的.在本节中,将介绍函数的四则运算求导法则、反函数的求导法则、复合函数的求导法则,借助这些法则,求常见函数的导数将变得简单快捷.

2.2.1　函数的四则运算求导法则

定理 1　设函数 $u = u(x)$ 和 $v = v(x)$ 在点 x 处可导,则 $u \pm v$, uv , $\dfrac{u}{v}$（$v \neq 0$）点 x 处也可导,并且有:

$$(1)\ (u \pm v)' = u' \pm v'; \quad (2)(uv)' = u'v + uv'; \quad (3)\left(\frac{u}{v}\right)' = \frac{u'v - uv'}{v^2}.$$

证明　(1)因为

$$\lim_{\Delta x \to 0} \frac{\Delta(u \pm v)}{\Delta x} = \lim_{\Delta x \to 0} \frac{[u(x + \Delta x) \pm v(x + \Delta x)] - [u(x) \pm v(x)]}{\Delta x}$$

$$= \lim_{\Delta x \to 0} \frac{[u(x + \Delta x) - u(x)] \pm [v(x + \Delta x) - v(x)]}{\Delta x}$$

$$= \lim_{\Delta x \to 0} \frac{u(x + \Delta x) - u(x)}{\Delta x} \pm \lim_{\Delta x \to 0} \frac{v(x + \Delta x) - v(x)}{\Delta x}$$

$$= u' \pm v',$$

所以,函数 $u \pm v$ 的导数也存在,且 $(u \pm v)' = u' + v'$;

(2)因为

$$\lim_{\Delta x \to 0} \frac{\Delta(uv)}{\Delta x} = \lim_{\Delta x \to 0} \frac{u(x + \Delta x) \cdot v(x + \Delta x) - u(x) \cdot v(x)}{\Delta x}$$

$$= \lim_{\Delta x \to 0} \frac{u(x + \Delta x) \cdot v(x + \Delta x) - u(x) \cdot v(x + \Delta x) + u(x) \cdot v(x + \Delta x) - u(x)v(x)}{\Delta x}$$

$$= \lim_{\Delta x \to 0} \left[\frac{u(x + \Delta x) - u(x)}{\Delta x} \cdot v(x + \Delta x) \right] + \lim_{\Delta x \to 0} \left[u(x) \cdot \frac{v(x + \Delta x) - v(x)}{\Delta x} \right]$$

$$= u'v + uv',$$

所以,函数 uv 可导,且 $(uv)' = u'v + uv'$;

(3)因为

$$\lim_{\Delta x \to 0} \frac{\Delta\left(\dfrac{u}{v}\right)}{\Delta x} = \lim_{\Delta x \to 0} \frac{\dfrac{u(x + \Delta x)}{v(x + \Delta x)} - \dfrac{u(x)}{v(x)}}{\Delta x}$$

$$= \lim_{\Delta x \to 0} \frac{u(x + \Delta x) \cdot v(x) - u(x) \cdot v(x + \Delta x)}{v(x + \Delta x) \cdot v(x) \cdot \Delta x}$$

$$= \lim_{\Delta x \to 0} \frac{u(x + \Delta x) \cdot v(x) - u(x) \cdot v(x) + u(x) \cdot v(x) - u(x) \cdot v(x + \Delta x)}{v(x + \Delta x) \cdot v(x) \cdot \Delta x}$$

$$= \lim_{\Delta x \to 0} \frac{1}{v(x + \Delta x) \cdot v(x)} \left[\frac{u(x + \Delta x) - u(x)}{\Delta x} \cdot v(x) - u(x) \cdot \frac{v(x + \Delta x) - v(x)}{\Delta x} \right]$$

$$= \frac{u'v - uv'}{v^2},$$

所以，函数 $\frac{u}{v}$ 可导数，且 $\left(\frac{u}{v} \right)' = \frac{u'v - uv'}{v^2}$.

特别地，若函数 $u(x)$ 可导，C 为常数，则 $[C \cdot u(x)]' = Cu'(x)$.

更一般地，有：若 $u_1, u_2, \cdots, u_n$ 都是 x 的可导函数，则

$$(u_1 u_2 \cdots u_n)' = u_1' u_2 \cdots u_n + u_1 u_2' \cdots u_n + \cdots + u_1 u_2 \cdots u_n';$$

$$(k_1 u_1 + k_2 u_2 + \cdots + k_n u_n)' = k_1 u_n' + k_2 u_2' + \cdots + k_n u_n'.$$

例 1　设 $f(x) = x^4 + 2x^2 + 6x + 10$，求 $f'(x)$.

解　$f'(x) = (x^4 + 2x^2 + 6x + 10)' = (x^4)' + (2x^2)' + (6x)' + 10'$

$\qquad = 4x^3 + 2(x^2)' + 6(x)' + 0 = 4x^3 + 2 \cdot 2x + 6 = 4x^3 + 4x + 6.$

一般地，多项式函数 $f(x) = a_0 x^n + a_1 x^{n-1} + \cdots + a_{n-1} x + a_n$ 的导数为

$$f'(x) = na_0 x^{n-1} + (n-1)a_1 x^{n-2} + \cdots + 2a_{n-2} x + a_{n-1}.$$

例 2　设 $y = x^3 \cdot e^x$，求 y'.

解　$y' = (x^3)' \cdot e^x + x^3 \cdot (e^x)' = 3x^2 e^x + x^3 e^x = (3 + x)x^2 e^x.$

例 3　证明 $(x^{-n})' = -nx^{-n-1}$，其中 n 为正整数.

证明　$(x^{-n})' = \left(\frac{1}{x^n} \right)' = \frac{0 - (x^n)'}{x^{2n}} = \frac{-nx^{n-1}}{x^{2n}} = -nx^{-n-1}.$

例 4　证明：$(\tan x)' = \sec^2 x$；$(\cot x)' = -\csc^2 x$.

证明　$(\tan x)' = \left(\frac{\sin x}{\cos x} \right)' = \frac{(\sin x)' \cos x - \sin x (\cos x)'}{\cos^2 x}$

$\qquad = \frac{\cos^2 x + \sin^2 x}{\cos^2 x} = \sec^2 x.$

同理可证　$(\cot x)' = -\csc^2 x.$

例 5　证明：$(\sec x)' = \sec x \cdot \tan x$；$(\csc x)' = -\csc x \cdot \cot x$.

证明　$(\sec x)' = \left(\frac{1}{\cos x} \right)' = -\frac{(\cos x)'}{\cos^2 x} = \frac{\sin x}{\cos^2 x} = \sec x \cdot \tan x.$

同理可证 $(\csc x)' = -\csc x \cdot \cot x.$

例 6　求 $y = x^2 \sin x \log_a x$ 的导数.

解　$y' = (x^2)' \sin x \log_a x + x^2 (\sin x)' \log_a x + x^2 \sin x (\log_a x)'$

$$= 2x\sin x \log_a x + x^2 \cos x \log_a x + x^2 \sin x \cdot \frac{1}{x \ln a}$$

$$= (2x\sin x + x^2 \cos x)\log_a x + \frac{1}{x \ln a} \cdot x^2 \sin x.$$

例 7 已知函数 $f(x) = (x-1)(x-2)(x-3)\cdots(x-100)$,试求 $f'(1)$ 的值.

解 因为

$$f'(x) = (x-1)'(x-2)(x-3)\cdots(x-100) + (x-1)(x-2)'(x-3)\cdots(x-100) +$$
$$\cdots + (x-1)(x-2)(x-3)\cdots(x-100)'$$

$$= (x-2)(x-3)\cdots(x-100) + (x-1)(x-3)\cdots(x-100) +$$
$$(x-1)(x-2)(x-4)\cdots(x-100) + \cdots + (x-1)(x-2)(x-3)\cdots(x-99),$$

所以 $f'(1) = (1-2)(1-3)\cdots(1-100) + 0 + \cdots + 0 = -99!$.

利用已有的基本公式与求导四则运算,可以解决一部分初等函数的直接求导问题,但初等函数往往是较为复杂的复合函数,为此还需要介绍一些特殊的求导法则和技巧.

2.2.2 反函数的求导法则

定理 2 设函数 $x = \varphi(y)$ 在某区间 I_y 内严格单调可导,且 $\varphi'(y) \neq 0$,那么它的反函数 $y = f(x)$ 在区间 $I_x = \{x \mid x = f(y), y \in I_y\}$ 内也严格单调可导,且

$$f'(x) = \frac{1}{\varphi'(y)}. \tag{2.5}$$

根据 2.4 节微分的概念,导数又称微商,微分之商,即 $f'(x) = \dfrac{\mathrm{d}y}{\mathrm{d}x}$,$\mathrm{d}y$ 与 $\mathrm{d}x$ 分别为函数 y 与自变量 x 的微分,为两个独立的符号,可以将定理 2 的结论看作一个运算规律来加以记忆:

$$f'(x) = \frac{\mathrm{d}y}{\mathrm{d}x} = \frac{1}{\dfrac{\mathrm{d}x}{\mathrm{d}y}} = \frac{1}{\varphi'(y)}.$$

例 8 求证: $(\arcsin x)' = \dfrac{1}{\sqrt{1-x^2}}$; $(\arccos x)' = -\dfrac{1}{\sqrt{1-x^2}}$.

证明 如果 $y = \arcsin x, x \in [-1, 1]$ 是直接函数,则 $x = \sin y, y \in \left[-\dfrac{\pi}{2}, \dfrac{\pi}{2}\right]$ 是它的反函数,且 $x = \sin y$ 在开区间 $\left(-\dfrac{\pi}{2}, \dfrac{\pi}{2}\right)$ 内严格单调、可导,$(\sin y)' = \cos y \neq 0$,所以,由(2.5)式,有

$$(\arcsin x)' = \frac{1}{\sin'y} = \frac{1}{\cos y} = \frac{1}{\sqrt{1-\sin^2 y}} = \frac{1}{\sqrt{1-x^2}}, \ x \in (-1, 1).$$

同理可证 $(\arccos x)' = -\dfrac{1}{\sqrt{1-x^2}}, \quad x \in (-1, 1).$

例 9 求证：$(\arctan x)' = \dfrac{1}{1+x^2}$； $(\operatorname{arccot} x)' = -\dfrac{1}{1+x^2}$.

证明 由于 $x = \tan y, y \in \left(-\dfrac{\pi}{2}, \dfrac{\pi}{2}\right)$ 是 $y = \arctan x, x \in \mathbf{R}$ 的反函数，且 $x = \tan y$ 在 $\left(-\dfrac{\pi}{2}, \dfrac{\pi}{2}\right)$ 内严格单调、可导，且 $(\tan y)' = \sec^2 y \neq 0$，所以，由 (2.5) 式有

$$(\arctan x)' = \frac{1}{(\tan y)'} = \frac{1}{\sec^2 y} = \frac{1}{1+\tan^2 y} = \frac{1}{1+x^2}, \ x \in \mathbf{R}.$$

同理可证 $(\operatorname{arccot} x)' = -\dfrac{1}{1+x^2}, \ x \in \mathbf{R}$.

例 10 求 $y = a^x (a > 0, a \neq 1)$ 的导数.

前面已经用导数定义求得这个函数的导数，下面介绍另一种计算方法.

解 因为 $x = \log_a y (a > 0, a \neq 1)$ 是函数 $y = a^x (a > 0, a \neq 1)$ 的反函数，而在 2.1 例 9 中根据定义已求出 $(\log_a y)' = \dfrac{1}{y \ln a}$，所以

$$y' = (a^x)' = \frac{1}{(\log_a y)'} = y \ln a = a^x \ln a.$$

特别地，当 $a = \mathrm{e}$ 时，有 $(\mathrm{e}^x)' = \mathrm{e}^x$.

注意：函数求导中都是因变量对自变量求导，因此求导时要理清楚哪个是因变量，哪个是自变量.

以上得到了最基本的初等函数的求导结果，以后都可以作为公式来用，如不作特别声明，这些结论无须再证，可以直接应用.

2.2.3 复合函数的求导法则

定理 3 设 $y = f[\varphi(x)]$ 是由函数 $y = f(u)$ 与 $u = \varphi(x)$ 复合而成的，若 $u = \varphi(x)$ 在 x 处可导，而 $y = f(u)$ 在对应的 $u = \varphi(x)$ 处可导，则复合函数 $y = f[\varphi(x)]$ 在 x 处也可导，且 $\{f[\varphi(x)]\}' = f'(u) \cdot \varphi'(x) = f'[\varphi(x)] \cdot \varphi'(x)$，简记为

$$\frac{\mathrm{d}y}{\mathrm{d}x} = \frac{\mathrm{d}y}{\mathrm{d}u} \cdot \frac{\mathrm{d}u}{\mathrm{d}x} \quad 或 \quad y'_x = y'_u \cdot u'_x.$$

这个定理可以简述为：函数对最终自变量的导数等于函数对中间变量的导数乘以中间变量对自变量的导数.

注意：复合函数 $y = f[\varphi(x)]$ 的自变量为 x，但外层函数 f 的自变量为 $\varphi(x)$，$f'(\varphi(x))$ 表示函数 f 对自变量 $\varphi(x)$ 求导.

复合函数的求导法则可以推广到多个中间变量的情形.

例如，设函数 $y = f(u), u = \varphi(v), v = \psi(x)$ 在所对应自变量处可导，则复合函

数 $y = f\{\varphi[\psi(x)]\}$ 在 x 处可导,且

$$\frac{\mathrm{d}y}{\mathrm{d}x} = \frac{\mathrm{d}y}{\mathrm{d}u} \cdot \frac{\mathrm{d}u}{\mathrm{d}v} \cdot \frac{\mathrm{d}v}{\mathrm{d}x} = y'_u \cdot u'_v \cdot v'_x.$$

一般称上述法则为复合函数求导的**链式法则**.

例 11　已知 $y = \mathrm{e}^{x^3}$,求 $\dfrac{\mathrm{d}y}{\mathrm{d}x}$.

解　函数 $y = \mathrm{e}^{x^3}$ 可看作由 $y = \mathrm{e}^u$,$u = x^3$ 复合而成,因此

$$\frac{\mathrm{d}y}{\mathrm{d}x} = \frac{\mathrm{d}y}{\mathrm{d}u} \cdot \frac{\mathrm{d}u}{\mathrm{d}x} = \mathrm{e}^u \cdot 3x^2 = 3x^2 \mathrm{e}^{x^3}.$$

例 12　设 $y = \ln|x|$,求 $\dfrac{\mathrm{d}y}{\mathrm{d}x}$.

解　当 $x > 0$ 时,$\dfrac{\mathrm{d}y}{\mathrm{d}x} = (\ln x)' = \dfrac{1}{x}$;

当 $x < 0$ 时,$y = \ln(-x)$.

令 $u = -x$,由复合函数求导法则,得

$$\frac{\mathrm{d}y}{\mathrm{d}x} = \frac{\mathrm{d}y}{\mathrm{d}u} \cdot \frac{\mathrm{d}u}{\mathrm{d}x} = \frac{1}{u} \cdot (-1) = \frac{1}{-x} \cdot (-1) = \frac{1}{x};$$

总之,$\dfrac{\mathrm{d}y}{\mathrm{d}x} = \dfrac{1}{x}$.

例 13　设 $y = \sin^3 x^2$,求 $\dfrac{\mathrm{d}y}{\mathrm{d}x}$.

解　因为 $y = \sin^3 x^2 = (\sin x^2)^3$ 可以看作 $y = u^3$,$u = \sin v$ 和 $v = x^2$ 复合而成,于是

$$\frac{\mathrm{d}y}{\mathrm{d}x} = \frac{\mathrm{d}y}{\mathrm{d}u} \cdot \frac{\mathrm{d}u}{\mathrm{d}v} \cdot \frac{\mathrm{d}v}{\mathrm{d}x} = 3u^2 \cdot \cos v \cdot (2x) = 6x \sin^2 x^2 \cos x^2.$$

例 14　$y = \ln\cos(\mathrm{e}^x)$,求 $\dfrac{\mathrm{d}y}{\mathrm{d}x}$.

解　因为 $y = \ln\cos(\mathrm{e}^x)$ 可以看作 $y = \ln u$,$u = \cos v$ 和 $v = \mathrm{e}^x$ 复合而成,于是

$$\frac{\mathrm{d}y}{\mathrm{d}x} = \frac{\mathrm{d}y}{\mathrm{d}u} \cdot \frac{\mathrm{d}u}{\mathrm{d}v} \cdot \frac{\mathrm{d}v}{\mathrm{d}x} = \frac{1}{u} \cdot (-\sin v) \cdot \mathrm{e}^x = \frac{1}{\cos(\mathrm{e}^x)} \cdot (-\sin \mathrm{e}^x) \cdot \mathrm{e}^x$$

$$= -\mathrm{e}^x \tan(\mathrm{e}^x).$$

熟悉了复合函数的求导法则后,可以不写出中间变量,像下面这样做:

$$\frac{\mathrm{d}y}{\mathrm{d}x} = [\ln\cos(\mathrm{e}^x)]' = \frac{1}{\cos(\mathrm{e}^x)} \cdot [\cos(\mathrm{e}^x)]'$$

$$= \frac{1}{\cos(\mathrm{e}^x)} \cdot [-\sin(\mathrm{e}^x)] \cdot (\mathrm{e}^x)' = -\mathrm{e}^x \tan(\mathrm{e}^x).$$

在复合函数对自变量 x 求导时,先最外层函数对其自变量的导数乘以其自变

量对 x 的导数,再这样层层求导.如本题中复合函数 $\ln\cos(e^x)$ 的最外层函数是对数 $\ln$ 函数,其自变量为 $\cos(e^x)$,有 $\dfrac{\mathrm{d}y}{\mathrm{d}x}=[\ln\cos(e^x)]'=\dfrac{1}{\cos(e^x)}\cdot[\cos(e^x)]'$,对于复合函数 $\cos(e^x)$,外层函数为余弦函数,其自变量为 e^x,有 $[\cos(e^x)]'=-\sin e^x\cdot(e^x)'$,这样最终可求得复合函数对 x 的导数.

例 15　$y=e^{\sin\frac{1}{x}}$,求 $\dfrac{\mathrm{d}y}{\mathrm{d}x}$.

解　$\dfrac{\mathrm{d}y}{\mathrm{d}x}=(e^{\sin\frac{1}{x}})'=e^{\sin\frac{1}{x}}\cdot\left(\sin\dfrac{1}{x}\right)'$

$\qquad=e^{\sin\frac{1}{x}}\cdot\cos\dfrac{1}{x}\cdot\left(\dfrac{1}{x}\right)'=-\dfrac{1}{x^2}\cdot e^{\sin\frac{1}{x}}\cdot\cos\dfrac{1}{x}.$

例 16　设 $y=\ln(x+\sqrt{1+x^2})$,求 $\dfrac{\mathrm{d}y}{\mathrm{d}x}$.

解　$\dfrac{\mathrm{d}y}{\mathrm{d}x}=[\ln(x+\sqrt{1+x^2})]'=\dfrac{1}{x+\sqrt{1+x^2}}\cdot(x+\sqrt{1+x^2})'$

$\qquad=\dfrac{1}{x+\sqrt{1+x^2}}\cdot[1+(\sqrt{1+x^2})']$

$\qquad=\dfrac{1}{x+\sqrt{1+x^2}}\cdot\left[1+\dfrac{1}{2\sqrt{1+x^2}}\cdot(1+x^2)'\right]$

$\qquad=\dfrac{1}{x+\sqrt{1+x^2}}\cdot\left(1+\dfrac{2x}{2\sqrt{1+x^2}}\right)=\dfrac{1}{\sqrt{1+x^2}}.$

例 17　设 a 为实数,求幂函数 $y=x^a\ (x>0)$ 的导数.

解　因为 $y=x^a=e^{a\ln x}$,所以

$$y'=(x^a)'=(e^{a\ln x})'=e^{a\ln x}\cdot(a\ln x)'=e^{a\ln x}\cdot\dfrac{a}{x}=x^a\cdot\dfrac{a}{x}=ax^{a-1}.$$

综上,小结如下:

I　导数的四则运算法则

设函数 $u=u(x),v=v(x)$ 都可导,则:

(1) $(u\pm v)'=u'\pm v'$;　　　　(2) $(uv)'=u'v+uv'$;

(3) $(Cu)'=Cu'$(C 为常数);　　(4) $\left(\dfrac{u}{v}\right)'=\dfrac{u'v-uv'}{v^2}$.

II　复合函数的求导法则

设 $y=f(u)$,$u=g(x)$,且 $f(u)$ 及 $g(x)$ 都可导,则复合函数 $y=f[g(x)]$ 的导数为

$$\dfrac{\mathrm{d}y}{\mathrm{d}x}=\dfrac{\mathrm{d}y}{\mathrm{d}u}\cdot\dfrac{\mathrm{d}u}{\mathrm{d}x}.$$

Ⅲ 反函数的求导法则

设 $x = f(y)$ 在区间 I_y 内单调、可导且 $f'(y) \neq 0$，则它的反函数 $y = f^{-1}(x)$ 在 $I_x = \{x \mid x = f(y), y \in I_y\}$ 内也可导，并且 $\dfrac{\mathrm{d}y}{\mathrm{d}x} = \dfrac{1}{\dfrac{\mathrm{d}x}{\mathrm{d}y}}$.

Ⅳ 基本初等函数的导数公式

(1) $C' = 0$ （C 为常数）；

(2) $(x^{\alpha})' = \alpha x^{\alpha-1}$ （其中 α 为实数）；

(3) $(a^x)' = a^x \ln a$ （$a > 0$, $a \neq 1$）；特别地，$(\mathrm{e}^x)' = \mathrm{e}^x$；

(4) $(\log_a x)' = \dfrac{1}{x \ln a}$ （$a > 0$, $a \neq 1$）；特别地，$(\ln x)' = \dfrac{1}{x}$；

(5) $(\sin x)' = \cos x$；$(\cos x)' = -\sin x$；

(6) $(\tan x)' = \sec^2 x$；$(\cot x)' = -\csc^2 x$；

(7) $(\sec x)' = \sec x \cdot \tan x$；$(\csc x)' = -\csc x \cdot \cot x$；

(8) $(\arcsin x)' = \dfrac{1}{\sqrt{1-x^2}}$；$(\arccos x)' = -\dfrac{1}{\sqrt{1-x^2}}$；

(9) $(\arctan x)' = \dfrac{1}{1+x^2}$；$(\operatorname{arccot} x)' = -\dfrac{1}{1+x^2}$.

习 题 2.2

1. 求下列函数的导数：

(1) $y = 4x^2 - 2x + 3$；

(2) $y = \mathrm{e}^x + 2\mathrm{e} + 5$；

(3) $y = \dfrac{1}{x} + \dfrac{1}{\sqrt{x}} + \dfrac{1}{\sqrt[3]{x}}$；

(4) $y = \sqrt{\sqrt{\sqrt{x}}}$；

(5) $y = (x+1)\left(\dfrac{1}{\sqrt{x}} + 2\right)$；

(6) $y = \dfrac{1-\mathrm{e}^x}{1+\mathrm{e}^x}$；

(7) $y = \dfrac{x^2+4}{\mathrm{e}^x}$；

(8) $y = \dfrac{1}{x} + 7\sin x + \cos x - 5$；

(9) $y = \mathrm{e}^x \ln x$；

(10) $y = \theta \mathrm{e}^{\theta} \cot \theta$；

(11) $y = \dfrac{3+\sin x}{x}$；

(12) $y = \dfrac{x\mathrm{e}^x - 1}{\sin x}$.

2. 求下列复合函数的导数：

(1) $y = (5x+2)^3$；

(2) $y = \ln(2x-1)$；

(3) $y = \mathrm{e}^{\cos x}$；

(4) $y = \ln(\sec x + \tan x)$；

(5) $y = \ln[\ln(\ln x)]$；

(6) $y = \sqrt{x + \sqrt{x + \sqrt{x}}}$；

(7) $y = (2x^2 + 1)^2 \mathrm{e}^{-x} \sin 3x$;　　　　　　(8) $y = (3t + 1)\mathrm{e}^t(\cos 3t - 7\sin 3t)$;

(9) $y = \ln \cos(\mathrm{e}^x)$;　　　　　　　　　　(10) $y = \mathrm{e}^{\sin \frac{1}{x}}$;

(11) $y = \sqrt[3]{1 - 2x^2}$;　　　　　　　　　(12) $y = \left(\arctan \dfrac{x}{2}\right)^2$;

(13) $y = \sin \sqrt{1 + x^2}$;　　　　　　　　(14) $y = \sin(\sin x)$;

(15) $y = \ln \sqrt{x} + \sqrt{\ln x}$;　　　　　　(16) $y = \dfrac{\sin(\cos x)}{\sqrt{1 - x^2}}$;

(17) $y = \sin^2 \dfrac{1}{x} \cos(x^2)$;　　　　　　(18) $y = 10^{x \tan 3x}$;

(19) $y = \arcsin \sqrt{\dfrac{1 - x}{1 + x}}$;　　　　　(20) $y = \ln \sqrt{\dfrac{\mathrm{e}^{3x}}{\mathrm{e}^{3x} + 1}}$.

3. 设 $y = f(x)$ 为可导函数, 求 $\dfrac{\mathrm{d}y}{\mathrm{d}x}$:

(1) $y = f(x^2)$;　　　　　　　　　　(2) $y = f(\sin^2 x) + f(\cos x^2)$;

(3) $y = f[f(\sqrt{x^2 + 1})]$;　　　　　　(4) $y = f(\mathrm{e}^x)\mathrm{e}^{f(x^2)}$.

2.3　特殊类型函数的求导法

2.3.1　隐函数的求导法

前面介绍的都是以 $y = f(x)$ 的形式出现的函数, $y = f(x)$ 直接给出了自变量 x 与因变量 y 之间的函数对应关系 f, 这种函数称为**显函数**. 比如, $y = 2x + 1$, 给定定义域中的任一 x, 根据这个函数对应关系总可以唯一地确定一个函数值 y.

但在实际中, 有许多函数关系式不是直接呈现出来, 而是隐藏在一个方程中. 例如, 方程 $x + y - 1 = 0$, 给定 $(-\infty, +\infty)$ 内任一个 x, 根据这个方程总能确定唯一的 y, 如当 $x = 0$ 时根据方程可确定 $y = 1$; 当 $x = 1$ 时根据方程可确定 $y = 0$, 等等, 这样由这个方程就确定了一个以 y 为因变量、以 x 为自变量的函数, 这个函数称为**隐函数**. 由方程 $x + y - 1 = 0$ 可以解出这个隐函数为 $y = 1 - x$, 这个过程称为**隐函数的显化**.

一般地, 如果在区间 I 内任意给定变量 x 的一个值, 根据方程 $F(x, y) = 0$ 总可以唯一地确定 y 的值, 则称由方程 $F(x, y) = 0$ 在区间 I 内确定了一个以 y 为因变量的隐函数.

有些隐函数可以显化, 如上例, 有些隐函数不能显化, 如 $xy = \mathrm{e}^{x+y}$. 但在实际问题中有时需要计算隐函数的导数. 本节介绍的隐函数的求导法, 不管隐函数是否能够显化都能直接根据方程求出隐函数的导数. 下面通过例子来说明这种方法.

例 1　求由方程 $xy + e^x + e^y - e = 0$ 所确定的隐函数的导数 $\dfrac{dy}{dx}$.

解　方程 $xy + e^x + e^y - e = 0$ 两边关于 x 求导,得

$$\frac{d}{dx}(xy + e^x + e^y - e) = 0 ,$$

有

$$y + x\frac{dy}{dx} + e^x + e^y\frac{dy}{dx} = 0 ,$$

所以

$$y' = -\frac{y + e^x}{x + e^y}.$$

注意:由于 y 是 x 的函数,故所有 y 的函数都是 x 的复合函数,这个例子中 e^y 是 x 的复合函数,故运用复合函数求导法则,有 $\dfrac{de^y}{dx} = \dfrac{de^y}{dy} \cdot \dfrac{dy}{dx} = e^y\dfrac{dy}{dx}$.

例 2　求由方程 $y = \cos(x+y)$ 所确定的隐函数 $y = f(x)$ 的导数.

解　方程两边对 x 求导,得

$$y' = -\sin(x+y)(1+y')$$

解得

$$y' = -\frac{\sin(x+y)}{1+\sin(x+y)}.$$

例 3　求双曲线 $\dfrac{x^2}{9} - \dfrac{y^2}{16} = 1$ 在点 $\left(5, \dfrac{16}{3}\right)$ 处的切线方程.

解　双曲线方程两边对 x 求导,得

$$\frac{2x}{9} - \frac{1}{8}y \cdot y' = 0 ,$$

从而

$$y' = \frac{16x}{9y}.$$

当 $x=5$ 时,$y = \dfrac{16}{3}$,代入上式得所求切线的斜率 $k = y'|_{x=5} = \dfrac{5}{3}$,所求的切线方程为

$$y - \frac{16}{3} = \frac{5}{3}(x-5) ,$$

即 $5x - 3y - 9 = 0$.

例 4　一气球从离开观察员 60 m 处离地面铅直上升,其速度为 100 m/min,当气球高度为 120 m 时,气球离开观察者的速度是多少?

解　设气球上升 t 分钟后,其高度为 h,离开观察员的距离为 s,则

$$s = \sqrt{60^2 + h^2} ,$$

其中 s 及 h 都是时间 t 的函数.上式两边对 t 求导,得

$$\frac{ds}{dt} = \frac{2h}{2\sqrt{60^2 + h^2}}\frac{dh}{dt} = \frac{h}{\sqrt{60^2 + h^2}}\frac{dh}{dt}.$$

已知 $\dfrac{\mathrm{d}h}{\mathrm{d}t} = 100\ \mathrm{m/min}, h = 120\ \mathrm{m}$，代入上式得

$$\frac{\mathrm{d}s}{\mathrm{d}t} = 40\sqrt{5} \approx 89.44,$$

即气球离开观察者的速度约为 89.44 m/min.

注意：在方程 $F(x,y) = 0$ 中变量 x 与变量 y 地位是对等的，有时由方程可以确定 y 是 x 的函数，也可以由方程确定 x 是 y 的函数．例如，由方程 $x + y - 1 = 0$ 可以确定隐函数 $y = 1 - x$，也可以确定隐函数 $x = 1 - y$．因此，在隐函数的求导中一定要清楚隐函数的自变量与因变量．

2.3.2　幂指函数求导法

称形如 $y = u(x)^{v(x)}\ [u(x) > 0]$ 的函数为**幂指函数**．这类函数底数部分为自变量 x 的函数，指数部分也为自变量 x 的函数．这类函数的求导一般采用**对数求导法**．

例 5　设 $y = x^{\sin x}\ (x > 0)$，求 $\dfrac{\mathrm{d}y}{\mathrm{d}x}$.

解　对 $y = x^{\sin x}$ 两边取对数，得到

$$\ln y = \ln x^{\sin x} = \sin x \ln x, \tag{2.6}$$

则 $y = x^{\sin x}$ 是由 (2.6) 式所确定的函数，由隐函数求导法，(2.6) 式两边关于 x 求导，得

$$\frac{1}{y} \cdot y' = \cos x \ln x + \frac{\sin x}{x},$$

于是 $\qquad y' = y\left(\cos x \ln x + \dfrac{\sin x}{x}\right) = x^{\sin x}\left(\cos x \ln x + \dfrac{\sin x}{x}\right).$

更一般地，若 $y = u(x)^{v(x)}$，其中 $u(x), v(x)$ 关于 x 都可导，且 $u(x) > 0$，那么，"**等式两边先取对数，再关于 x 求导数**"，用此法后，先得到 $\ln y = v(x)\ln u(x)$，再根据隐函数求导法，得

$$\frac{1}{y} \cdot y' = v'(x)\ln u(x) + \frac{v(x) \cdot u'(x)}{u(x)},$$

再整理后得

$$y' = u(x)^{v(x)}\left[v'(x)\ln u(x) + \frac{v(x) \cdot u'(x)}{u(x)}\right].$$

其实，幂指函数的导数结果稍加整理一下，便有

$$y' = u(x)^{v(x)} \cdot \ln u(x) \cdot v'(x) + v(x) \cdot u(x)^{v(x)-1} \cdot u'(x).$$

前一部分是把 $u(x)^{v(x)}$ 作为指数函数求导数得到的结果；后一部分是把 $u(x)^{v(x)}$ 作为幂函数求导得到的结果，因此，可以说：**幂指函数的导数等于幂函数**

的导数与指数函数的导数之和.

对于幂指函数求导,有时可以直接根据对数的性质以及复合函数的求导法则求导,无须转化为隐函数.

下面介绍求 $y = x^{\sin x}$ 导数的另一种解法.

因为 $y = x^{\sin x} = e^{\ln x^{\sin x}} = e^{\sin x \ln x}$,函数 $e^{\sin x \ln x}$ 是由 $y = e^u$, $u = \sin x \ln x$ 复合而成的,故

$$y' = (e^{\sin x \ln x})' = e^{\sin x \ln x} (\sin x \ln x)'$$

$$= e^{\sin x \ln x} \left(\cos x \ln x + \sin x \cdot \frac{1}{x} \right) = x^{\sin x} \left(\cos x \ln x + \sin x \cdot \frac{1}{x} \right).$$

2.3.3　多个因子积商的求导

当要求几个函数的连乘积的导数时,用对数求导法可简便计算过程.

例 6　设 $y = \dfrac{(x+1)^2 (x+2)^3}{(x-1)^3 (x-2)^4}, x > 2$,求 $\dfrac{dy}{dx}$.

解　由于 $\ln y = \ln \dfrac{(x+1)^2 (x+2)^3}{(x-1)^3 (x-2)^4}$

$$= 2\ln(x+1) + 3\ln(x+3) - 3\ln(x-1) - 4\ln(x-2) ,$$

上式两边关于 x 求导,得

$$\frac{1}{y} \cdot y' = \frac{2}{x+1} + \frac{3}{x+3} - \frac{3}{x-1} - \frac{4}{x-2} ,$$

所以

$$y' = \frac{(x+1)^2 (x+3)^3}{(x-1)^3 (x-2)^4} \left(\frac{2}{x+1} + \frac{3}{x+3} - \frac{3}{x-1} - \frac{4}{x-2} \right).$$

例 7　求 $y = \sqrt[5]{\dfrac{(x-1)(x-3)}{(x-2)^3 (x-4)}}, x > 4$ 的导数.

解　两边取对数,得

$$\ln y = \frac{1}{5} \left[\ln(x-1) + \ln(x-3) - 3\ln(x-2) - \ln(x-4) \right],$$

两边同时对 x 求导,得

$$\frac{1}{y} \cdot y' = \frac{1}{5} \left(\frac{1}{x-1} + \frac{1}{x-3} - \frac{3}{x-2} - \frac{1}{x-4} \right)$$

$$y' = \frac{1}{5} \cdot \sqrt[5]{\frac{(x-1)(x-3)}{(x-2)^3 (x-4)}} \cdot \left(\frac{1}{x-1} + \frac{1}{x-3} - \frac{3}{x-2} - \frac{1}{x-4} \right).$$

当然,例 6 与例 7 也可以用导数的四则运算法则进行计算,但计算过程会比较繁杂.

2.3.4　由参数方程所确定函数的求导法

如果 y 与 x 的函数关系是由参数方程 $\begin{cases} x = \varphi(t) \\ y = \psi(t) \end{cases}$ $(\alpha \leqslant t \leqslant \beta)$ 确定的,则称此函数为**由参数方程所确定的函数**.

有时可以通过消去参数 t 而得到这个函数,如参数方程 $\begin{cases} x = 3\mathrm{e}^{-t} \\ y = 2\mathrm{e}^{t} \end{cases}$ 消去 t 后得到函数 $y = \dfrac{6}{x}$. 但很多情况下很难从参数方程中消去参数 t 而得到这个函数.

下面介绍一种不用求出由参数方程所确定的函数,而是直接根据参数方程求出这个函数的导数的方法.

定理　对于参数方程 $\begin{cases} x = \varphi(t) \\ y = \psi(t) \end{cases}$ $(\alpha \leqslant t \leqslant \beta)$,如果 $y = \psi(t)$, $x = \varphi(t)$ 在 $[\alpha, \beta]$ 内可导,并且 $x = \varphi(t)$ 严格单调, $\varphi'(t) \neq 0$,则 y 关于 x 可导,且 $\dfrac{\mathrm{d}y}{\mathrm{d}x} = \dfrac{\psi'(t)}{\varphi'(t)}$.

证明　因为 $x = \varphi(t)$ 在 $[\alpha, \beta]$ 内严格单调、可导,所以 $x = \varphi(t)$ 有单调连续的反函数 $t = \varphi^{-1}(x)$,因而 $y = \psi(t) = \psi[\varphi^{-1}(x)]$,即 y 是 x 的复合函数,由反函数和复合函数的求导法则可知

$$\frac{\mathrm{d}y}{\mathrm{d}x} = \frac{\mathrm{d}y}{\mathrm{d}t} \cdot \frac{\mathrm{d}t}{\mathrm{d}x} = \psi'(t) \frac{1}{\varphi'(t)} = \frac{\psi'(t)}{\varphi'(t)}.$$

例 8　设参数方程为 $\begin{cases} x = a\cos^4 t \\ y = b\sin^4 t \end{cases}$ (t 为参数),求 $\dfrac{\mathrm{d}y}{\mathrm{d}x}$.

解　由本节定理可知

$$\frac{\mathrm{d}y}{\mathrm{d}x} = \frac{\dfrac{\mathrm{d}y}{\mathrm{d}t}}{\dfrac{\mathrm{d}x}{\mathrm{d}t}} = \frac{4b\sin^3 t\cos t}{-4a\cos^3 t\sin t} = -\frac{b}{a}\frac{\sin^2 t}{\cos^2 t} = -\frac{b}{a}\tan^2 t.$$

例 9　求椭圆 $\begin{cases} x = 2\sin t \\ y = 3\cos t \end{cases}$ 在 $t = \dfrac{\pi}{4}$ 处的切线方程.

解　因为 $\dfrac{\mathrm{d}y}{\mathrm{d}x} = \dfrac{(3\cos t)'}{(2\sin t)'} = \dfrac{-3\sin t}{2\cos t} = -\dfrac{3}{2}\tan t$,所以 $k = \dfrac{\mathrm{d}y}{\mathrm{d}x}\Big|_{t=\frac{\pi}{4}} = -\dfrac{3}{2}$,

又当 $t = \dfrac{\pi}{4}$ 时曲线上对应点为 $\left(\sqrt{2}, \dfrac{3\sqrt{2}}{2}\right)$,故所求切线方程为

$$y - \frac{3\sqrt{2}}{2} = -\frac{3}{2}(x - \sqrt{2}),$$

即

$$y = -\frac{3}{2}x + 3\sqrt{2}.$$

习　题　2.3

1. 求由下列各方程所确定的隐函数的导数 $\dfrac{\mathrm{d}y}{\mathrm{d}x}$:

(1) $\sin(xy)=x$;　　　　　　　　(2) $\sqrt{x}+\sqrt{y}=1$;

(3) $y=\cos x-\cos(x-y)=0$;　　(4) $y+x\mathrm{e}^y=1$;

(5) $\dfrac{y^2}{x+y}=1-3x^2$, 求 $\dfrac{\mathrm{d}y}{\mathrm{d}x}\Big|_{(0,1)}$;　　(6) $\arctan\dfrac{y}{x}=\ln\sqrt{x^2+y^2}$.

2. 设函数 $y=f(x)$ 由方程 $xy+2\ln x=y^4$ 所确定, 求曲线 $y=f(x)$ 在点 $(1,1)$ 处的切线方程与法线方法.

3. 求曲线 $y=\ln x$ 与直线 $x+y=1$ 垂直的切线方程.

4. 利用对数求导法, 求下列函数的导数 $\dfrac{\mathrm{d}y}{\mathrm{d}x}$:

(1) $y=x\sqrt{\dfrac{1-x}{1+x}}$;　　　　　　(2) $y=\dfrac{\sqrt{x+1}\sin x}{(x^2+1)(x+2)}$;

(3) $x^y=y^x$, $x>0$, $y>0$;　　(4) $y=(\sin x)^{\cos x}$, $0<x<\dfrac{\pi}{2}$;

(5) $y=(x-1)\sqrt[3]{\dfrac{(x-2)^2}{x-3}}$, $x>3$;

(6) $y=(x-1)(x-2)^2\cdots(x-n)^n$, $x>n$.

5. 求由下列参数方程所确定的函数的导数 $\dfrac{\mathrm{d}y}{\mathrm{d}x}$:

(1) $\begin{cases} x=\theta(1-\sin\theta) \\ y=\theta\cos\theta \end{cases}$;　(2) $\begin{cases} x=\ln(1+t^2) \\ y=t-\arctan t \end{cases}$;　(3) $\begin{cases} x=\dfrac{3at}{1+t^2} \\ y=\dfrac{3at^2}{1+t^2} \end{cases}$.

6. 一气球从离开观察员 60 m 处离地面铅直上升, 其速度为 100 m/min, 当气球高度为 120 m 时, 观察员视线的仰角增加率是多少?

7. 将水注入水深 8 m, 上顶直径 8 m 的正圆锥形容器中, 其速率为 4 m³/min, 当水深为 5 m 时, 其表面上升的速率为多少?

8. 落在平静水面上的石头会产生同心波纹, 若最外一圈波半径的增大率总是 6 m/s, 在 2 s 末扰动水面面积的增大率为多少?

2.4　高阶导数

众所周知,速度是路程关于时间的变化率,即 $v(t)=s'(t)$,而加速度是速度关于时间的变化率,即 $a(t)=v'(t)$,也就是说,加速度是路程 $s(t)$ 关于时间 t 的导数的导数.正是为了解决类似问题的需要,便产生了高阶导数的概念.

定义　若函数 $y=f(x)$ 的导数 $f'(x)$ 仍然可导,则称 $f'(x)$ 的导数为 $f(x)$ 的**二阶导数**,通常记作

$$y'',\quad f''(x),\quad y^{(2)},\quad f^{(2)}(x),\quad \frac{\mathrm{d}^2 y}{\mathrm{d}x^2}\quad 或 \quad \frac{\mathrm{d}^2 f}{\mathrm{d}x^2}.$$

同时称 $f(x)$ **二阶可导**.

如果 $f''(x)$ 关于 x 还可导,那么,$f''(x)$ 的导数称为 $f(x)$ 的**三阶导数**,通常记为

$$y''',\quad f'''(x),\quad y^{(3)},\quad f^{(3)}(x),\quad \frac{\mathrm{d}^3 y}{\mathrm{d}x^3}\quad 或 \quad \frac{\mathrm{d}^3 f}{\mathrm{d}x^3}.$$

一般地,如果 $f(x)$ 的 $n-1$ 阶导数 $f^{(n-1)}(x)$ 存在,并且 $f^{(n-1)}(x)$ 仍然可导,那么,$f^{(n-1)}(x)$ 的导数称为 $f(x)$ 的 **n 阶导数**,记为

$$y^{(n)},\quad f^{(n)}(x),\quad \frac{\mathrm{d}^n y}{\mathrm{d}x^n}\quad 或 \quad \frac{\mathrm{d}^n f}{\mathrm{d}x^n}.$$

二阶或者二阶以上的导数统称**高阶导数**.

注意:n 阶导数 $f^{(n)}(x)$ 符号中,n 必须用小括号括起来.

根据高阶导数的定义,在求函数的高阶导数时,只需用一阶导数的公式和法则,逐阶求导,适当化简,寻找规律,写出结果.

例 1　求 $y=\sin\omega t$,求 y''.

解　$y'=\omega\cos\omega t$,$y''=-\omega^2\sin\omega t$.

例 2　求由方程 $x^2+y^2=4(y\geqslant 0)$ 所确定的隐函数的二阶导数 $\left.\dfrac{\mathrm{d}^2 y}{\mathrm{d}x^2}\right|_{x=0}$.

解法 1　方程两边对 x 求导,得

$$2x+2yy'=0,$$

解出 y',得

$$y'=-\frac{x}{y}, \tag{2.7}$$

上述 (2.7) 式两边对 x 求导,得 $y''=-\dfrac{x'y-xy'}{y^2}=-\dfrac{y-xy'}{y^2}$, \qquad (2.8)

把 $y'=-\dfrac{x}{y}$ 代入 (2.8) 式,得 $y''=-\dfrac{x^2+y^2}{y^3}=-\dfrac{4}{y^3}$,

当 $x=0$ 时 $y=2$,所以 $y''|_{x=0}=-\dfrac{4}{8}=-\dfrac{1}{2}$.

解法 2　方程 $x^2 + y^2 = 4$ 的两边对 x 求导,得

$$2x + 2yy' = 0,\tag{2.9}$$

(2.9)式两边对 x 求导,得 $2 + 2(y'y' + yy'') = 0$,

解得 $y'' = -\dfrac{1 + y'^2}{y} = -\dfrac{1 + \dfrac{x^2}{y^2}}{y} = -\dfrac{y^2 + x^2}{y^3} = -\dfrac{4}{y^3}.$

当 $x = 0$ 时 $y = 2$,所以 $y''|_{x=0} = -\dfrac{4}{8} = -\dfrac{1}{2}.$

例 3　求由参数方程 $\begin{cases} x = 2\sin t \\ y = 3\cos t \end{cases}$ 所确定的函数的二阶导数 $\dfrac{\mathrm{d}^2 y}{\mathrm{d}x^2}.$

解　根据由参数方程确定函数的求导法,有

$$\frac{\mathrm{d}y}{\mathrm{d}x} = \frac{(3\cos t)'}{(2\sin t)'} = \frac{-3\sin t}{2\cos t} = -\frac{3}{2}\tan t.\tag{2.10}$$

注意到 $-\dfrac{3}{2}\tan t$ 是变量 t 的函数,而 t 又是 x 的函数,因此 $\dfrac{\mathrm{d}y}{\mathrm{d}x} = -\dfrac{3}{2}\tan t$ 是 x 的复合函数,因此(2.10)式两边对 x 求导,得

$$\begin{aligned}
\frac{\mathrm{d}^2 y}{\mathrm{d}x^2} &= \frac{\mathrm{d}y'}{\mathrm{d}x} = \frac{\mathrm{d}y'}{\mathrm{d}t} \cdot \frac{\mathrm{d}t}{\mathrm{d}x} = \frac{\mathrm{d}\left(-\dfrac{3}{2}\tan t\right)}{\mathrm{d}t} \cdot \frac{\mathrm{d}t}{\mathrm{d}x} \\
&= -\frac{3}{2}\sec^2 t \cdot \frac{1}{\dfrac{\mathrm{d}x}{\mathrm{d}t}} = -\frac{3}{2}\sec^2 t \cdot \frac{1}{2\cos t} \\
&= -\frac{3}{4}\sec^3 t.
\end{aligned}$$

例 4　设幂函数 $y = x^n$ (n 为正整数),求 $y^{(k)}$.

解　$y' = nx^{n-1}$, $y'' = (y')' = (nx^{n-1})' = n(n-1)x^{n-2}$,不妨假设,

$$y^{(k-1)} = n(n-1)\cdots(n-k+2)x^{n-k+1} ,$$

那么,当 $k \leqslant n$ 时,

$$\begin{aligned}
y^{(k)} &= (y^{(k-1)})' = (n(n-1)\cdots(n-k+2)x^{n-k+1})' \\
&= n(n-1)\cdots(n-k+1)x^{n-k}.
\end{aligned}$$

特别地,$y^{(n)} = n(n-1)(n-2)\cdots(n-n+1)x^{n-n} = n!$;

当 $k > n$ 时,因为 $y^{(n)} = n!$ 为常量函数,所以 $y^{(n+1)} = 0$,即

$$y^{(k)} = 0.$$

求解 $f^{(n)}(x)$ 时,一般先求出 $f'(x), f''(x), f'''(x)$,观察并总结前几阶导数的规律,猜测得到 $f^{(n)}(x)$,严格来说要用数学归纳法证明猜测的正确性.但如果前几阶导数已呈现出明显的规律性,那么由总结规律而得到的 $f^{(n)}(x)$ 可不用数学归纳法进行证明.

例 5　设 $y = \sin x$,求 $y^{(n)}$.

解　$y' = \cos x = \sin\left(x + \dfrac{\pi}{2}\right)$,

$$y'' = \left[\sin\left(x + \frac{\pi}{2}\right)\right]' = \cos\left(x + \frac{\pi}{2}\right) = \sin\left(x + \frac{\pi}{2} + \frac{\pi}{2}\right) = \sin\left(x + \frac{2\pi}{2}\right),$$

$$y''' = \left[\sin\left(x + \frac{2\pi}{2}\right)\right]' = \cos\left(x + \frac{2\pi}{2}\right) = \sin\left(x + \frac{2\pi}{2} + \frac{\pi}{2}\right) = \sin\left(x + \frac{3\pi}{2}\right),$$

$$y^{(4)} = \left[\sin\left(x + \frac{3\pi}{2}\right)\right]' = \cos\left(x + \frac{3\pi}{2}\right) = \sin\left(x + \frac{3\pi}{2} + \frac{\pi}{2}\right) = \sin\left(x + \frac{4\pi}{2}\right).$$

总结规律可得　　　　　　　$y^{(n)} = \sin\left(x + \dfrac{n\pi}{2}\right).$

同理可得　　　　　　　　$\cos^{(n)} x = \cos\left(x + \dfrac{n\pi}{2}\right).$

例 6　设函数 $y = e^{ax}$,求 $y^{(n)}$.

解　$y' = (e^{ax})' = a e^{ax}, y'' = (a e^{ax})' = a^2 e^{ax}, y''' = (a^2 e^{ax})' = a^3 e^{ax}.$

总结规律可得 $y^{(n)} = a^n e^{ax}.$

特别地,$(e^x)^{(n)} = e^x.$

如果函数 $u = u(x)$ 及 $v = v(x)$ 都在点 x 处具有 n 阶导数,那么函数 $u(x) \pm v(x)$ 也在点 x 处具有 n 阶导数,由导数的运算法则不难得出

$$[u(x) \pm v(x)]^{(n)} = u^{(n)}(x) \pm v^{(n)}(x).$$

但要求两个函数乘积的高阶导数则较为复杂.

设 $y = uv$,有

$$y' = u'v + uv',$$

$$y'' = (u'v + uv')' = u''v + 2u'v' + uv'',$$

$$y''' = (u''v + 2u'v' + uv'')' = u'''v + 3u''v' + 3u'v'' + uv''',$$

由数学归纳法可证得

$$(uv)^{(n)} = C_n^0 u^{(n)} v + C_n^1 u^{(n-1)} v' + C_n^2 u^{(n-2)} v'' + \cdots + C_n^k u^{(n-k)} v^{(k)} + \cdots + C_n^n uv^{(n)}$$

$$= \sum_{n=0}^{n} C_n^k u^{(n-k)} v^{(k)}.$$

其中约定 $u^{(0)} = u, v^{(0)} = v.$

这个公式称为乘积高阶导数的**莱布尼茨公式**.

注意:组合数 $C_n^k = \dfrac{n(n-1)\cdots(n-k+1)}{k!} = \dfrac{n!}{k!(n-k)!}$,且有 $C_n^k = C_n^{n-k}$.

上述莱布尼茨公式和 $(u+v)^n$ 的二项式定理展开式很相似. $(u+v)^n$ 的二项式定理展开式为

$$(u + v)^n = C_n^0 u^n v^0 + C_n^1 u^{n-1} v^1 + C_n^2 u^{n-2} v^2 + \cdots + C_n^k u^{n-k} v^k + \cdots + C_n^n u^0 v^n,$$

即 $(u+v)^n = \sum_{n=0}^{n} C_n^k u^{n-k} v^k$,将展开式中的 k 次幂换成 k 阶导数,零阶导数理解为不求导数即为函数本身,将左端的 $u+v$ 换成 uv ,就得到莱布尼茨公式

$$(uv)^{(n)} = \sum_{n=0}^{n} C_n^k u^{(n-k)} v^{(k)}.$$

例 7 设 $y = x^2 e^{2x}$,求 $y^{(3)}$, $y^{(100)}$.

解 令 $u = x^2, v = e^{2x}$.

因为 $u^{(0)} = x^2; u' = 2x; u'' = 2; u^{(k)} = 0$, $k = 3,4,5,6,\cdots$;

$v^{(k)} = 2^k e^{2x}, k = 1,2,3,\cdots$.

由莱布尼茨公式可得

$$
\begin{aligned}
y^{(3)} &= C_3^0 u^{(3)} \cdot v^{(0)} + C_3^1 u^{(2)} \cdot v^{(1)} + C_3^2 u^{(1)} \cdot v^{(2)} + C_3^3 u^{(0)} \cdot v^{(3)} \\
&= C_3^0 (x^2)''' \cdot e^{2x} + C_3^1 (x^2)'' \cdot (e^{2x})' + C_3^2 (x^2)' \cdot (e^{2x})'' + C_3^3 x^2 \cdot (e^{2x})''' \\
&= 0 + 3 \cdot 2 \cdot 2e^{2x} + 3 \cdot 2x \cdot 4e^{2x} + x^2 \cdot 8e^{2x} \\
&= e^{2x}(12 + 24x + 8x^2).
\end{aligned}
$$

$$
\begin{aligned}
y^{(100)} &= C_{100}^0 u^{(0)} \cdot v^{(100)} + C_{100}^1 u^{(1)} \cdot v^{(99)} + C_{100}^2 u^{(2)} \cdot v^{(98)} \\
&= x^2 \cdot 2^{100} e^{2x} + 100 \cdot 2x \cdot 2^{99} e^{2x} + \frac{100 \times 99}{2!} \cdot 2 \cdot 2^{98} e^{2x} \\
&= 2^{100} x^2 e^{2x} + 100 \cdot 2^{100} \cdot xe^{2x} + 4\,950 \cdot 2^{99} e^{2x} \\
&= (2^{100} x^2 + 100 \cdot 2^{100} \cdot x + 4\,950 \cdot 2^{99}) \cdot e^{2x}.
\end{aligned}
$$

习 题 2.4

1.求下列函数的二阶导数 $\dfrac{d^2 y}{dx^2}$.

(1) $y = e^{2x} \sin 3x$;   (2) $y = x + \arctan x$;   (3) $y = \dfrac{x}{1+x}$;

(4) $y = \ln[f(x)]$, $f(x)$ 存在二阶导数.

2.设下列方程确定了 y 是 x 的函数,求 $\dfrac{d^2 y}{dx^2}$.

(1) $y - \sin(x+y)$;   (2) $y = xe^x + \sin y$;   (3) $y = \sin(x+y)$.

3.设函数 $y = f(x)$ 由方程 $e^y + 6xy + x^2 - 1 = 0$ 所确定,求 $f''(0)$.

4.设由下列参数方程确定了 y 是 x 的函数,求 $\dfrac{d^2 y}{dx^2}$.

(1) $\begin{cases} x = \cos^3 t \\ y = \sin^3 t \end{cases}$;   (2) $\begin{cases} x = \ln(1+t^2) \\ y = t - \arctan t \end{cases}$.

5.求下列函数的 n 阶导数:

（1）$y = xe^x$ ；　　　　　　（2）$y = \sin^2 x$ ；　　　　　　（3）$y = e^x + e^{-x}$.

6. 设 $y = f(x + y)$ ，其中 f 具有二阶导数，且 $f' \neq 1$ ，求 $\dfrac{\mathrm{d}^2 y}{\mathrm{d} x^2}$.

2.5　微　　分

这一节将介绍微分学中的另一个重要概念——微分. 我们知道，导数概念是在解决因变量相对于自变量的变化的快慢程度，即因变量关于自变量的变化率的问题中产生的，而微分概念是在解决直与曲的矛盾中产生的. 微分思想的基本出发点是：当自变量发生微小变化时，引起的函数改变量能否用自变量的改变量来近似计算？微分在近似计算问题中有着非常重要的作用.

2.5.1　微分的概念

例 1　一边长为 x 的正方形金属薄片，面积为 S ，受热后边长增加 Δx（见图 2-2），问其面积增加多少？

解　已知受热前的面积 $S = x^2$ ，受热后面积的增量是

$$\Delta S = (x + \Delta x)^2 - x^2$$
$$= 2x\Delta x + (\Delta x)^2 .$$

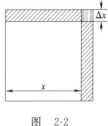

图　2-2

从几何图形可以看到，面积的增量 ΔS 可分为两个部分：一是两个矩形的面积总和 $2x\Delta x$（阴影部分），它是 Δx 的线性部分；二是右上角的正方形的面积 $(\Delta x)^2$ ，当 $\Delta x \rightarrow 0$ 时，$(\Delta x)^2$ 是 Δx 的高阶无穷小量，即 $(\Delta x)^2 = o(\Delta x)$.

这样一来，当 Δx 非常微小的时候，$(\Delta x)^2$ 更加微小，小到可以以忽略不计，面积增量的主要部分就是 $2x\Delta x$ ，这时可以用 $2x\Delta x$ 来代替面积的增量.

从函数的角度来说，函数 $S = x^2$ 具有这样的特征：任给自变量一个增量 Δx ，相应函数值的增量 Δy 可表示成关于 Δx 的线性部分（即 $2x\Delta x$）与 Δx 的高阶无穷小部分（即 $(\Delta x)^2$）的和.

人们把这种特征性质从具体意义中抽象出来，再赋予它一个数学名词——可微，从而产生了微分的概念.

定义　设函数 $y = f(x)$ 在点 x_0 的某邻域 $U(x_0, \delta)$ 内有定义，任给 x_0 一个增量 Δx（$x_0 + \Delta x \in U(x_0, \delta)$），得到相应函数值的增量 $\Delta y = f(x_0 + \Delta x) - f(x_0)$ ，如果存在不依赖 Δx 的常数 A ，使得 $\Delta y = A \cdot \Delta x + o(\Delta x)$ ，则称函数 $y = f(x)$ 在点 x_0 处是**可微**的，称 $A \cdot \Delta x$ 为 $y = f(x)$ 在点 x_0 处的**微分**，记作

$$\mathrm{d}y \big|_{x = x_0} = A\Delta x \quad \text{或} \quad \mathrm{d}f(x) \big|_{x = x_0} = A\Delta x .$$

$A \cdot \Delta x$ 通常称为 $\Delta y = A \cdot \Delta x + o(\Delta x)$ 的**线性主要部分**. "线性"是因为 $A \cdot \Delta x$

是 Δx 的一次函数;"主要"是因为另一项 $o(\Delta x)$ 是比 Δx 更高阶的无穷小量,Δy 的大小主要由 $A \cdot \Delta x$ 决定.

有了微分的概念之后,接下来的问题是如何求微分.下面的定理将给出答案.

定理　函数 $f(x)$ 在点 x_0 处可微的充要条件是函数 $f(x)$ 在点 x_0 处可导.

证明　(必要性)　已知 $f(x)$ 在点 x_0 处可微,由可微定义,存在常数 A,使得

$$\Delta y = A \cdot \Delta x + o(\Delta x),$$

等式两边除以 Δx ,得

$$\frac{\Delta y}{\Delta x} = A + \frac{o(\Delta x)}{\Delta x}.$$

再令 $\Delta x \to 0$,上式等式两边取极限,得

$$f'(x_0) = \lim_{\Delta x \to 0} \frac{\Delta y}{\Delta x} = \lim_{\Delta x \to 0} \left[A + \frac{o(\Delta x)}{\Delta x} \right] = A ,$$

所以 $f(x)$ 在点 x_0 处可导,且 $A = f'(x_0)$.

(充分性)　已知 $f(x)$ 在点 x_0 处可导,有

$$\lim_{\Delta x \to 0} \frac{\Delta y}{\Delta x} = f'(x_0) ,$$

根据极限与函数的关系,有

$$\frac{\Delta y}{\Delta x} = f'(x_0) + \alpha \text{(其中当 } \Delta x \to 0 \text{ 时,} \alpha \to 0),$$

所以　　　　　$\Delta y = f'(x_0) \cdot \Delta x + a \cdot \Delta x = f'(x_0) \cdot \Delta x + o(\Delta x).$

其中,$f'(x_0)$ 是与 Δx 无关的常数;$o(\Delta x)$ 是比 Δx 高阶的无穷小量,

由可微定义,函数 $f(x)$ 在点 x_0 处可微.

定理表明,一元函数 $f(x)$ 在点 x_0 处可导与在 x_0 处可微是等价的.函数 $y = f(x)$ 在点 x_0 处的微分可表示为

$$\mathrm{d}y \big|_{x=x_0} = f'(x_0) \Delta x.$$

若函数 $y = f(x)$ 在定义域中任意点 x 处可微,则称函数 $f(x)$ 是**可微函数**,它在 x 处的微分记作 $\mathrm{d}y$ 或 $\mathrm{d}f(x)$,即 $\mathrm{d}y = f'(x) \cdot \Delta x$.

因为当 $y = x$ 时,$\mathrm{d}y = \mathrm{d}x = x' \Delta x = \Delta x$,所以通常把自变量 x 的增量 Δx 称为**自变量的微分**,记作 $\mathrm{d}x$,即 $\mathrm{d}x = \Delta x$. 于是函数 $y = f(x)$ 的微分又可记作

$$\mathrm{d}y = f'(x) \mathrm{d}x.$$

对其进行变形得到 $f'(x) = \dfrac{\mathrm{d}y}{\mathrm{d}x}$,即导数是函数的微分 $\mathrm{d}y$ 与自变量的微分 $\mathrm{d}x$ 的商,因此,导数又称**微商**.

例 2　求函数 $y = x^3$ 当 $x = 1$,$\Delta x = 0.01$ 时的微分.

解　先求函数在任意点 x 的微分.

$$\mathrm{d}y = \mathrm{d}(x^3) = (x^3)' \Delta x = 3x^2 \Delta x.$$

再求函数当 $x = 1$，$\Delta x = 0.01$ 时的微分.

$$\mathrm{d}y\big|_{x=1,\Delta x=0.01} = (3x^2 \Delta x)\big|_{x=1,\Delta x=0.01} = 3 \times 1^2 \times 0.01 = 0.03.$$

2.5.2 微分的几何意义

设曲线方程为 $y = f(x)$，PT 是曲线上点 $P(x,y)$ 处的切线，且设 PT 的倾斜角为 α，如图 2-3 所示，则 $\tan \alpha = f'(x)$.

在曲线上点 $P(x,y)$ 附近取一点 $Q(x_0 + \Delta x, y_0 + \Delta y)$，则

$$PM = \Delta x，$$

$MQ = \Delta y$，$MN = PM \cdot \tan \alpha$，

即 $MN = \Delta x \cdot f'(x) = \mathrm{d}y.$

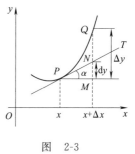

因此对于可微函数 $y = f(x)$，当 Δy 是曲线 $y = f(x)$ 上在点 $P(x,y)$ 的纵坐标的增量时，$\mathrm{d}y$ 就是曲线 $y = f(x)$ 过点 $P(x,y)$ 处切线上的纵坐标的相应增量.

图 2-3

可以看到，当 $|\Delta x|$ 很小时，$|\Delta y - \mathrm{d}y|$ 比 $|\Delta x|$ 小很多. 因此，在点 P 的附近，可以用切线段 PN 来近似代替曲线段 $\overset{\frown}{PQ}$，用切线段上点的纵坐标来近似曲线段上相应点的纵坐标，这就是微积分学中"以直代曲"或"线性逼近"的理论依据.

2.5.3 微分的运算法则与公式

由函数微分定义 $\mathrm{d}y = f'(x)\mathrm{d}x$ 及导数公式、求导运算法则，就可以得到相应的微分的基本公式与运算法则.

1. 函数的和、差、积、商的微分法则

设 u 和 v 都是 x 的可微函数，由函数和、差、积、商求导法则，可推得相应的微分法则，为了便于对照，制成下表：

函数和、差、积、商的求导法则	函数和、差、积、商的微分法则
$(u \pm v)' = u' \pm v'$	$\mathrm{d}(u \pm v) = \mathrm{d}u \pm \mathrm{d}v$
$(Cu)' = Cu'(C \text{ 为任意常数})$	$\mathrm{d}(Cu) = C\mathrm{d}u(C \text{ 为任意常数})$
$(uv)' = vu' + uv'$	$\mathrm{d}(uv) = v\mathrm{d}u + u\mathrm{d}v$
$\left(\dfrac{u}{v}\right)' = \dfrac{vu' - uv'}{v^2}(v \neq 0)$	$\mathrm{d}\left(\dfrac{u}{v}\right) = \dfrac{v\mathrm{d}u - u\mathrm{d}v}{v^2}(v \neq 0)$

2. 基本初等函数的微分公式

由基本初等函数的导数公式，可直接写出基本初等函数的微分公式，为了便于对照，制成下表：

导数公式	微分公式
$(x^a)' = ax^{a-1}$	$\mathrm{d}(x^a) = ax^{a-1}\mathrm{d}x$
$(a^x)' = a^x\ln a\,(a > 0\ 且\ a \neq 1)$	$\mathrm{d}(a^x) = a^x\ln a\mathrm{d}x(a > 0\ 且\ a \neq 1)$
$(\mathrm{e}^x)' = \mathrm{e}^x$	$\mathrm{d}(\mathrm{e}^x) = \mathrm{e}^x\mathrm{d}x$
$(\log_a x)' = \dfrac{1}{x\ln a}(a > 0\ 且\ a \neq 1)$	$\mathrm{d}(\log_a x) = \dfrac{1}{x\ln a}\mathrm{d}x(a > 0\ 且\ a \neq 1)$
$(\ln x)' = \dfrac{1}{x}$	$\mathrm{d}(\ln x) = \dfrac{1}{x}\mathrm{d}x$
$(\sin x)' = \cos x$	$\mathrm{d}(\sin x) = \cos x\mathrm{d}x$
$(\cos x)' = -\sin x$	$\mathrm{d}(\cos x) = -\sin x\mathrm{d}x$
$(\tan x)' = \sec^2 x$	$\mathrm{d}(\tan x) = \sec^2 x\mathrm{d}x$
$(\cot x)' = -\csc^2 x$	$\mathrm{d}(\cot x) = -\csc^2 x\mathrm{d}x$
$(\sec x)' = \sec x \cdot \tan x$	$\mathrm{d}(\sec x) = \sec x \cdot \tan x\mathrm{d}x$
$(\csc x)' = -\csc x \cdot \cot x$	$\mathrm{d}(\csc x) = -\csc x \cdot \cot x\mathrm{d}x$
$(\arcsin x)' = \dfrac{1}{\sqrt{1-x^2}}$	$\mathrm{d}(\arcsin x) = \dfrac{1}{\sqrt{1-x^2}}\mathrm{d}x$
$(\arccos x)' = -\dfrac{1}{\sqrt{1-x^2}}$	$\mathrm{d}(\arccos x) = -\dfrac{1}{\sqrt{1-x^2}}\mathrm{d}x$
$(\arctan x)' = \dfrac{1}{1+x^2}$	$\mathrm{d}(\arctan x) = \dfrac{1}{1+x^2}\mathrm{d}x$
$(\operatorname{arccot} x)' = -\dfrac{1}{1+x^2}$	$\mathrm{d}(\operatorname{arccot} x) = -\dfrac{1}{1+x^2}\mathrm{d}x$

3. 复合函数的微分法则

设函数 $y = f(u)$ 及 $u = \varphi(x)$ 都可导,则复合函数 $y = f[\varphi(x)]$ 的微分为

$$\mathrm{d}y = y'_x\mathrm{d}x = f'(u) \cdot \varphi'(x)\mathrm{d}x = f'(u) \cdot \mathrm{d}[\varphi(x)] = f'(u)\mathrm{d}u.$$

由此可见,无论 u 是自变量还是中间变量,函数 $y = f(u)$ 的微分形式 $\mathrm{d}y = f'(u)\mathrm{d}u$ 都保持不变,即 $\mathrm{d}y$ 等于函数对哪个变量求导再乘以哪个变量的微分,这一性质称为**微分形式的不变性**,利用这一性质可求复合函数的微分.

例 3　设 $y = x^3\ln x + \mathrm{e}^x\sin x$,求 $\mathrm{d}y$.

解法 1　$\mathrm{d}y = \mathrm{d}(x^3\ln x + \mathrm{e}^x\sin x) = \mathrm{d}(x^3\ln x) + \mathrm{d}(\mathrm{e}^x\sin x)$

$\qquad = \ln x \cdot \mathrm{d}(x^3) + x^3 \cdot \mathrm{d}(\ln x) + \sin x \cdot \mathrm{d}(\mathrm{e}^x) + \mathrm{e}^x \cdot \mathrm{d}(\sin x)$

$\qquad = 3x^2\ln x\mathrm{d}x + x^2\mathrm{d}x + \mathrm{e}^x\sin x\mathrm{d}x + \mathrm{e}^x\cos x\mathrm{d}x$

$\qquad = [x^2(3\ln x + 1) + \mathrm{e}^x(\sin x + \cos x)]\mathrm{d}x.$

解法 2　因为 $y' = (x^3\ln x + \mathrm{e}^x\sin x)' = (x^3\ln x)' + (\mathrm{e}^x\sin x)'$

$\qquad = 3x^2\ln x + x^2 + \mathrm{e}^x\sin x + \mathrm{e}^x\cos x$

$\qquad = x^2(3\ln x + 1) + \mathrm{e}^x(\sin x + \cos x),$

所以 $\mathrm{d}y = y'\mathrm{d}x = [x^2(3\ln x + 1) + \mathrm{e}^x(\sin x + \cos x)]\mathrm{d}x.$

例 4　设由方程 $x^2y + xy^2 = 1$ 确定了 y 是 x 的函数,求 $\mathrm{d}y$.

解　方程两边求微分得

$$\mathrm{d}(x^2 y + xy^2) = 0 \ ,$$

根据微分运算法则,有　　$y\mathrm{d}(x^2) + x^2 \mathrm{d}y + y^2 \mathrm{d}x + x \cdot \mathrm{d}y^2 = 0 \ ,$

可得　　$y \cdot 2x\mathrm{d}x + x^2 \mathrm{d}y + y^2 \mathrm{d}x + x \cdot 2y\mathrm{d}y = 0 \ ,$

解出　　$$\mathrm{d}y = -\frac{y^2 + 2xy}{x^2 + 2xy}\mathrm{d}x.$$

由上式也可以直接得到隐函数的导数 $\dfrac{\mathrm{d}y}{\mathrm{d}x} = -\dfrac{y^2 + 2xy}{x^2 + 2xy}.$

当然,例 4 也可以先计算出隐函数的导数,再计算隐函数的微分.

例 5　根据下列等式,求解未知函数:

(1) $\mathrm{d}f(x) = \cos \omega t \mathrm{d}t$;　　　　(2) $\mathrm{d}(\sin x^2) = g(x)\mathrm{d}(\sqrt{x}).$

解　(1)观察等式右边,注意到三角函数的导数还是三角函数,由此想到

$$\mathrm{d}\sin \omega t = \omega \cos \omega t \mathrm{d}t \ ,$$

变形为　　　　　　$$\frac{1}{\omega}\mathrm{d}\sin \omega t = \cos \omega t \mathrm{d}t \ ,$$

再变形为　　　　　$$\mathrm{d}\frac{1}{\omega}\sin \omega t = \cos \omega t \mathrm{d}t \ ,$$

因此　　　　　　　$$f(x) = \frac{1}{\omega}\sin \omega t.$$

(2)由等式可解出

$$g(x) = \frac{\mathrm{d}(\sin x^2)}{\mathrm{d}(\sqrt{x})} = \frac{\cos x^2 \mathrm{d}(x^2)}{\frac{1}{2\sqrt{x}}\mathrm{d}x} = \frac{2x\cos x^2 \mathrm{d}x}{\frac{1}{2\sqrt{x}}\mathrm{d}x} = 4x\sqrt{x}\cos x^2.$$

2.5.4　微分的应用

1. 弧微分

设函数 $y = f(x)$ 在区间 (a,b) 内具有连续导数,在曲线 $y = f(x)$ 上取固定点 $M_0(x_0, y_0)$ 作为度量弧长的基点,并规定依 x 增大的方向作为**曲线的正向**. 对曲线上任一点 $M(x,y)$,规定有向弧段 $\overset{\frown}{M_0M}$ 的值 s(简称为弧 s)如下:s 的绝对值等于这弧段的长度,当有向弧段 $\overset{\frown}{M_0M}$ 的方向与曲线的正向一致时 $s > 0$,相反时 $s < 0$. 显然,弧 $s = \overset{\frown}{M_0M}$ 是 x 的函数:$s = s(x)$,而且 $s(x)$ 是 x 的单调增加函数.

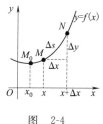

图　2-4

设 $x, x + \Delta x$ 为 (a,b) 内两个邻近的点,它们在曲线 $y = f(x)$ 上的对应点为 M, N,弧 s 的增量为 Δs,于是

$$\left(\frac{\Delta s}{\Delta x}\right)^2 = \left(\frac{\widehat{MN}}{\Delta x}\right)^2 = \left(\frac{\widehat{MN}}{|MN|}\right)^2 \cdot \frac{|MN|^2}{(\Delta x)^2} = \left(\frac{\widehat{MN}}{|MN|}\right)^2 \cdot \frac{(\Delta x)^2 + (\Delta y)^2}{(\Delta x)^2},$$

$$\frac{\Delta s}{\Delta x} = \pm \sqrt{\left(\frac{\widehat{MN}}{|MN|}\right)^2 \cdot \left[1 + \left(\frac{\Delta y}{\Delta x}\right)^2\right]},$$

因为 $\lim\limits_{\Delta x \to 0} \dfrac{|\widehat{MN}|}{|MN|} = \lim\limits_{N \to M} \dfrac{|\widehat{MN}|}{|MN|} = 1$，又 $\lim\limits_{\Delta x \to 0} \dfrac{\Delta y}{\Delta x} = y'$，所以

$$\frac{\mathrm{d}s}{\mathrm{d}x} = \pm \sqrt{1 + y'^2}.$$

由于 $s = s(x)$ 是单调增加函数，从而 $\dfrac{\mathrm{d}s}{\mathrm{d}x} > 0$，$\dfrac{\mathrm{d}s}{\mathrm{d}x} = \sqrt{1 + y'^2}$，于是

$$\mathrm{d}s = \sqrt{1 + y'^2}\, \mathrm{d}x,$$

这就是**弧微分公式**.

2. 函数的近似计算

当 $y = f(x)$ 在 x_0 处可微时，有

$$\Delta y = f'(x_0)\Delta x + o(\Delta x),$$

即
$$f(x_0 + \Delta x) = f(x_0) + f'(x_0)\Delta x + o(\Delta x),$$

所以当 $f'(x_0) \neq 0$，且 $|\Delta x|$ 很小时，有近似计算公式

$$f(x_0 + \Delta x) \approx f(x_0) + f'(x_0)\Delta x.$$

如果 $f(x_0)$ 和 $f'(x_0)$ 易于计算，且 $|\Delta x|$ 较小，就可以利用上述公式计算 $f(x_0 + \Delta x)$ 的近似值.

例 6 求 $\sin 31°$ 的近似值.

解 令 $f(x) = \sin x$，$f'(x) = \cos x$，$x_0 = 30° = \dfrac{\pi}{6}$，$\Delta x = 1° = \dfrac{\pi}{180}$，于是

$$f(x_0) = \sin \frac{\pi}{6} = \frac{1}{2},\ f'(x_0) = \cos \frac{\pi}{6} = \frac{\sqrt{3}}{2},$$

所以
$$\sin 31° = f(x_0 + \Delta x) \approx f(x_0) + f'(x_0)\Delta x$$

$$= \frac{1}{2} + \frac{\sqrt{3}}{2} \cdot \frac{\pi}{180} \approx 0.515\,1.$$

3. 误差估计

由于测量仪器的精度、测量的条件和测量的方法等各种因素的影响，测得的数据往往带有误差，而根据带有误差的数据计算所得的结果也会有误差. 比如，在测量 x 时产生了度量误差，则根据 x 的测量值按 $y = f(x)$ 计算出的 y 值时也会存在误差.

设函数 $y = f(x)$，测量真值 x 时得到一个测量值 x_0，x_0 为 x 的一个近似值，x

的绝对误差为 $|x - x_0| = |\Delta x|$，x 的相对误差为 $\dfrac{|x - x_0|}{x_0} = \dfrac{|\Delta x|}{x_0}$. 此时 $f(x_0)$ 就是真值 $f(x)$ 的一个近似值，$f(x)$ 的绝对误差为 $|\Delta y| = |f(x) - f(x_0)|$，相对误差为 $\dfrac{|\Delta y|}{f(x_0)}$.

由于在实际计算中不可能得到 $f(x)$ 的精确值，也就不可能得到 Δy，因而通常 Δy 用 $\mathrm{d}y$ 近似，即 $f(x)$ 的绝对误差 $|\Delta y| \approx |\mathrm{d}y|$，$f(x)$ 的相对误差为 $\dfrac{|\mathrm{d}y|}{f(x_0)}$.

如果已知测量 x 的绝对误差满足 $|\Delta x| \leqslant \delta_x$，则称 δ_x 为测量 x 的**绝对误差限**，于是测量 x 的**相对误差限**为 $\dfrac{\delta_x}{f(x_0)}$.

y 的绝对误差 $|\Delta y| \approx |\mathrm{d}y| = |f'(x_0)| \cdot |\Delta x| \leqslant |f'(x_0)| \delta_x$，即 y 的绝对误差限为 $|f'(x_0)| \delta_x$；y 的相对误差 $\dfrac{|\Delta y|}{|f(x_0)|} \approx \dfrac{|\mathrm{d}y|}{|f(x_0)|} \leqslant \dfrac{|\delta_y|}{|f(x_0)|} = \left|\dfrac{f'(x_0)}{f(x_0)}\right| \cdot \delta_x$，则 y 的相对误差限为 $\left|\dfrac{f'(x_0)}{f(x_0)}\right| \cdot \delta_x$.

例 7　为了使计算出的球的体积准确到 1%，问测量半径 r 时允许发生的相对误差至多为多少.

解　设半径的精确值为 r，测量值为 R，球体积 V 与球半径 r 之间的关系为

$$V = f(r) = \frac{4}{3}\pi r^3,$$

要求球的体积准确到 1%，也就是给出了体积的相对误差限为 1%，根据相对误差限的定义，$\dfrac{|\delta_r|}{|f(R)|} = \left|\dfrac{f'(R)}{f(R)}\right| \cdot \delta_r = 0.01$，而 $f'(R) = 4\pi R^2$，因此测量 r 的绝对误差限为

$$\delta_r = 0.01 \times \frac{f(R)}{|f'(R)|} = 0.01 \times \frac{4}{3}\pi R^3 \times \frac{1}{4\pi R^2} = \frac{0.01}{3}R,$$

r 的相对误差限为　$\dfrac{\delta_r}{R} = \dfrac{0.01}{3} = 0.33\%$.

习　题　2.5

1. 已知函数 $y = x^2$，计算在 $x = 1$ 处当 Δx 分别为 $1, 0.1, 0.01$ 时的 Δy 及 $\mathrm{d}y$.

2. 求下列函数的微分：

(1) $y = (x^2 + 2x)(x + 1)$；　　　　　(2) $y = \sin ax \cos bx$；

(3) $y = \arcsin\sqrt{1 - x^2}$；　　　　　(4) $y = \ln^2(1 + x^2)$；

(5) $y = \dfrac{x}{\sqrt{x^2+1}}$; (6) $y = \tan^2(1+2x^3)$.

3.设由下列方程确定了 y 是 x 的函数,求 $\mathrm{d}y$ 与 y''.

$y^3 - \sin(xy) = 0$; (2) $\mathrm{e}^{\frac{x}{y}} - xy = 0$; (3) $y^2 + \ln y = x^4$.

4.利用微分求近似值:

(1) $\arctan 1.02$; (2) $\mathrm{e}^{1.01}$;

(3) $\sqrt[6]{63}$; (4) $\sin 29°30'$.

5.一半径为 10 cm 的金属圆片加热后,半径伸长了 0.01 cm,面积大约增大了多少?

6.设扇形的圆心角 $\alpha = 60°$,半径 $r = 100$ cm,如果 r 不变,α 减少 $3°$,问扇形面积大约改变多少? 又如果 α 不变,r 增加 1 cm,问扇形的面积大约改变多少?

7.如果半径为 20 cm 的球的直径伸长 2 mm,球的体积约增加多少?

8.有一批半径为 1 cm 的球,为了提高球面的光洁度,每只要镀上一层铜,厚度定为 0.01 cm,估计每只球需用铜多少克(铜的密度是 $8.9\mathrm{g/cm}^3$)?

9.已知函数曲线 $y = x^2 - x$,求此曲线的弧微分 $\mathrm{d}s$.

第3章

导数的应用

第2章介绍了导数与微分的概念及其计算方法,本章将介绍如何利用导数来研究函数及曲线的某些性态,并利用这些知识解决一些实际问题.

微分中值定理包括罗尔定理、拉格朗日中值定理和柯西中值定理,它们是连接微分学理论与应用的桥梁,是导数应用的理论基础.

3.1.1 罗尔(Rolle)定理

费马引理 设 $f(x)$ 在 x_0 某邻域内 $U(x_0,\delta)$ 内有定义,在 x_0 处可导,且对任意 $x \in U(x_0,\delta)$,有 $f(x) \geqslant f(x_0)$ (或 $f(x) \leqslant f(x_0)$),则 $f'(x_0) = 0$.

证明 仅证在内 $U(x_0,\delta)$ 恒有 $f(x) \geqslant f(x_0)$ 的情形.

已知 $f(x)$ 在 x_0 可导,所以

$$f'(x_0) = f'_+(x_0) = f'_-(x_0),$$

$$f'(x_0) = f'_+(x_0) = \lim_{x \to x_0^+} \frac{f(x) - f(x_0)}{x - x_0} \geqslant 0,$$

且

$$f'(x_0) = f'_-(x_0) = \lim_{x \to x_0^-} \frac{f(x) - f(x_0)}{x - x_0} \leqslant 0.$$

于是,$f'(x_0) = 0$.

注意:(1)若 $f'(x_0) = 0$,则称点 x_0 为函数 $f(x)$ 的驻点,也称**稳定点**.

(2)引理中的点 x_0 必须是函数 $f(x)$ 定义域内的内点,且 $f(x_0)$ 在 x_0 的附近(即 x_0 的某个邻域)是最大值或最小值.

定理 1(罗尔定理) 如果函数 $f(x)$ 满足:

(1) $f(x)$ 在闭区间 $[a,b]$ 上连续;

(2) $f(x)$ 在开区间 (a,b) 内可导;

(3) $f(a) = f(b)$,

则在 (a,b) 内至少存在一点 ξ,使得 $f'(\xi) = 0$.

证明　由闭区间上连续函数性质,$f(x)$ 在 $[a,b]$ 上必能取到最小值 m 和最大值 M.

如果 $m=M$,那么 $f(x)\equiv C$,于是 $\forall x\in[a,b]$ 有,$f'(x)=0$.

如果 $M>m$,于是 $M\neq f(a)$ 或 $m\neq f(a)$ 至少有一个成立.不妨设 $M\neq f(a)$,那么在 (a,b) 内至少存在一个最大值点 ξ,使 $f(\xi)=M$,又 $f(x)$ 在 ξ 可导,那么,由费马引理,有 $f'(\xi)=0$.

罗尔定理的几何意义:如果一条连续曲线 $y=f(x)$,除曲线端点之外每一点都存在不垂直于 x 轴的切线,并且曲线的两个端点连线平行于 x 轴,那么在该曲线上至少存在一点 $(\xi,f(\xi))$,使得过该点的切线平行于 x 轴,也平行于两端点的连线,如图 3-1 所示.

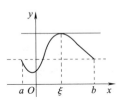

图　3-1

例 1　设 $f(x)=(x-1)(x-2)(x-3)(x-4)$,说明方程 $f'(x)=0$ 有几个实根.

分析　观察函数 $f(x)$ 可知,$f(1)=f(2)=f(3)=f(4)$,而结论是要证 $f'(x)=0$ 有几个实根的问题,可联想到是否可用罗尔定理加以解决,不妨试试.

解　由 $f(x)$ 可知,$f(1)=f(2)=f(3)=f(4)$.

不难验证 $f(x)$ 在区间 $[1,2],[2,3],[3,4]$ 上满足罗尔定理的条件,在这三个区间上分别应用罗尔定理,方程 $f'(x)=0$ 在 $(1,2),(2,3),(3,4)$ 内分别至少各有一个实根,即 $f'(x)=0$ 至少有 3 个实根.

而 $f'(x)$ 是 x 的 3 次多项式函数,因此 $f'(x)=0$ 至多有 3 个实根.

综上所述,方程 $f'(x)=0$ 有且仅有 3 个不同的实根,它们分别位于区间 $(1,2),(2,3),(3,4)$ 内.

例 2　证明方程 $4x^3-3x^2+2x-1=0$ 在 $(0,1)$ 内至少有一个实根.

分析　问题表面上并不涉及函数的导数,但通过观察方程左边函数 $4x^3-3x^2+2x-1$,发现其正好是 $x^4-x^3+x^2-x$ 的导函数,可试试通过对函数 $x^4-x^3+x^2-x$ 运用罗尔定理,进而证明结论.

证明　令 $f(x)=x^4-x^3+x^2-x$,则 $f(x)$ 在 $[0,1]$ 上连续,在 $(0,1)$ 内可导,且 $f(0)-f(1)=0$,根据罗尔定理,至少存在一点 $\xi\in(0,1)$,使得 $f'(\xi)=0$,即方程 $4x^3-3x^2+2x-1=0$ 在 $(0,1)$ 内至少有一个实根.

例 3　设 $f(x)$ 在 $[0,1]$ 上连续,在 $(0,1)$ 内可导,且 $f(0)=1$,$f(1)=0$,证明至少存在一点 $c\in(0,1)$,使得 $f'(c)=-\dfrac{f(c)}{c}$.

分析　对结论进行分析,要找到一点 $c\in(0,1)$,使得 $f'(c)=-\dfrac{f(c)}{c}$,即是

$$f'(c) + \frac{f(c)}{c} = 0 \Rightarrow \frac{cf'(c) + f(c)}{c} = 0 \Rightarrow cf'(c) + f(c) = 0,$$

也就是 $\left[xf(x)\right]'\big|_{x=c} = 0$,可试试对函数 $xf(x)$ 运用罗尔定理.

证明　令 $g(x) = xf(x)$,显然 $g(x)$ 在 $[0,1]$ 上连续,在 $(0,1)$ 内可导,且 $g(0) = 0 = g(1)$,根据罗尔定理,至少存在一点 $c \in (0,1)$,使得 $g'(c) = 0$,即 $f'(c) = -\dfrac{f(c)}{c}$.

3.1.2　拉格朗日(Lagrange)中值定理

定理 2(拉格朗日中值定理)　如果函数 $f(x)$ 满足:

(1) $f(x)$ 在闭区间 $[a,b]$ 上连续;

(2) $f(x)$ 在开区间 (a,b) 内可导,

则在 (a,b) 内至少存在一点 ξ,使 $f'(\xi) = \dfrac{f(b) - f(a)}{b - a}$.

分析　先对结论进行分析.要找到一点 ξ,使得

$$f'(\xi) = \frac{f(b) - f(a)}{b - a},$$

即要使得

$$f'(\xi) - \frac{f(b) - f(a)}{b - a} = 0,$$

也就是

$$\left[f(x) - \frac{f(b) - f(a)}{b - a}x\right]'\bigg|_{x=\xi} = 0.$$

再分析函数 $f(x) - \dfrac{f(b) - f(a)}{b - a}x$ 是否满足罗尔定理的条件,如果满足,对此函数运用罗尔定理即可证明结论.

证明　令 $\Phi(x) = f(x) - \dfrac{f(b) - f(a)}{b - a}x$,显然 $\Phi(x)$ 在区间 $[a,b]$ 上连续,在开区间 (a,b) 内可导,并且

$$\Phi(a) = \frac{bf(a) - af(b)}{b - a} = \Phi(b).$$

由罗尔定理,在 (a,b) 内至少存在一点 ξ,使

$$\Phi'(\xi) = f'(\xi) - \frac{f(b) - f(a)}{b - a} = 0,$$

即 $f'(\xi) = \dfrac{f(b) - f(a)}{b - a}$.

注意:(1)拉格朗日中值定理中的两端点函数值 $f(a)$ 与 $f(b)$ 可以相等也可以不等,对比两个定理的条件可知,罗尔定理是拉格朗日中值定理的特殊情形.

(2)拉格朗日中值定理的结论经常写成

$$f(b) - f(a) = f'(\xi) \cdot (b-a)$$

或 $\qquad f(x_0 + \Delta x) - f(x_0) = f'(x_0 + \theta \Delta x) \cdot \Delta x \qquad (0 < \theta < 1)$,

揭示了两点的函数值增量与相应自变量增量的关系.

拉格朗日中值定理的几何意义:如果连续曲线 $y = f(x)$ 除曲线端点外的每一点都存在不垂直于 x 轴的切线,那么在曲线上至少可以找到一点 $(\xi, f(\xi))$,使得过该点的切线与曲线两端点的连线平行,如图 3-2 所示.

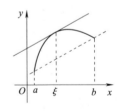

图 3-2

推论 1 如果在 (a,b) 内 $f'(x) \equiv 0$,则在 (a,b) 内 $f(x)$ 为一常数.

证明 任取 $x_1, x_2 \in (a,b)$,且不妨设 $x_1 < x_2$,那么函数 $f(x)$ 在 $[x_1, x_2]$ 上满足拉格朗日中值定理的条件,所以存在 $\xi \in (x_1, x_2)$,使得

$$f(x_2) - f(x_1) = (x_2 - x_1) \cdot f'(\xi).$$

由于 $f'(\xi) = 0$,所以 $f(x_2) - f(x_1) = 0$,即 $f(x_2) = f(x_1)$,由于 x_1, x_2 是 (a,b) 内的任意两点,故 $f(x)$ 在 (a,b) 内为一常数.

推论 2 如果对 (a,b) 内的任意 x ,有 $f'(x) = g'(x)$,则有 $f(x) - g(x) = c$. 其中 c 是常数.

证明 令 $F(x) = f(x) - g(x)$,则 $F'(x) \equiv 0$ 由推论 1 知 $F(x)$ 在 (a,b) 内为一常数,即 $f(x) - g(x) = c$.

例 4 证明不等式:$|\arctan a - \arctan b| \leqslant |a-b|$.

分析 用函数性质证明不等式,首先要构造函数.观察不等式发现,$\arctan a - \arctan b$ 是函数 $f(x) = \arctan x$ 在 a, b 两点的函数值之差,而 $a - b$ 正好是两自变量之差,由此想到用格朗日中值定理.

证明 如果 $a = b$,则不等式自然成立.

如果 $a \neq b$,可令 $f(x) = \arctan x$,$f(x)$ 在以 a ,b 为端点的闭区间上连续,在以 a ,b 为端点的开区间内可导,则由拉格朗日中值定理知,在此开区间内至少存在一点 ξ ,使得

$$f(b) - f(a) = f'(\xi) \cdot (b-a) ,$$

即 $\qquad \arctan b - \arctan a = \dfrac{1}{1+\xi^2}(b-a) ,$

因此

$$\left|\arctan b - \arctan a\right| = \left|\frac{1}{1+\xi^2}(b-a)\right| \leqslant |b-a|.$$

例 5 证明 $\arctan x + \operatorname{arccot} x = \dfrac{\pi}{2}$.

分析　由于要证明的等式右边为常数,意味着要证明函数 arctan x + arccot x 是常值函数.

证明　令 $f(x)$ = arctan x + arccot x ,则 $f(x)$ 在 **R** 上可导,且 $\forall x \in \mathbf{R}$ 有

$$f'(x) = \frac{1}{1+x^2} - \frac{1}{1+x^2} = 0 ,$$

所以由推论 1 有

$$\text{arctan } x + \text{arccot } x = C ,$$

又 $f(0) = \frac{\pi}{2}$,所以 arctan x + arccot x = $\frac{\pi}{2}$.

3.1.3　柯西(Cauchy)中值定理

定理 3(柯西中值定理)　如果函数 $f(x)$ 和 $g(x)$ 满足:

(1) $f(x)$ 和 $g(x)$ 在闭区间 $[a,b]$ 上连续;

(2) $f(x)$ 和 $g(x)$ 在开区间 (a,b) 内可导,且 $g'(x) \neq 0$;

则在 (a,b) 内至少存在一点 ξ ,使得 $\dfrac{f(b)-f(a)}{g(b)-g(a)} = \dfrac{f'(\xi)}{g'(\xi)}$.

分析　要证明在 (a,b) 内至少存在一点 ξ ,使得

$$\frac{f(b)-f(a)}{g(b)-g(a)} = \frac{f'(\xi)}{g'(\xi)} ,$$

即是使

$$f'(\xi) - \frac{f(b)-f(a)}{g(b)-g(a)} \times g'(\xi) = 0 ,$$

也就是

$$\left[f(x) - \frac{f(b)-f(a)}{g(b)-g(a)} \times g(x) \right]' \Big|_{x=\xi} = 0.$$

证明　如果 $g(b) - g(a) = 0$,那么 $g(x)$ 在 $[a,b]$ 上满足罗尔定理,因而在 (a,b) 内至少存在一点 ξ ,使得 $g'(\xi) = 0$,这与已知在 (a,b) 内 $g'(x) \neq 0$ 相矛盾,所以 $g(b) - g(a) \neq 0$.

令 $H(x) = f(x) - \dfrac{f(b)-f(a)}{g(b)-g(a)} \times g(x)$,由已知条件知, $H(x)$ 在 $[a,b]$ 上 $[a,b]$ 上连续,在 (a,b) 内可导,且

$$H(a) = \frac{f(a)g(b) - f(b)g(a)}{g(b) - g(a)} = H(b).$$

根据罗尔定理,在 (a,b) 内至少存在一点 ξ ,使得 $H'(\xi) = 0$,即

$$\frac{f(b)-f(a)}{g(b)-g(a)} = \frac{f'(\xi)}{g'(\xi)}.$$

注意到在柯西中值定理中,令 $g(x) = x$,就得到拉格朗日中值定理. 柯西中值

定理是拉格朗日中值定理的推广,拉格朗日中值定理又是罗尔定理的推广.

习 题 3.1

1. 验证函数 $y = \dfrac{3}{3x^2+1}$ 在 $[-1,1]$ 上满足罗尔定理的条件.

2. 证明多项式 $f(x) = x^3 - 3x + 1$ 在 $[0,1]$ 上有且仅有一个零点.

3. 证明方程 $e^x = x + 1$ 只有一个根 $x = 0$.

4. 若方程 $a_0 x^n + a_1 x^{n-1} + \cdots + a_{n-1} x = 0$ 有一个正根 $x = x_0$,证明方程 $a_0 n x^{n-1} + a_1(n-1)x^{n-2} + \cdots + a_{n-1} = 0$ 有一个小于 x_0 的正根.

5. 证明下列恒等式:

(1) $\arcsin x + \arccos x = \dfrac{\pi}{2}, x \in [-1,1]$;

(2) $2\arctan x + \arcsin \dfrac{2x}{1+x^2} = \pi, x \geqslant 1$;

6. 若函数 $f(x)$ 在 $(-\infty, +\infty)$ 内满足关系式 $f'(x) = f(x)$,且 $f(0) = 1$,证明:$f(x) = e^x$.

7. 证明下列不等式:

(1)当 $x > 0$ 时,$\dfrac{x}{x+1} < \ln(x+1) < x$;

(2)当 $x \in (-\infty, +\infty)$ 时,$|\sin x - \sin y| \leqslant |x - y|$;

(3)设 $a > b > 0$,证明:$\dfrac{a-b}{a} < \ln \dfrac{a}{b} < \dfrac{a-b}{b}$;

(4)设 $a > b > 0$,$n > 1$,证明 $nb^{n-1}(a-b) < a^n - b^n < na^{n-1}(a-b)$.

8. 如果 $f(x)$ 在 $[a,b]$ 上连续,在 (a,b) 内可导,并且 $f(a) = f(b) = 0$. 证明:至少存在一点 $\xi \in (a,b)$,使得 $f'(\xi) = f(\xi)$.

9. 若函数 $f(x)$ 在 (a,b) 内具有二阶导数,且 $f(x_1) = f(x_2) = f(x_3)$,$a < x_1 < x_2 < x_3 < b$,证明:在 (x_1, x_3) 内至少存在一点 ξ,使 $f''(\xi) = 0$.

10. 设 $f(x)$ 在 $[1,2]$ 上具有二阶导数,且 $f(2) = f(1) = 0$,若 $F(x) = (x-1)f(x)$,证明至少存在一点 $\xi \in (1,2)$,使得 $F''(\xi) = 0$.

11. 设函数 $f(x)$ 在闭区间 $[a,b]$ 上正值可导,则在开区间 (a,b) 内至少存在一点 c,满足 $\dfrac{f'(c)}{f(c)} = \dfrac{\ln f(b) - \ln f(a)}{b-a}$.

12. 设 $f(x)$ 在 $[a,b]$ 上满足 $f''(x) > 0$,试证明存在唯一的 $c \in (a,b)$,使得 $f'(c) = \dfrac{f(b) - f(a)}{b-a}$.

3.2　洛必达法则

本节将以 $x \to x_0$ 为例说明有关内容,换成 x 的其他趋向相关内容也是成立的.

如果 $\lim\limits_{x \to x_0} f(x) = 0$, $\lim\limits_{x \to x_0} g(x) = 0$,则极限 $\lim\limits_{x \to x_0} \dfrac{f(x)}{g(x)} = 0$ 的值可能存在也可能不存在,称此种极限为 $\dfrac{0}{0}$ 型未定型,简称 $\dfrac{0}{0}$ 型;

如果 $\lim\limits_{x \to x_0} f(x) = \infty$, $\lim\limits_{x \to x_0} g(x) = \infty$,则极限 $\lim\limits_{x \to x_0} \dfrac{f(x)}{g(x)}$ 的值可能存在也可能不存在,称此种极限为 $\dfrac{\infty}{\infty}$ 型未定型,简称 $\dfrac{\infty}{\infty}$ 型.

上述两种未定型极限问题,不满足极限的四则运算法则的条件,解决这类问题就要用到洛必达法则,下面重点介绍 $\dfrac{0}{0}$ 型的洛必达法则.

3.2.1　洛必达法则

定理　$\left(\dfrac{0}{0}\text{型的洛必达法则}\right)$如果

(1) $\lim\limits_{x \to x_0} f(x) = \lim\limits_{x \to x_0} g(x) = 0$;

(2) $f(x)$ 与 $g(x)$ 在 x_0 的某去心邻域 $\mathring{U}(x_0, \delta)$ 内可导,并且 $g'(x) \neq 0$;

(3) $\lim\limits_{x \to x_0} \dfrac{f'(x)}{g'(x)} = A$ 　(A 为有限数或为无穷大).

则 $\lim\limits_{x \to x_0} \dfrac{f(x)}{g(x)} = \lim\limits_{x \to x_0} \dfrac{f'(x)}{g'(x)} = A$.

证明　因为 $\lim\limits_{x \to x_0} f(x) = \lim\limits_{x \to x_0} g(x) = 0$,由于极限与 $f(x_0)$ 与 $g(x_0)$ 无关,所以可假定 $f(x_0) = g(x_0) = 0$. 于是由条件(1)、(2)可知 $f(x)$ 与 $g(x)$ 在 $U(x_0, \delta)$ 内连续. 因而对 $\forall x \in \mathring{U}(x_0, \delta)$, $f(x)$, $g(x)$ 在以 x_0 及 x 为端点的区间上满足柯西中值定理的所有条件,故有

$$\frac{f(x) - f(x_0)}{g(x) - g(x_0)} = \frac{f'(\xi)}{g'(\xi)},$$

ξ 在 x_0 及 x 之间.

当 $x \to x_0$ 时,必有 $\xi \to x_0$,对上式两边求极限得到

$$\lim_{x \to x_0} \frac{f(x)}{g(x)} = \lim_{x \to x_0} \frac{f(x) - f(x_0)}{g(x) - g(x_0)} = \lim_{\xi \to x_0} \frac{f'(\xi)}{g'(\xi)} = \lim_{x \to x_0} \frac{f'(x)}{g'(x)}.$$

运用定理时,首先应注意条件(1),通常情况下条件(2)是满足的,不必一一验

证. 当无法判定 $\lim\limits_{x \to x_0} \dfrac{f'(x)}{g'(x)}$ 的极限状态或断定它振荡而无极限时,洛必达法则失效,但这时 $\lim\limits_{x \to x_0} \dfrac{f(x)}{g(x)}$ 有可能存在.

说明:(1)当 $x \to x_0$ 改为 $x \to \infty$ 时,定理仍然成立;

(2)如果 $\lim\limits_{x \to x_0} \dfrac{f'(x)}{g'(x)}$ 仍属于 $\dfrac{0}{0}$ 型,且 $f'(x)$ 和 $g'(x)$ 仍满足洛必达法则的条件,则可继续使用洛必达法则;

(3)若把定理的第一个条件改成 $\lim\limits_{x \to x_0} f(x) = \infty$,$\lim\limits_{x \to x_0} g(x) = \infty$,结论也成立,这时的定理称为 $\dfrac{\infty}{\infty}$ 型的洛必达法则.

例 1 求 $\lim\limits_{x \to 0} \dfrac{\sin 3x}{\tan 5x}$.

分析 观察分析这是一个 $\dfrac{0}{0}$ 型未定型,可运用洛必达法则.

解 $\lim\limits_{x \to 0} \dfrac{\sin 3x}{\tan 5x} = \lim\limits_{x \to 0} \dfrac{\cos 3x \cdot 3}{\sec^2 5x \cdot 5} = \dfrac{3}{5}$.

注意:在应用一次洛必达法则后,要对函数进行必要的化简与整理.

例 2 求 $\lim\limits_{x \to 1} \dfrac{x^3 - 3x + 2}{x^3 + 2x^2 - 7x + 4}$.

分析 观察分析这是一个 $\dfrac{0}{0}$ 型未定型,可运用洛必达法则.

解 $\lim\limits_{x \to 1} \dfrac{x^3 - 3x + 2}{x^3 + 2x^2 - 7x + 4} = \lim\limits_{x \to 1} \dfrac{3x^2 - 3}{3x^2 + 4x - 7} = \lim\limits_{x \to 1} \dfrac{6x}{6x + 4} = \dfrac{6}{6 + 4} = \dfrac{3}{5}$.

例 3 求 $\lim\limits_{x \to +\infty} \dfrac{\ln x}{x^n}$ $(n > 0)$.

分析 观察分析这是一个 $\dfrac{\infty}{\infty}$ 型未定型,可运用洛必达法则.

解 $\lim\limits_{x \to +\infty} \dfrac{\ln x}{x^n} = \lim\limits_{x \to +\infty} \dfrac{\dfrac{1}{x}}{nx^{n-1}} = \lim\limits_{x \to +\infty} \dfrac{1}{nx^n} = 0$.

例 4 求 $\lim\limits_{x \to +\infty} \dfrac{x^n}{\mathrm{e}^{\lambda x}}$ $(n$ 为正整数,$\lambda > 0)$.

分析 观察分析这是一个 $\dfrac{\infty}{\infty}$ 型未定型,可运用洛必达法则.

解 $\lim\limits_{x \to +\infty} \dfrac{x^n}{\mathrm{e}^{\lambda x}} = \lim\limits_{x \to +\infty} \dfrac{nx^{n-1}}{\lambda \mathrm{e}^{\lambda x}} = \lim\limits_{x \to +\infty} \dfrac{n(n-1)x^{n-2}}{\lambda^2 \mathrm{e}^{\lambda x}} = \cdots = \lim\limits_{x \to +\infty} \dfrac{n!}{\lambda^n \mathrm{e}^{\lambda x}} = 0$.

从例 3 和例 4 可知,在 $x \to +\infty$ 的过程中,对数函数 $\ln x$、幂函数 x^n、指数函数 $e^{\lambda x}$ 都趋于正无穷大,但增大的速度是不一样的,对数函数的增大速度最慢,指数函数的增大速度最快.

例 5　求 $\lim\limits_{x \to 0} \dfrac{x - \sin x}{\sin x^3}$.

解　$\lim\limits_{x \to 0} \dfrac{x - \sin x}{\sin x^3} = \lim\limits_{x \to 0} \dfrac{1 - \cos x}{3x^2 \cos x^3}$（由于 $\lim\limits_{x \to 0} \dfrac{1}{\cos x^3} = 1 \neq 0$）

$\qquad = \lim\limits_{x \to 0} \dfrac{1 - \cos x}{3x^2} = \dfrac{1}{3} \lim\limits_{x \to 0} \dfrac{\sin x}{2x}$

$\qquad = \dfrac{1}{6} \lim\limits_{x \to 0} \dfrac{\sin x}{x} = \dfrac{1}{6} \lim\limits_{x \to 0} \dfrac{\cos x}{1}$

$\qquad = \dfrac{1}{6}.$

运用一次洛必达法则后要对结果进行观察、化简整理. 如果有乘积因子极限值为非零,先用非零极限值替换这个乘积因子,如例 5 中用 1 替换乘积因子 $\dfrac{1}{\cos x^3}$ 后函数的极限值不变;如果结果是 $\dfrac{0}{0}$ 型或 $\dfrac{\infty}{\infty}$ 型可以继续运用洛必达法则.

例 6　求 $\lim\limits_{x \to +\infty} \dfrac{\dfrac{\pi}{2} - \arctan x}{\dfrac{1}{x}}$.

解　$\lim\limits_{x \to +\infty} \dfrac{\dfrac{\pi}{2} - \arctan x}{\dfrac{1}{x}} = \lim\limits_{x \to +\infty} \dfrac{-\dfrac{1}{1+x^2}}{-\dfrac{1}{x^2}}.$

结果还是个 $\dfrac{0}{0}$ 型未定型,如果不加化简整理,继续运用洛必达法则,会发现很难求得结果.

这时如果对结果进行化简整理,得到 $\lim\limits_{x \to +\infty} \dfrac{x^2}{1+x^2}$,问题有转换成 $\dfrac{\infty}{\infty}$ 型未定型,再运用洛必达法则,就很简单了.

$\lim\limits_{x \to +\infty} \dfrac{\dfrac{\pi}{2} - \arctan x}{\dfrac{1}{x}} = \lim\limits_{x \to +\infty} \dfrac{-\dfrac{1}{1+x^2}}{-\dfrac{1}{x^2}} = \lim\limits_{x \to +\infty} \dfrac{x^2}{1+x^2} = \lim\limits_{x \to +\infty} \dfrac{2x}{2x} = 1.$

讨论: $\lim\limits_{x \to 0} \dfrac{1 - \cos x}{x^3} = \lim\limits_{x \to 0} \dfrac{\sin x}{3x^2} = \lim\limits_{x \to 0} \dfrac{\cos x}{6x} = \lim\limits_{x \to 0} \dfrac{\sin x}{6} = 0.$ 上述结果是否正确?

洛必达法则固然是解决未定型极限问题较好的一种方法,但洛必达法则不是万能的,不是所有未定型都可以通过洛必达法则得到解决.

例如,$\lim\limits_{x \to +\infty} \dfrac{x}{\sqrt{1+x^2}} = \lim\limits_{x \to +\infty} \dfrac{1}{\dfrac{x}{\sqrt{1+x^2}}} = \lim\limits_{x \to +\infty} \dfrac{\sqrt{1+x^2}}{x} = \lim\limits_{x \to +\infty} \dfrac{x}{\sqrt{1+x^2}}.$

连用两次洛必达法则后回到了原式,这说明本例不可以用洛必达法则求出结果.

事实上,$\lim\limits_{x \to +\infty} \dfrac{x}{\sqrt{1+x^2}} = \lim\limits_{x \to +\infty} \dfrac{x}{x\sqrt{1+\dfrac{1}{x^2}}} = 1.$

再如,$\lim\limits_{x \to 0} \dfrac{x^2 \sin \dfrac{1}{x}}{\sin x} = \lim\limits_{x \to 0} \dfrac{2x\sin \dfrac{1}{x} - \cos \dfrac{1}{x}}{\cos x}$,因为 $\lim\limits_{x \to 0}\cos \dfrac{1}{x}$ 不存在,所以

$$\lim\limits_{x \to 0} \dfrac{2x\sin \dfrac{1}{x} - \cos \dfrac{1}{x}}{\cos x}$$

也不存在,此时洛必达法则失效了,可以用其他方法求解.

事实上,$\lim\limits_{x \to 0} \dfrac{x^2 \sin \dfrac{1}{x}}{\sin x} = \lim\limits_{x \to 0} \dfrac{x^2 \sin \dfrac{1}{x}}{x} = \lim\limits_{x \to 0} x \sin \dfrac{1}{x} = 0.$

这就是说,当 $\lim\limits_{x \to x_0} \dfrac{f'(x)}{g'(x)}$ 不存在的时候(不包括 $\lim\limits_{x \to x_0} \dfrac{f'(x)}{g'(x)} = \infty$),对原未定型 $\lim\limits_{x \to x_0} \dfrac{f(x)}{g(x)}$ 的极限情况不能做出任何判断.

综上所述,在运用洛必达法则时,要注意以下几点:

(1)注重适用前提.每次使用洛必达法则时,必须检验极限是否属于 $\dfrac{0}{0}$ 型或 $\dfrac{\infty}{\infty}$ 型,如果不是就不能使用该法则;

(2)注重化简与优化.如果函数有可约因子,那么先约去这个可约因子,简化函数;如果函数中有非零极限的乘积因子,那么先用其非零极限值替换这个乘积因子,简化函数;如果函数中有乘积因子为无穷小量,那么可利用无穷小量的替换,以优化式子,然后再利用洛必达法则,以减少计算量.

(3)当 $\lim\limits \dfrac{f'(x)}{g'(x)}$ 不存在,且 $\lim\limits \dfrac{f'(x)}{g'(x)} \neq \infty$ 时,并不能断定 $\lim\limits \dfrac{f(x)}{g(x)}$ 不存在,此时法则失效,应改用其他方法求其极限.

3.2.2 其他未定型

对于未定型的极限问题,除了上述两大基本类型之外,还有 $\infty - \infty$、$0 \cdot \infty$、1^{∞}、

0^0、∞^0 等类型,求这些类型的极限,都可以经过适当的恒等变换转换成 $\dfrac{0}{0}$ 型或 $\dfrac{\infty}{\infty}$ 型,再运用洛必达法则进行求解.

作为符号演算,这些类型的基本处理方法表述如下:

(1)$\infty-\infty$,可通过通分或提取一项的形式将其转化为 $\dfrac{0}{0}$ 型或 $\dfrac{\infty}{\infty}$ 型;

(2)$0 \cdot \infty = \dfrac{0}{\dfrac{1}{\infty}} = \dfrac{0}{0}$,或者 $0 \cdot \infty = \dfrac{\infty}{\dfrac{1}{0}} = \dfrac{\infty}{\infty}$;

(3)$1^\infty = e^{\ln 1^\infty} = e^{\infty \cdot \ln 1}$,转换成求 $0 \cdot \infty$ 型极限问题. 0^0 和 ∞^0 的处理方法与 1^∞ 型相同.

下面通过具体的例子说明解决这些类型极限的基本方法.

例 7　求 $\lim\limits_{x \to 0}\left(\dfrac{1}{x} - \dfrac{1}{e^x-1}\right)$.

分析　这是一个"$\infty-\infty$"型的极限,先通分将其转化为 $\dfrac{0}{0}$ 型.

解　$\lim\limits_{x \to 0}\left(\dfrac{1}{x} - \dfrac{1}{e^x-1}\right) = \lim\limits_{x \to 0}\dfrac{e^x-1-x}{x(e^x-1)} = \lim\limits_{x \to 0}\dfrac{e^x-1}{e^x-1+xe^x} = \lim\limits_{x \to 0}\dfrac{e^x}{2e^x+xe^x} = \dfrac{1}{2}$.

例 8　求 $\lim\limits_{x \to 0^+} x \ln x$.

分析　通过分析,这是一个"$0 \cdot \infty$"型极限问题,先要将其转化为 $\dfrac{0}{0}$ 型或 $\dfrac{\infty}{\infty}$ 型.

解　$\lim\limits_{x \to 0^+} x \ln x = \lim\limits_{x \to 0^+}\dfrac{\ln x}{\dfrac{1}{x}} = \lim\limits_{x \to 0^+}\dfrac{\dfrac{1}{x}}{-\dfrac{1}{x^2}} = \lim\limits_{x \to 0^+}(-x) = 0$.

需要指出的是,$0 \cdot \infty$ 最终是要转换成 $\dfrac{0}{0}$ 型或者 $\dfrac{\infty}{\infty}$ 型来计算的,这里就有一个选择问题,究竟转换成 $\dfrac{0}{0}$ 型还是转换成 $\dfrac{\infty}{\infty}$ 型,就要具体问题具体分析了.有时选择得不好可能得不到结果.如果把例 8 转换成 $\dfrac{0}{0}$ 型能否求出结果?答案是否定的.

例 9　求 $\lim\limits_{x \to 0^+} x^{\sin x}$.

分析　通过观察分析这是个 0^0 型极限问题,先将其转化为求 $0 \cdot \infty$ 型极限问题.

解　$\lim\limits_{x \to 0^+} x^{\sin x} = \lim\limits_{x \to 0^+} e^{\sin x \ln x} = e^{\lim\limits_{x \to 0^+} \sin x \ln x}$,

（问题转化为求 $0 \cdot \infty$ 型问题 $\lim\limits_{x \to 0^+} \sin x \ln x$ ）

而 $\lim\limits_{x \to 0^+} \sin x \ln x = \lim\limits_{x \to 0^+} \dfrac{\ln x}{\dfrac{1}{\sin x}} = \lim\limits_{x \to 0^+} \dfrac{\dfrac{1}{x}}{\dfrac{-\cos x}{\sin^2 x}} = \lim\limits_{x \to 0^+} \dfrac{-\sin^2 x}{x \cos x} = \lim\limits_{x \to 0^+} \dfrac{-x^2}{x} = 0$,

所以 $$\lim\limits_{x \to 0^+} x^{\sin x} = e^0 = 1.$$

例 10 求 $\lim\limits_{x \to 0} (\cos x)^{\csc^2 x}$.

分析 这是一个 1^∞ 型极限问题，先将其转化为求 $0 \cdot \infty$ 型极限问题.

解 $\lim\limits_{x \to 0} (\cos x)^{\csc^2 x} = \lim\limits_{x \to 0} e^{\csc^2 x \ln \cos x}$,

而 $\lim\limits_{x \to 0} \csc^2 x \ln \cos x = \lim\limits_{x \to 0} \dfrac{\ln \cos x}{\sin^2 x} = \lim\limits_{x \to 0} \dfrac{-\tan x}{2 \sin x \cos x} = \lim\limits_{x \to 0} \dfrac{-x}{2x} = -\dfrac{1}{2}$,

所以 $$\lim\limits_{x \to 0} (\cos x)^{\csc^2 x} = e^{-\frac{1}{2}}.$$

由于 1^∞、0^0、∞^0 型极限问题中的函数都是幂指函数，因此求解这些未定型一般都要先对幂指函数通过关系式 $x = e^{\ln x}$ 进行转换，进而将 1^∞、0^0、∞^0 型转化为求 $0 \cdot \infty$ 型极限问题. 即对 1^∞、0^0、∞^0 未定型问题 $\lim\limits_{x \to x_0} f(x)^{g(x)}$ ，先进行如下变换：

$$\lim\limits_{x \to x_0} f(x)^{g(x)} = \lim\limits_{x \to x_0} e^{g(x)\ln f(x)} = e^{\lim\limits_{x \to x_0} g(x)\ln f(x)},$$

再求 $0 \cdot \infty$ 型问题 $\lim\limits_{x \to x_0} g(x) \ln f(x)$.

习 题 3.2

1. 用洛必达法则求下列极限：

(1) $\lim\limits_{x \to 1} \dfrac{\ln x}{x - 1}$;

(2) $\lim\limits_{x \to 0} \dfrac{\sin ax}{\tan bx}$;

(3) $\lim\limits_{x \to 0} \dfrac{\tan x - x}{x - \sin x}$;

(4) $\lim\limits_{x \to a} \dfrac{x^m - a^m}{x^n - a^n}$;

(5) $\lim\limits_{x \to +\infty} \dfrac{\ln\left(1 + \dfrac{1}{x}\right)}{\text{arccot } x}$;

(6) $\lim\limits_{x \to 0} \dfrac{e^x - \sin x - 1}{1 - \sqrt{1 - x^2}}$;

(7) $\lim\limits_{x \to \infty} \dfrac{x - \sin x}{x + \sin x}$;

(8) $\lim\limits_{x \to 0} \dfrac{e^x - e^{-x} - 2x}{x - \sin x}$;

(9) $\lim\limits_{x \to 1} (1 - x) \tan \dfrac{\pi x}{2}$;

(10) $\lim\limits_{x \to -1} \left[\dfrac{1}{x + 1} - \dfrac{1}{\ln(x + 2)} \right]$;

(11) $\lim\limits_{x \to 0} \dfrac{1 - \cos x^2}{x^3 \sin x}$;

(12) $\lim\limits_{x \to 1} \left(\dfrac{2}{x^2 - 1} - \dfrac{1}{x - 1} \right)$;

(13) $\lim\limits_{x\to 0}\left(\dfrac{1}{x}-\dfrac{1}{2^x-1}\right)$;

(14) $\lim\limits_{x\to\infty}\left[x-x^2\ln\left(1+\dfrac{1}{x}\right)\right]$,

(15) $\lim\limits_{x\to\frac{\pi}{2}^-}(\cos x)^{\frac{\pi}{2}-x}$;

(16) $\lim\limits_{x\to 0^+}\left(\dfrac{1}{x}\right)^{\tan x}$;

(17) $\lim\limits_{x\to 0}(1+\sin x)^{\frac{1}{x}}$;

(18) $\lim\limits_{x\to+\infty}\left(\dfrac{2}{\pi}\arctan x\right)^x$;

(19) $\lim\limits_{x\to 0}\left(\dfrac{a^{x+1}+b^{x+1}+c^{x+1}}{a+b+c}\right)^{\frac{1}{x}}$　$(a>0,b>0,c>0)$;

(20) $\lim\limits_{x\to 0}\dfrac{(1+x)^{\frac{1}{x}}-\mathrm{e}}{x}$.

2. 计算 $\lim\limits_{x\to\infty}\dfrac{x+\cos x}{x}$，并说明本题不能用洛必达法则求出极限的理由.

3. 设 $f(x)=\dfrac{x^2\cos\dfrac{1}{x}}{\sin x}$，问：

(1) $\lim\limits_{x\to 0}f(x)$ 是否存在？其极限为何值？

(2) 能否用洛必达法则求此极限？为什么？

4. 用微分中值定理求下列极限：

(1) 设 $\lim\limits_{x\to\infty}f'(x)=k$，求 $\lim\limits_{x\to\infty}[f(x+a)-f(x)]$；

(2) 求极限 $\lim\limits_{n\to\infty}n^2\left(\arctan\dfrac{a}{n}-\arctan\dfrac{a}{n+1}\right)$.

5. 已知 $\lim\limits_{x\to 0}\dfrac{\ln(1+x)-(ax+bx^2)}{x^2}=2$，求 a 与 b.

3.3　泰勒公式

对于一些较复杂的函数，为了便于研究，往往希望用一些简单的函数来近似表达. 由于用多项式表示的函数，只要对自变量进行有限次加、减、乘三种运算便能求出函数值，因此经常用多项式来近似表达函数.

在微分的应用中已经知道，当 $|x|$ 很小时，有如下的近似等式：
$$\mathrm{e}^x\approx 1+x,\quad \ln(1+x)\approx x.$$

这些都是用一次多项式来近似表达函数的例子. 但是，这种近似表达式还存在着不足之处：首先是精确度不高，它所产生的误差仅是关于 x 的高阶无穷小；其次是用它来作近似计算时，不能具体估算出误差大小. 因此，对于精确度要求较高且需要估计误差时候，就必须用高次多项式来近似表达函数，同时给出误差公式. 泰勒公式就能解决这些问题.

定理（泰勒中值定理） 如果函数 $f(x)$ 在含有 x_0 的某个邻域 $U(x_0)$ 内具有直到 $(n+1)$ 阶的导数，则对任一 $x \in U(x_0)$ 时，有

$$f(x) = f(x_0) + f'(x_0)(x-x_0) + \frac{1}{2!}f''(x_0)(x-x_0)^2 + \cdots +$$

$$\frac{1}{n!}f^{(n)}(x_0)(x-x_0)^n + R_n(x), \tag{3.1}$$

其中 $R_n(x) = o((x-x_0)^n)$.

（1）称多项式

$$p_n(x) = f(x_0) + f'(x_0)(x-x_0) + \frac{1}{2!}f''(x_0)(x-x_0)^2 + \cdots +$$

$$\frac{1}{n!}f^{(n)}(x_0)(x-x_0)^n \tag{3.2}$$

为函数 $f(x)$ 按 $(x-x_0)$ 的幂展开的 **n 次泰勒多项式**；

（2）称公式

$$f(x) = f(x_0) + f'(x_0)(x-x_0) + \frac{1}{2!}f''(x_0)(x-x_0)^2 + \cdots +$$

$$\frac{1}{n!}f^{(n)}(x_0)(x-x_0)^n + o((x-x_0)^n) \tag{3.3}$$

为 $f(x)$ 按 $(x-x_0)$ 的幂展开的**带佩亚诺余项的 n 阶泰勒公式**，其中 $o((x-x_0)^n)$ **称为佩亚诺余项**.

（3）称公式

$$f(x) = f(x_0) + f'(x_0)(x-x_0) + \frac{f''(x_0)}{2!}(x-x_0)^2 + \cdots +$$

$$\frac{f^{(n)}(x_0)}{n!}(x-x_0)^n + \frac{f^{(n+1)}(\xi)}{(n+1)!}(x-x_0)^{n+1} \quad (\xi \text{ 介于 } x \text{ 与 } x_0 \text{ 之间}) \tag{3.4}$$

为 $f(x)$ 按 $(x-x_0)$ 的幂展开的**带拉格朗日余项的 n 阶泰勒公式**，其中 $R_n(x) = \frac{f^{(n+1)}(\xi)}{(n+1)!}(x-x_0)^{n+1}$ 称为**拉格朗日型余项**；

如果对于某个固定的 n，当 $x \in U(x_0)$ 时，$|f^{n+1}(x)|$ 不超过一个常数 M，则有估计式

$$|R_n(x)| = \left| \frac{f^{(n+1)}(\xi)}{(n+1)!}(x-x_0)^{n+1} \right| \leqslant \frac{M}{(n+1)!} |x-x_0|^{n+1}. \tag{3.5}$$

如果函数 $f(x)$ 的任意阶导数有界，那么用 n 次泰勒多项式去近似函数 $f(x)$ 其绝对误差不超过 $\frac{M}{(n+1)!} |x-x_0|^{n+1}$，因而可通过增大 n 的方式控制绝对误差的大小.

（4）当 $n = 0$ 时，泰勒公式变成拉格朗日中值公式

$$f(x) = f(x_0) + f'(\xi)(x - x_0) \quad (\xi \text{ 介于 } x \text{ 与 } x_0 \text{ 之间}),$$

因此,泰勒中值定理是拉格朗日中值定理的推广;

(5)当 $x_0 = 0$ 时的泰勒公式称为麦克劳林公式.

带有佩亚诺余项的麦克劳林公式为

$$f(x) = f(0) + f'(0)x + \frac{f''(0)}{2!}x^2 + \cdots + \frac{f^{(n)}(0)}{n!}x^n + o(x^n). \quad (3.6)$$

带有拉格朗日余项的麦克劳林公式为

$$f(x) = f(0) + f'(0)x + \frac{f''(0)}{2!}x^2 + \cdots + \qquad\qquad (3.7)$$
$$\frac{f^{(n)}(0)}{n!}x^n + \frac{f^{(n+1)}(\theta x)}{(n+1)!}x^{n+1} \quad (0 < \theta < 1).$$

由此得到近似公式

$$f(x) \approx f(0) + f'(0)x + \frac{f''(0)}{2!}x^2 + \cdots + \frac{f^{(n)}(0)}{n!}x^n.$$

误差估计式(3.5)变为

$$\mid R_n(x) \mid = \frac{M}{(n+1)!} \mid x \mid^{n+1}. \qquad (3.8)$$

例 1　写出函数 $f(x) = e^x$ 的 n 阶麦克劳林公式.

解　因为 $f(x) = f'(x) = f''(x) = \cdots = f^{(n)}(x) = e^x, f^{(n+1)}(\theta x) = e^{\theta x}$,

所以　　　　　$f(0) = f'(0) = f''(0) = \cdots = f^{(n)}(0) = 1.$

将上述值代入(3.7)式,

得　　　$e^x = 1 + x + \frac{1}{2!}x^2 + \cdots + \frac{1}{n!}x^n + \frac{e^{\theta x}}{(n+1)!}x^{n+1} \quad (0 < \theta < 1). \quad (3.9)$

当用多项式 $1 + x + \frac{1}{2!}x^2 + \cdots + \frac{1}{n!}x^n$ 去近似 e^x 时,所产生的误差为 $R_n(x)$,可以知道其误差的范围为

$$\mid R_n(x) \mid = \left| \frac{e^{\theta x}}{(n+1)!}x^{n+1} \right| < \frac{e^x}{(n+1)!} \mid x^{n+1} \mid.$$

特别地,当 $x=1$ 时,可得 e 的近似式为

$$e \approx 1 + 1 + \frac{1}{2!} + \cdots + \frac{1}{n!},$$

其误差为 $\mid R_n \mid < \dfrac{e}{(n+1)!} < \dfrac{3}{(n+1)!}.$

例 2　求 $f(x) = \sin x$ 的 n 阶麦克劳林公式.

解　因为 $f'(x) = \cos x$,$f''(x) = -\sin x$,$f'''(x) = -\cos x$,$f^{(4)}(x) = \sin x, \cdots$,

$$f^{(n)}(x) = \sin\left(x + n \cdot \frac{\pi}{2}\right),$$

$$f(0) = 0, \quad f'(0) = 1, \quad f''(0) = 0, \quad f'''(0) = -1, \quad f^{(4)}(0) = 0, \quad \cdots,$$

可以发现偶数阶导数值为 0，于是

$$\sin x = x - \frac{1}{3!}x^3 + \frac{1}{5!}x^5 + \cdots +$$

$$\frac{x^n}{n!}\sin\left(\frac{n\pi}{2}\right) + \frac{x^{n+1}}{(n+1)!}\sin\left(\frac{n+1}{2}\pi + \theta x\right) \quad (0 < \theta < 1), \tag{3.10}$$

同样可以得到常用函数的泰勒公式为

$$\cos x = 1 - \frac{1}{2!}x^2 + \frac{1}{4!}x^4 - \cdots +$$

$$\frac{x^n}{n!}\cos\left(\frac{n}{2}\pi\right) + \frac{x^{n+1}}{(n+1)!}\cos\left(\frac{n+1}{2}\pi + \theta x\right) \quad (0 < \theta < 1) \tag{3.11}$$

$$\ln(1+x) = x - \frac{1}{2}x^2 + \frac{1}{3}x^3 - \cdots +$$

$$(-1)^{n-1}\frac{1}{n}x^n + \frac{(-1)^n}{(n+1)(1+\theta x)^{n+1}}x^{n+1} \quad (0 < \theta < 1), \tag{3.12}$$

$$(1+x)^\alpha = 1 + \alpha x + \frac{\alpha(\alpha-1)}{2!}x^2 + \cdots + \frac{\alpha(\alpha-1)\cdots(\alpha-n+1)}{n!}x^n +$$

$$\frac{\alpha(\alpha-1)\cdots(\alpha-n+1)(\alpha-n)}{(n+1)!}(1+\theta x)^{\alpha-n-1}x^{n+1} \quad (0 < \theta < 1). \tag{3.13}$$

利用带佩亚诺余项的泰勒公式来计算一些问题有时是很方便的.

例 3 利用带有佩亚诺余项的麦克劳林公式，求极限 $\lim\limits_{x \to 0} \dfrac{x\ln(1+x^2)}{e^{x^2} - x - 1}$.

解 因为 $\ln(1+x) = x - \dfrac{1}{2}x^2 + o(x^2)$，$e^x = 1 + x + o(x)$，所以

$$\ln(1+x^2) = x^2 - \frac{1}{2}x^4 + o(x^4), \quad e^{x^2} = 1 + x^2 + o(x^2).$$

于是 $\lim\limits_{x \to 0} \dfrac{x\ln(1+x^2)}{e^{x^2} - x - 1} = \lim\limits_{x \to 0} \dfrac{x\left[x^2 - \frac{1}{2}x^4 + o(x^4)\right]}{1 + x^2 + o(x^2) - x - 1} = \lim\limits_{x \to 0} \dfrac{x\left[x^2 - \frac{1}{2}x^4 + o(x^4)\right]}{-x + x^2 + o(x^2)}$

$$= \lim_{x \to 0} \frac{x^3\left[1 - \frac{1}{2}x^2 + \frac{o(x^4)}{x^2}\right]}{x\left[-1 + x + \frac{o(x^2)}{x}\right]} = 0.$$

当然如果先利用等价无穷小量替换，得到 $\lim\limits_{x \to 0} \dfrac{x\ln(1+x^2)}{e^{x^2} - x - 1} = \lim\limits_{x \to 0} \dfrac{x^3}{e^{x^2} - x - 1}$，
再利用带佩亚诺余项的泰勒公式进行计算更为简便.

习　题　3.3

1. 按 $(x+1)$ 的幂展开多项式 $f(x)=1+3x+5x^2-2x^3$.

2. 将函数 $f(x)=x^2\mathrm{e}^{-x}$ 在 $x_0=0$ 处展为带有佩亚诺余项的 n 阶泰勒公式.

3. 将函数 $f(x)=\dfrac{1}{x}$ 按 $(x+1)$ 的幂展开成带有佩亚诺余项的 n 阶泰勒公式.

4. 利用泰勒公式计算下列极限：

(1) $\lim\limits_{x\to 0}\dfrac{\sin x-x\cos x}{\sin^3 x}$；

(2) $\lim\limits_{x\to 0}(\sqrt[3]{x^3+3x^2}-\sqrt[3]{x^4-2x^3})$；

(3) $\lim\limits_{x\to 0}\dfrac{\cos x-\mathrm{e}^{x^2}}{x^2[x+\ln(1-x)]}$；

(4) $\lim\limits_{x\to 0}\dfrac{\cos(x^2)-x^2\cos x-1}{\sin(x^2)}$；

5. 应用 4 阶泰勒公式求下列各数的近似值，并估计误差.

(1) $\ln(1.2)$；　　(2) $\sqrt{30}$；　　(3) $\sin 18°$.

3.4　函数的单调性与函数的极值

本节用导数研究解决函数的单调性与极值问题.

3.4.1　函数单调性的判定

观察图 3-3 中的图形，单调增加或单调减少的曲线，曲线上任一点的切线倾角有何不同？切线斜率又有何区别？

从图中可以发现，若函数 $f(x)$ 在区间 I 上是单调增加的，曲线上任一点切线的倾角为锐角，切线斜率大于零. 即对 $\forall x\in I$，有 $f'(x)=\tan\alpha\geqslant 0$.

同样，若函数 $f(x)$ 在区间 I 上是单调减少的，曲线上任一点的切线倾角为钝角，切线斜率小于零. 即对 $\forall x\in I$，有 $f'(x)=\tan\alpha\leqslant 0$.

由此可见，函数的单调性与一阶导数的符号有着密切的联系.

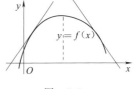

图　3-3

反过来，如果 $f'(x)\geqslant 0$（或 $f'(x)\leqslant 0$）是否一定能够得到函数单调递增（或单调递减）的结论呢？

定理 1　设函数 $f(x)$ 在闭区间 $[a,b]$ 上连续，在开区间 (a,b) 内可导.

(1) 如果在 (a,b) 内 $f'(x)\geqslant 0$，且等号仅在有限多个点处成立，那么函数 $f(x)$ 在闭区间 $[a,b]$ 上单调增加；

(2) 如果在 (a,b) 内 $f'(x)\leqslant 0$，且等号仅在有限多个点处成立，那么函数 $f(x)$

在闭区间 $[a,b]$ 上单调减少.

证明 (1)如果 $f'(x)$ 在 (a,b) 内的某点 $x=c$ 处 $f'(x)=0$,而在 (a,c) 与 (c,b) 处 $f'(x)>0$,则 $f(x)$ 在闭区间 $[a,c]$ 上连续,在开区间 (a,c) 内可导,

任取 $x,x_2\in[a,c]$,且 $x_1<x_2$,由拉格朗日中值定理有

$$f(x_2)-f(x_1)=f'(\xi)\cdot(x_2-x_1)>0,$$

得 $f(x_1)<f(x_2)$,所以函数 $f(x)$ 在闭区间 $[a,c]$ 上单调增加.同理可证明 $f(x)$ 在闭区间 $[c,b]$ 上单调增加.因此在 $[a,b]$ 上也是单调增加的.

如果在 (a,b) 内使 $f'(x)=0$ 的点有有限多个,用上述方法同样可以证明 $f(x)$ 在闭区间 $[c,b]$ 上单调增加.

同理可证(2).

例 1 讨论函数 $f(x)=\arctan x-x$ 的单调性.

解 函数的定义域为 $x\in(-\infty,+\infty)$,

$$f'(x)=\frac{1}{1+x^2}-1=\frac{-x^2}{1+x^2}\leqslant 0,$$

上式中等号仅在 $x=0$ 处成立,故 $f(x)$ 在 $(-\infty,+\infty)$ 内单调减少.

例 2 讨论函数 $f(x)=|x|$ 的单调区间.

解 函数的定义域为 $x\in(-\infty,+\infty)$,且 $f'(x)=\begin{cases}1, & x>0 \\ -1, & x<0\end{cases}$,$f(x)$ 在 $x=0$ 处一阶导数不存在.

当 $x\in(-\infty,0)$ 时,有 $f'(x)<0$,所以函数 $f(x)$ 在 $(-\infty,0]$ 上单调增加;

当 $x\in(0,+\infty)$ 时,有 $f'(x)>0$,所以函数 $f(x)$ 在 $[0,+\infty)$ 上单调增加;

虽然 $f(x)$ 在 $x=0$ 处一阶导数不存在,但 $x=0$ 是 $f(x)$ 的单调增加区间与单调减少区间的分界点.

例 3 讨论函数 $f(x)=2x^3-6x^2-18x+7$ 的单调性.

解 $f(x)$ 的定义域为 $x\in(-\infty,+\infty)$,

$$f'(x)=6x^2-12x-18=6(x-3)(x+1).$$

令 $f'(x)=0$,解得 $x=-1$,$x=3$.

当 $x\in(-\infty,-1)$ 时,有 $f'(x)>0$,所以 $f(x)$ 在 $(-\infty,-1]$ 上单调增加;

当 $x\in(-1,3)$ 时,有 $f'(x)<0$,所以 $f(x)$ 在 $[-1,3]$ 上单调减少;

当 $x\in(3,+\infty)$ 时,有 $f'(x)>0$,所以 $f(x)$ 在 $[3,+\infty)$ 上单调增加.

可以发现,$x=-1$ 与 $x=3$ 是 $f(x)$ 的驻点,这些点是 $f(x)$ 的单调递增区间与单调减少区间的分界点.

总结:如果函数 $f(x)$ 在定义区间上连续,除去有限个导数不存在的点外导数存在,且在区间内只有有限个驻点,那么只要用这有限个驻点及导数不存在的点来划分函数 $f(x)$ 的定义区间,就能保证 $f'(x)$ 在各个部分区间内保持固定的符号,

因而函数 $f(x)$ 在每个部分区间上单调,从而找到函数的单调区间.

经常可利用函数的单调性解决问题.

例 4　已知 $f''(x) > 0, x \in \mathbf{R}$,试比较 $f'(0), f'(1), f(1) - f(0)$ 的大小关系.

分析　注意到条件中有 $f''(x) > 0$,可知 $f'(x)$ 是增函数,而 $f(1) - f(0)$ 是两点的函数值之差,可联想到用拉格朗日中值定理.

解　由已知 $f''(x) > 0$ 知, $f'(x)$ 是增函数也是可导函数. 在闭区间 $[0,1]$ 上运用拉格朗日中值定理得

$$f(1) - f(0) = f'(\xi)(1 - 0) = f'(\xi), \quad 0 < \xi < 1.$$

又 $f'(x)$ 是增函数,所以 $f'(0) < f'(\xi) < f'(1)$,即

$$f'(0) < f(1) - f(0) < f'(1).$$

例 5　证明:当 $x > 1$ 时, $\ln x > \dfrac{2(x-1)}{1+x}$.

证明　令 $f(x) = \ln x - \dfrac{2(x-1)}{1+x}, x \geqslant 1$,则 $f(x)$ 在 $[1, +\infty)$ 上连续,且

$$f'(x) = \frac{1}{x} - \frac{4}{(1+x)^2} = \frac{(x-1)^2}{x(1+x)^2} > 0, \quad x > 1,$$

那么 $f(x)$ 在 $[1, +\infty)$ 上单调增加,所以 $x > 1$ 时,有 $f(x) > f(1) = 0$,即

$$\ln x > \frac{2(x-1)}{1+x}.$$

3.4.2　函数的极值

观察图 3-4 中的图形,函数曲线在区间 (a,b) 内有很多的特殊点,如局部最高点、局部最低点,在这些点处函数 $f(x)$ 取到局部最大值或局部最小值. 一般来说,这些值未必是 $f(x)$ 在 $[a,b]$ 上的最大值或最小值,但它们在局部范围内具有最大值或最小值的特征. 形如这类的值,把它称为极大值或极小值.

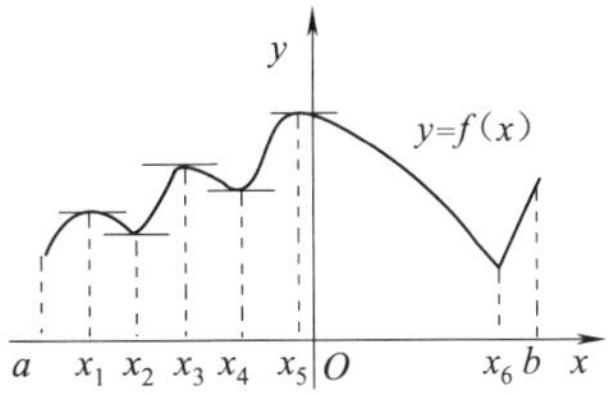

图　3-4

定义　设函数 $f(x)$ 在 x_0 的某个邻域 $U(x_0, \delta)$ 内有定义,并且对 $\forall x \in \mathring{U}(x_0, \delta)$ 有

$$f(x) < f(x_0) \quad (\text{或 } f(x) > f(x_0)),$$

则称 $f(x_0)$ 为函数 $f(x)$ 的一个**极大**(或小)**值**, x_0 称为 $f(x)$ 的一个**极大**(或小)**值点**.

$f(x)$ 的极大值与极小值统称 $f(x)$ 的**极值**,极大值点与极小值点统称函数 $f(x)$ 的**极值点**.

需要指出的是:

(1)函数的极值点必须是函数定义域的内点;

(2)函数的极值是相应极值点附近(某个邻域内)的函数最值,是局部的概念,它不具有整体性质.函数在定义域内可能有多个极大值与极小值,且极小值与极大值之间没有必然的关系.

例如,$f(x) = \begin{cases} 1 + (x-1)^2, & x > 0 \\ -1 - (x+1)^2, & x < 0 \end{cases}$,其图形如图 3-5 所示.

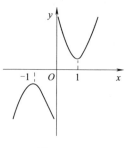

极小值 $f(1) = 1$ 大于极大值 $f(-1) = -1$.

定理 2(极值的必要条件) 若函数 $f(x)$ 在点 x_0 处存在导数,并且在点 x_0 取得极值,那么 $f'(x_0) = 0$.

定理 2 其实就是费马引理.定理 2 告诉我们一个事实,可导函数 $f(x)$ 的极值点必是 $f(x)$ 的驻点.反过来,$f(x)$ 的驻点是不是 $f(x)$ 的极值点呢?

图 3-5

例如,设 $f(x) = x^3$,$f'(x) = 3x^2$,则 $f'(0) = 0$,即 $x = 0$ 是 $f(x)$ 的驻点,但 $x = 0$ 不是函数 $f(x)$ 的极值点,因为当 $x > 0$ 时 $f(x) > f(0)$,当 $x < 0$ 时 $f(x) < f(0)$.

这例子说明函数的驻点不一定是极值点,驻点只能是可能的极值点.

注意到 $y = |x|$ 在 $x = 0$ 处不存在导数,但是 $x = 0$ 是函数的极小值点.说明对于一个连续函数,它有可能在导数不存在的点上取极值.

综上所述,函数的驻点以及导数不存在的点是函数所有可能的极值点.

如果找到了函数所有可能的极值点,如何判定这些点是否是极值点呢?这要用到判定极值的两个充分条件.

定理 3(判定极值的第一充分条件) 设函数 $f(x)$ 在点 x_0 处连续,并且在 x_0 的某个去心邻域 $\overset{\circ}{U}(x_0, \delta)$ 内可导.

(1)如果当 $x \in (x_0 - \delta, x_0)$ 时,$f'(x) > 0$,当 $x \in (x_0, x_0 + \delta)$ 时,有 $f'(x) < 0$,则 $f(x)$ 在 x_0 取得极大值;

(2) 如果当 $x \in (x_0 - \delta, x_0)$ 时,$f'(x) < 0$,当 $x \in (x_0 - \delta, x_0)$ 时,有 $f'(x) > 0$,则 $f(x)$ 在 x_0 取得极小值;

(3)如果当 $x \in \overset{\circ}{U}(x_0, \delta)$ 时,$f'(x)$ 符号不变,则 $f(x)$ 在 x_0 处不取得极值.

如果连续函数 $f(x)$ 的 $f'(x)$ 在 x_0 两侧异号,说明 x_0 是函数 $f(x)$ 由单调增加(或单调减少)转向单调减少(或单调增加)的**分界点**(见图 3-6,在分界点处 $f'(x)$ 可能存在也可能不存在),自然在局部范围内 $f(x_0)$ 是最大值(或最小值)了.

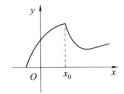 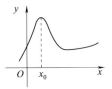

图　3-6

定理 4（判定极值的第二充分条件）　设 $f(x)$ 在点 x_0 处具有二阶导数，且 $f'(x_0) = 0$，$f''(x_0) \neq 0$.

（1）如果 $f''(x_0) < 0$，则 $f(x)$ 在点 x_0 处取得极大值；

（2）如果 $f''(x_0) > 0$，则 $f(x)$ 在点 x_0 处取得极小值.

证明　（1）由于 $f''(x_0) < 0$，$f'(x_0) = 0$，按二阶导数的定义有

$$f''(x_0) = \lim_{x \to x_0} \frac{f'(x) - f'(x_0)}{x - x_0} = \lim_{x \to x_0} \frac{f'(x)}{x - x_0} < 0 \text{，}$$

根据函数极限的局部保号性，在 x_0 的某一去心邻域内有 $\dfrac{f'(x)}{x - x_0} < 0$，从而在这个去心邻域内，当 $x < x_0$ 时，　$f'(x_0) > 0$；当 $x > x_0$ 时，$f'(x_0) < 0$.

根据定理 3，$f(x)$ 在点 x_0 处取得极大值.

类似可证明（2）.

考察函数 $y = -x^4$，$y = x^4$，$y = x^3$，这三个函数在 $x = 0$ 的一阶导数与二阶导数都等于 0，但 $y = -x^4$ 在 $x = 0$ 处取得极大值，$y = x^4$ 在 $x = 0$ 处取得极小值，$y = x^3$ 在 $x = 0$ 处没有极值. 因此在定理 4 中如果 $f''(x_0) = 0$ 时定理 4 就不能应用了. 此时可用定理 3 进行判定，即根据驻点左右两侧附近一阶导数的符号来判定.

一般地，对于驻点是否是极值点也可用下述定理加以判定：

定理 5　设函数 $f(x)$ 在 x_0 处有 n 阶导数，且 $f'(x_0) = f''(x_0) = \cdots = f^{(n-1)}(x_0) = 0$，$f^{(n)}(x_0) \neq 0$，则：

（1）当 n 为奇数时，$f(x)$ 在点 x_0 处不取得极值；

（2）当 n 为偶数时，$f(x)$ 在点 x_0 处取得极值，且当 $f^{(n)}(x_0) < 0$ 时，$f(x_0)$ 为极大值；当 $f^{(n)}(x_0) > 0$ 时，$f(x_0)$ 为极小值.

例如，对于函数 $y = x^4$，$y' = 4x^3$，$y'' = 12x^2$，$y''' = 24x$，$y^{(4)} = 24$，由于 $y'|_{x=0} = y''|_{x=0} = y'''|_{x=0} = 0$，$y^{(4)}|_{x=0} = 24 > 0$，根据定理 5 知，$x = 0$ 是函数 $y = x^4$ 的一个极小值点.

由于驻点及一阶导数不存在的点既是可能的极值点，又是函数单调增加与单调减少区间的分界点，由此得到求函数极值的一般步骤如下：

(1) 确定函数的定义域;

(2) 求函数的一阶导数,并求出函数所有的驻点以及一阶导数不存在的点;

(3) 用求出的所有可能的极值点将函数定义域分割成若干个小区间.

(4) 讨论函数的一阶导数在各个小区间的正负号,根据第一充分条件判定极值,进而求出极值.

例 6 求函数 $y = 2x^3 - 3x^2$ 的极值.

解法 1 函数的定义域是 $(-\infty, +\infty)$.

$$y' = 6x^2 - 6x = 6x(x-1).$$

令 $y' = 0$,得 $x = 0, x = 1$.

下面列表讨论:

x	$(-\infty,0)$	0	$(0,1)$	1	$(1,+\infty)$
y'	$+$	0	$-$	0	$+$
y	↗	极大	↘	极小	↗

由定理 3 可知,$f(0) = 0$ 为函数的极大值,$f(1) = -1$ 为函数的极小值.

解法 2 因为 $y' = 6x^2 - 6x = 6x(x-1)$,知函数的驻点为 $x = 0$ 和 $x = 1$;又 $y'' = 12x - 6$,于是 $y''(0) = -6 < 0$,$y''(1) = 6 > 0$,由定理 4 可知,$f(0) = 0$ 为函数的极大值,$f(1) = -1$ 为函数的极小值.

例 7 求函数 $y = 3 - 2(x+1)^{\frac{1}{3}}$ 的极值,并讨论它的单调区间.

解 函数的定义域是全体实数.因为 $y' = -\dfrac{2}{3} \cdot (x+1)^{-\frac{2}{3}}$,函数没有驻点,在 $x = -1$ 点 y' 没有意义,即 $x = -1$ 是函数一阶导数不存在的点.

当 $x < -1$ 时,$y' < 0$,故函数在 $(-\infty, -1)$ 内单调减少;

当 $x > -1$ 时,$y' < 0$,故函数在 $(-1, +\infty)$ 内单调减少;

由于在 $x = -1$ 的左右两侧 y' 符号不变号,故 $x = -1$ 不是极值点,y 在 $(-\infty, +\infty)$ 内无极值.

由例 7 可以看到,如果一个函数在区间 I 是单调的,则这个函数在 I 上没有极值.

从上面例子的求解过程可以反映出两个充分条件的优点与不足:第二充分条件应用便捷,只要求出函数的驻点,再求出函数在驻点处的二阶导数的值,就可解决问题,但是它只能针对驻点;第一充分条件尽管适用范围更广,当它必须讨论可能极值点两侧一阶导数的符号,有时这是件不容易做到的事.事物总是一分为二的,有利就有弊,究竟采用哪种方法更好,只有具体问题具体分析了.

3.4.3　函数的最值

在实际问题中,常常会遇到在一定条件下,如何使材料最省、效率最高、利润最大等问题,在数学上,这类问题可以归结为函数的最大值或最小值问题.

设函数 $f(x)$ 在区间 I 上有定义,$x_0 \in I$,如果对 $\forall x \in I$ 有 $f(x_0) \geqslant f(x)$,那么,$f(x_0)$ 称为 $f(x)$ 在区间 I 上的**最大值**;如果对 $\forall x \in I$ 有 $f(x_0) \leqslant f(x)$,那么,$f(x_0)$ 称为 $f(x)$ 在区间 I 上的**最小值**,x_0 称为 $f(x)$ 的**最值点**.最大值与最小值统称函数的**最值**.

函数的最值是一个整体概念,是对整个定义域而言的.并不是所有的函数在定义域内都存在最值,但是在 $[a,b]$ 上的连续函数一定存在最值.

1.闭区间 $[a,b]$ 上连续函数 $y = f(x)$ 的最值问题

如果 $f(x)$ 在区间 $[a,b]$ 上连续,则在 $[a,b]$ 上一定存在最大值与最小值,最大值点和最小值点要么出现在区间 (a,b) 内,要么出现在区间的端点上,如果最值点在区间 (a,b) 内出现,这个点必定是极值点.因此,只要求出函数 $f(x)$ 在 (a,b) 内一切可能的极值点(即驻点及一阶导数不存在的点),并计算出这些点的函数值及两个端点的函数值(即 $f(a)$ 与 $f(b)$),比较这些函数值的大小,其中最大者就是函数在区间 $[a,b]$ 上的最大值,其中最小的就是函数在区间 $[a,b]$ 上的最小值.

例 8　求 $f(x) = (x-1)\sqrt[3]{x^2}$ 在 $\left[-1, \dfrac{1}{2}\right]$ 上的最大值和最小值.

解　$f'(x) = x^{\frac{2}{3}} + \dfrac{2}{3}(x-1)x^{-\frac{1}{3}} = \dfrac{5x-2}{3x^{\frac{1}{3}}}$.

令 $f'(x) = 0$,解得 $x = \dfrac{2}{5}$.

函数 $f'(x)$ 在 $x = 0$ 没有定义,所以 $f(x)$ 可能的极值点为 $x = \dfrac{2}{5}$,$x = 0$.

$f(0) = 0$,$f\left(\dfrac{2}{5}\right) = -\dfrac{3}{25} \cdot \sqrt[3]{20}$,$f(-1) = -2$,$f\left(\dfrac{1}{2}\right) = -\dfrac{1}{4} \cdot \sqrt[3]{2}$.

比较上述值的大小,可知函数 $f(x)$ 在 $x = 0$ 取得最大值,最大值为 $f(0) = 0$;$f(x)$ 在 $x = -1$ 取得最小值,最小值为 $f(-1) = -2$.

一般地,如果函数 $f(x)$ 在区间 $[a,b]$ 可微,且在 (a,b) 内只有一个驻点,如果这个驻点是极大值点,则它就是最大值点;如果这个驻点是极小值点,则它就是最小值点.

例 9　求 $f(x) = x^3 - 3x$ 在 $[-\sqrt{3}, \sqrt{3}]$ 上的最大值与最小值.

解　因为 $f'(x) = 3x^2 - 3$,所以 $x = 1$、$x = -1$ 是 $f(x)$ 在 $[-\sqrt{3}, \sqrt{3}]$ 上的两个驻点,没有使 $f'(x)$ 不存在的点.

由于 $f(-1)=2$，$f(1)=-2$，$f(-\sqrt{3})=f(\sqrt{3})=0$，所以 $f(x)$ 在 $x=1$ 取最小值，最小值为 $f(1)=-2$；$f(x)$ 在 $x=-1$ 取最大值，最大值为 $f(-1)=2$.

2. 带有实际意义的函数的最值

在很多实际问题中，如果函数在此定义区间内部只有一个驻点 x_0，且根据问题的性质可以断定可导函数 $f(x)$ 在定义区间内部取得最大值或最小值，那么不必讨论 $f(x_0)$ 是否是极值，就可以断定 $f(x_0)$ 是最大值或最小值.

例 10 某车间靠墙壁要盖一间长方形小屋，现有存砖只够砌 20 m 长的墙壁，问应围成怎样的长方形才能使这小屋的面积最大.

解 设小屋长为 x m，宽为 y m，面积为 s m² 则 $s=xy$. 由已知 $x=20-2y$，
于是
$$s=(20-2y)\cdot y=2(10y-y^2)，\quad y\in(0,10)，$$
$$s'=20-4y=-4(y-5)，$$
令 $s'=0$，解得 $y=5$.

$y=5$ 为函数 s 唯一的驻点，根据这个问题可知 s 在 $(0,10)$ 内一定存在最大值，所以 $y=5$ 为最大值点，即围成长为 10 m、宽为 5 m 时小屋的面积最大.

例 11 如图 3-7 所示，AB 长 600 m，BC 长 240 m，矿务局拟自地平面上一点 A 掘一巷道到地平面下一点 C，地平面 AB 是黏土，掘进费每米 5 元；地平面以下是岩石，掘进费每米 13 元. 如何在 AB 线上选一点 D，使掘进费用最省？最省费用是多少元？

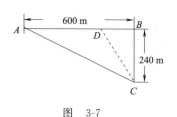

图 3-7

解 设 $DB=x$ 米，所需掘进费为 y 元，则
$$y=5(600-x)+13\sqrt{x^2+240^2}\quad（0\leqslant x\leqslant 600），$$
$$y'=-5+\frac{13x}{\sqrt{x^2+240^2}}=\frac{-5\sqrt{x^2+240^2}+13x}{\sqrt{x^2+240^2}}，$$
令 $y'=0$，得 $x=100$.

又 $y(100)=5\,880$，$y(0)=6\,120$，$y(600)\approx 8\,401$.

由于只有一个驻点，且根据问题可知 y 在 $(0,600)$ 内一定存在最小值，所以函数 y 的最小值为 5 880，即在地面上离 B 点 100 m 处挖巷道时掘进费最省，最省的掘进费为 5 880 元.

习 题 3.4

1. 求下列函数的单调区间：

(1) $y=2x+\dfrac{8}{x}$；　　(2) $y=3x-x^3$；　　(3) $y=\ln(x+\sqrt{1+x^2})$；

(4) $y = x^2 e^{-x}$;　　　　(5) $y = x + |\sin 2x|$.

2. 求下列函数的极值:

(1) $y = -x^4 + 2x^2$;　　(2) $y = (x+1)^{10} e^{-x}$;　(3) $y = 2 - (x-1)^{\frac{2}{3}}$;

(4) $y = x - \ln(1+x)$;　(5) $y = x + \tan x$;　(6) $y = \dfrac{\ln^2 x}{x}$

3. a 为何值时,函数 $f(x) = a\sin x + \dfrac{1}{3}\sin 3x$ 在 $x = \dfrac{\pi}{3}$ 处取得极值? 它是极大值还是极小值? 并求此极值.

4. 设函数 $y = y(x)$ 由方程 $2y^3 - 2y^2 + 2xy - x^2 = 1$ 所确定,试求 $y = y(x)$ 的驻点,并判别它是否为极值点.

5. 讨论方程 $\ln x = ax$(其中 $a > 0$)有几个实根?

6. 就 k 的不同取值情况,确定方程 $x - \dfrac{\pi}{2}\sin x = k$ 在开区间 $\left(0, \dfrac{\pi}{2}\right)$ 内根的个数,并证明该结论.

7. 设当 $x > 0$ 时,方程 $kx + \dfrac{1}{x^2} = 1$ 有且仅有一个解,求 k 的取值范围.

8. 利用函数的单调性证明下列不等式:

(1) 当 $x > 0$ 时, $1 + \dfrac{1}{2}x > \sqrt{1+x}$;

(2) 当 $0 < x < \dfrac{\pi}{2}$ 时, $\sin x + \tan x > 2x$;

(3) 当 $0 < x < \dfrac{\pi}{2}$ 时, $\tan x > x + \dfrac{1}{3}x^3$;

(4) 当 $x > 0$ 时, $x - \dfrac{1}{3}x^3 < \sin x < x$;

(5) 当 $x > 4$ 时, $2^x > x^2$;

(6) 当 $x > 0$ 时, $1 + x\ln(x + \sqrt{1+x^2}) > \sqrt{1+x^2}$;

9. 求下列函数的最大值和最小值:

(1) $y = x^4 - 8x^2 + 2$, $-1 \leqslant x \leqslant 3$;　(2) $y = x + \sqrt{1-x}$, $-5 \leqslant x \leqslant 1$;

(3) $y = 1 + \dfrac{36x}{(x+3)^2}$, $0 \leqslant x \leqslant 4$;　(4) $y = \sin x + \cos x$, $0 \leqslant x \leqslant 2\pi$.

10. 函数 $y = 2\arctan x - \ln(1+x^2)$ 在何处取得最大值?

11. 函数 $y = x^2 - \dfrac{54}{x}$($x < 0$)在何处取得最小值?

12. 要造一圆柱形油罐,体积为 V,问底半径 r 和高 h 等于多少时,才能使表面积最小. 这时底半径 r 与高 h 的比为多少.

13.一房地产公司有 50 套公寓要出租,当租金定为每套每月 1 800 元,公寓可全部租出;当租金定为每套每月增加 100 元时,租不出的公寓就多一套;而租出的房子每套每月需 200 元的整修维护费,问房租定为多少可获得最大收入.

14.从长为 10 cm、宽为 8 cm 的矩形纸板的四个角上剪去相同的小正方形,折成一个无盖的盒子,要使盒子容积最大,剪去的小正方形的边长应为多少?

15.某制造商制造并售出球形瓶装的某种酒,瓶子的制造成本是 $0.008\pi r^2$ 元,其中 r 是瓶子的半径,单位是厘米,假设每售出 1 cm³ 的酒,商人收入 0.002 元,他能制作的瓶子的最大半径为 6 cm,问:

(1)瓶子半径多大时,每瓶酒获利最大?

(2)瓶子半径多大时,每瓶酒的获利最小?

16.把长为 20 cm 的铁丝剪成两段,一段做成圆形,一段做成正方形.问如何剪法,才能使圆和正方形面积之和最小?

3.5 曲线的凹凸性及拐点

通过研究函数的导数可以判定函数的单调性.但仅仅知道函数的单调性还不能确定函数曲线的弯曲方向.例如,函数 $y=x^2$ 与 $y=\sqrt{x}$ 在 $(0,+\infty)$ 都是单调增加的,但增加的方式却不同.如图 3-8 所示,$y=x^2$ 在 $(0,+\infty)$ 内是向上凹的曲线弧,曲线 $y=x^2$ 总位于其上任意一点处切线的上方;$y=\sqrt{x}$ 在 $(0,+\infty)$ 内是向上凸的曲线弧,曲线 $y=\sqrt{x}$ 总位于其上任意一点处切线的下方.

定义 1 设函数 $f(x)$ 在某区间 I 内有定义,如果曲线 $y=f(x)$ 总位于其上任意一点处切线的上方,则称曲线 $y=f(x)$ 在区间 I 内是(向上)**凹的**(简称凹弧);如果曲线 $y=f(x)$ 总位于其上任意一点处切线的下方,则称曲线 $y=f(x)$ 在区间 I 内是(向上)**凸的**(简称凸弧).

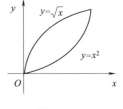

图 3-8

进一步地,如何用数学的语言来刻画曲线的凹凸性? 通过观察可以看出,对于图 3-9(a)中曲线弧是凹弧,其上任意两点 $(x_1,f(x_1))$,$(x_2,f(x_2))$ 连线总在曲线的上方.对于图 3-9(b)中**曲线弧**是**凸弧**,其上任意两点 $(x_1,f(x_1))$,$(x_2,f(x_2))$ 连线总在曲线的下方.

定义 1' 设 $f(x)$ 在区间 I 上连续,如果对 I 上任意两点 x_1,x_2,恒有

$$f\left(\frac{x_1+x_2}{2}\right)<\frac{f(x_1)+f(x_2)}{2},$$

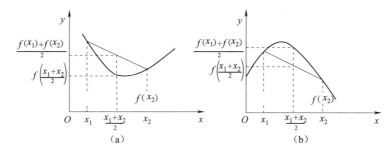

图　3-9

则称 $f(x)$ 在 I 上的图形是凹的(或凹弧)；如果恒有

$$f\left(\frac{x_1+x_2}{2}\right) > \frac{f(x_1)+f(x_2)}{2} ,$$

则称 $f(x)$ 在 I 上的图形是凸的(或凸弧).

定义 2　连续曲线 $y = f(x)$ 上凹弧与凸弧的分界点称为**曲线的拐点**.

如何来判定曲线的凹凸性呢？下面就是曲线的凹凸性的判定定理.

定理　设 $y = f(x)$ 在 $[a,b]$ 上连续,在开区间 (a,b) 内具有二阶导数.

(1)如果对 $\forall x \in (a,b)$ 都有 $f''(x) > 0$,则曲线 $y = f(x)$ 在 $[a,b]$ 上是凹的；

(2)如果对 $\forall x \in (a,b)$ 都有 $f''(x) < 0$,则曲线 $y = f(x)$ 在 $[a,b]$ 上是凸的.

设函数 $f(x)$ 在 (a,b) 内二阶可导,$x_0 \in (a,b)$,如果对 $\forall x \in (a,x_0)$ 有 $f''(x) > 0$,对 $\forall x \in (x_0,b)$ 有 $f''(x) < 0$,那么 $f'(x)$ 在 (a,x_0) 内单调增加,在 (x_0,b) 内单调减少,说明 $x = x_0$ 是 $f'(x)$ 的极大值点,此时点 $(x_0,f(x_0))$ 是曲线 $y = f(x)$ 的拐点.

如果对 $\forall x \in (a,x_0)$ 有 $f''(x) < 0$,对 $\forall x \in (x_0,b)$ 有 $f''(x) > 0$,那么 $f'(x)$ 在 (a,x_0) 内单调减少,在 (x_0,b) 内单调增加,说明 $x = x_0$ 是 $f'(x)$ 的极小值点,此时点 $(x_0,f(x_0))$ 是曲线 $y = f(x)$ 的拐点.

因此,如果 $(x_0,f(x_0))$ 为曲线的拐点,则 x_0 应是 $f'(x)$ 的极值点,而 $f'(x)$ 的可能的极值点就是 $f''(x) = 0$ 的点或 $f''(x)$ 不存在的点.

例 1　讨论曲线 $y = x^2 \ln x$ 的凹凸性,并求其拐点.

解　函数 $y = x^2 \ln x$ 的定义域为 $(0, +\infty)$.

$$y' = 2x \ln x + x^2 \cdot \frac{1}{x} = 2x \ln x + x = x(2 \ln x + 1) ,$$

$$y'' = 2 \ln x + 1 + x \cdot \frac{2}{x} = 2 \ln x + 3.$$

令 $y'' = 0$,得 $x = e^{-\frac{3}{2}}$.

在定义域内只有一个使二阶导数为零的点 $x = \mathrm{e}^{-\frac{3}{2}}$,没有使二阶导数不存在的点,下面列表讨论:

x	$(0, \mathrm{e}^{-\frac{3}{2}})$	$\mathrm{e}^{-\frac{3}{2}}$	$(\mathrm{e}^{-\frac{3}{2}}, +\infty)$
y''	$-$	0	$+$
y	$\cap$	$-\dfrac{3}{2}\mathrm{e}^{-3}$	$\cup$

所以曲线 $y = x^2 \ln x$ 在 $(0, \mathrm{e}^{-\frac{3}{2}})$ 内是凸的,在 $(\mathrm{e}^{-\frac{3}{2}}, +\infty)$ 内是凹的. 又因为 $y = x^2 \ln x$ 在 $x = \mathrm{e}^{-\frac{3}{2}}$ 处连续,所以 $\left(\mathrm{e}^{-\frac{3}{2}}, -\dfrac{3}{2}\mathrm{e}^{-3}\right)$ 是曲线 $y = x^2 \ln x$ 的拐点.

例 2 讨论曲线 $y = \sqrt[3]{x}$ 的凹凸性及其拐点.

解 函数的定义域为 $(-\infty, +\infty)$.

$y' = \dfrac{1}{3} x^{-\frac{2}{3}}$, $y'' = -\dfrac{2}{9} x^{-\frac{5}{3}}$,在 $x = 0$ 处 y'' 不存在.

当 $x < 0$ 时,$y'' > 0$,曲线 $y = \sqrt[3]{x}$ 在 $(-\infty, 0)$ 内是凹的;

当 $x > 0$ 时,$y'' < 0$,曲线 $y = \sqrt[3]{x}$ 在 $(0, +\infty)$ 内是凸的.

又因为 $y = \sqrt[3]{x}$ 在 $x = 0$ 处连续,所以 $(0,0)$ 是曲线 $y = \sqrt[3]{x}$ 的拐点.

在例 1 中 $y''|_{x=0} = 0$,且 $(0, f(0))$ 是曲线 $y = f(x)$ 的拐点. 那么 $f''(x_0) = 0$ 时 $(x_0, f(x_0))$ 一定是曲线 $y = f(x)$ 的拐点吗? 回答是不一定. 比如,$y = x^4$,有 $y''|_{x=0} = 0$,但是 $(0, 0)$ 不是曲线 $y = x^4$ 的拐点.

从例 2 可以看到,y'' 在 $x = 0$ 处不存在,但 $(0,0)$ 是曲线的拐点.

求曲线 $y = f(x)$ 的凹凸区间及其拐点的基本步骤如下:

(1) 确定函数 $y = f(x)$ 的定义域;

(2) 求出函数的二阶导数 $f''(x)$,并进一步求出所有使二阶导数为零的点和二阶导数不存在的点,即一阶导数 $f'(x)$ 可能的极值点;

(3) 列表:先用上面求出的点将函数定义域分割成若干小区间,然后在每个小区间内讨论二阶导数的符号;

(4) 确定曲线的凹凸区间,并进一步确定曲线的拐点.

习 题 3.5

1. 判定下列曲线的凹凸性:

(1) $y = 3x^2 - x^3$;   (2) $y = x + \dfrac{1}{x}$ $(x > 0)$;   (3) $y = \dfrac{x^3}{x^2 + 12}$.

2. 求下列曲线的凹凸区间及拐点：

(1) $y = x^3 - 5x^2 + 3x + 5$；　　(2) $y = \ln(x^2 + 1)$；　　(3) $y = x + x^{\frac{5}{3}}$.

3. 问 a，b 为何值时，点 $(1, -2)$ 为曲线 $y = ax^3 + bx^2$ 的拐点？

4. 利用函数图形的凹凸性，证明不等式：

(1) $\dfrac{1}{2}(x^n + y^n) > \left(\dfrac{x+y}{2}\right)^n$　$(x > 0, y > 0, x \neq y, n > 1)$；

(2) $\dfrac{1}{2}(e^x + e^y) > e^{\frac{x+y}{2}}$　$(x \neq y)$；

(3) $x \ln x + y \ln y > (x + y) \ln \dfrac{x+y}{2}$　$(x > 0, y > 0, x \neq y)$；

5. 试决定 $y = k(x^2 - 3)^2$ 中 k 的值，使曲线的拐点处的法线通过原点.

6. 设函数 $y = f(x)$ 在 $x = x_0$ 的某邻域内具有三阶导数，如果 $f''(x) = 0$，$f'''(x) \neq 0$，试问 $(x_0, f(x_0))$ 是否为曲线 $y = f(x)$ 的拐点？为什么？

7. 试证明曲线 $y = \dfrac{x-1}{x^2+1}$ 有三个拐点位于同一直线上.

3.6　函数的作图

3.6.1　曲线的渐近线

定义　若曲线 C 上的动点 P 沿着曲线无限远离原点时，动点 P 到定直线 L 的距离趋于零，则称定直线 L 为曲线 C 的**渐近线**.

若直线 $y = kx + b$ 是曲线 $y = f(x)$ 的渐近线（见图 3-10），则有

$$\lim_{x \to \infty} [f(x) - (kx + b)] = 0 ,$$

即有

$$\lim_{x \to \infty} \left[x \cdot \frac{f(x) - (kx + b)}{x} \right] = 0 ,$$

所以

$$\lim_{x \to \infty} \frac{f(x) - (kx + b)}{x} =$$

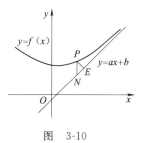

图　3-10

$$\lim_{x \to \infty} \left[\frac{f(x)}{x} - k - \frac{b}{x} \right] = \lim_{x \to \infty} \left[\frac{f(x)}{x} - k \right] = 0 ,$$

于是

$$k = \lim_{x \to \infty} \frac{f(x)}{x} , \quad b = \lim_{x \to \infty} [f(x) - kx].$$

由定义可以得出如下结论：

(1) 若 $\lim\limits_{x \to x_0^-} f(x) = \infty$ 或 $\lim\limits_{x \to x_0^+} f(x) = \infty$，则直线 $x = x_0$ 为曲线 $y = f(x)$ 的**铅直渐近线**；

(2)若 $\lim\limits_{x\to\infty}\dfrac{f(x)}{x}=k$ 与 $\lim\limits_{x\to\infty}[f(x)-kx]=b$ 存在,则直线 $y=kx+b$ 为曲线 $y=f(x)$ 的**斜渐近线**. 特别地,当 $\lim\limits_{x\to\infty}\dfrac{f(x)}{x}=0$, $\lim\limits_{x\to\infty}[f(x)-0\cdot x]=b$ 存在时,直线 $y=b$ 就是曲线 $y=f(x)$ 的**水平渐近线**.

例 1 求曲线 $y=\dfrac{x}{x^2-1}$ 的渐近线.

解 因为 $\lim\limits_{x\to\infty}\dfrac{f(x)}{x}=\lim\limits_{x\to\infty}\dfrac{x}{x(x^2-1)}=0=k$,

$$\lim\limits_{x\to\infty}[f(x)-kx]=\lim\limits_{x\to\infty}\dfrac{x}{x^2-1}=0=b ,$$

所以 $y=0$ 是曲线的一条水平渐近线;

因为 $y=\dfrac{x}{x^2-1}$ 在 $x=-1$ 与 $x=1$ 处没有定义,

又 $\lim\limits_{x\to-1}\dfrac{x}{x^2-1}=\infty$, $\lim\limits_{x\to1}\dfrac{x}{x^2-1}=\infty$,

所以直线 $x=-1$ 与 $x=1$ 是曲线的两条铅直渐近线.

例 2 求曲线 $y=\dfrac{1+x^3}{1+x^2}$ 的渐近线.

解 因为 $\lim\limits_{x\to\infty}\dfrac{f(x)}{x}=\lim\limits_{x\to\infty}\dfrac{\dfrac{1+x^3}{1+x^2}}{x}=\lim\limits_{x\to\infty}\dfrac{1+x^3}{x(1+x^2)}=1=k$,

$$\lim\limits_{x\to\infty}[f(x)-kx]=\lim\limits_{x\to\infty}\left(\dfrac{1+x^3}{1+x^2}-x\right)=\lim\limits_{x\to\infty}\dfrac{1+x^3-x(1+x^2)}{1+x^2}$$
$$=\lim\limits_{x\to\infty}\dfrac{1-x}{1+x^2}=0=b,$$

所以,直线 $y=x$ 是曲线 $y=\dfrac{1+x^3}{1+x^2}$ 的一条斜渐近线.

3.6.2 函数的作图

通过前面的分析可知,利用一阶导数的符号可以确定函数的单调区间和极值点,利用二阶导数的符号可以确定函数曲线的凹凸区间和拐点,再确定函数曲线是否有渐近线,就基本可以确定函数曲线的基本形状. 下面主要通过导数来作函数 $y=f(x)$ 的图形,其基本步骤如下:

(1)确定函数 $y=f(x)$ 的定义域,考察函数的奇偶性、周期性;

(2)求 $f'(x)$, $f''(x)$,求出函数的驻点及 $f'(x)$ 不存在的点、 $f''(x)$ 的零点以及 $f''(x)$ 不存在的点,用这些点划分函数定义域,形成各个子区间,确定各个子区间上 $f'(x)$ 与 $f''(x)$ 的符号,根据各个子区间上 $f'(x)$ 与 $f''(x)$ 的符号确定函数

曲线的升降、凹凸及拐点,确定函数的极值点,并在表格上用图形符号给出各子区间上函数图形特征;

（3）考察函数的渐近线;

（4）计算函数与坐标轴的交点坐标,极值点及某些特殊点坐标;

（5）综合前面(2)(3)(4)的结果,画出函数曲线图形.

例 3　画出函数 $y = x + \dfrac{1}{x}$ 的图形.

解　（1）$y = x + \dfrac{1}{x}$ 的定义域为 $(-\infty, 0) \bigcup (0, +\infty)$.

函数为奇函数,曲线关于原点对称;函数无周期性.

（2）$y' = 1 - \dfrac{1}{x^2}$, $y'' = \dfrac{2}{x^3}$. 令 $y' = 0$,得 $x = \pm 1$;y'' 无零点;

综上,列表如下:

x	$(-\infty, -1)$	-1	$(-1, 0)$	$(0, 1)$	1	$(1, +\infty)$
y'	+	0	—	—	0	+
y''	—		—	+		+
y	↗	极大值	↘	↘	极小值	↗

（3）因为 $k = \lim\limits_{x \to \infty} \dfrac{f(x)}{x} = \lim\limits_{x \to \infty} \dfrac{x + \dfrac{1}{x}}{x} = 1$;

$$b = \lim_{x \to \infty}[f(x) - kx] = \lim_{x \to \infty}\left(x + \frac{1}{x} - x\right) = 0 ,$$

所以 $y = x$ 是曲线 $y = x + \dfrac{1}{x}$ 的斜渐近线;

又　　　　　　　$\lim\limits_{x \to 0} f(x) = \lim\limits_{x \to 0}\left(x + \dfrac{1}{x}\right) = \infty$,

故 $x = 0$ 是曲线 $y = x + \dfrac{1}{x}$ 的铅直渐近线;

（4）因为 $f(-1) = -2$, $f(1) = 2$,所以函数曲线过点 $(-1, -2)$ 与 $(1, 2)$;

（5）综合(2)(3)(4)的结果就可以画出函数的图形,所作函数图形如图 3-11 所示.绘制图形时可以先画出两条渐近线,绘制出两个特殊点 $(-1, -2)$ 与 $(1, 2)$,再结合上表从左往右绘制出曲线图形.

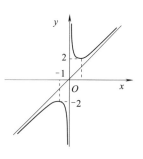

图　3-11

例 4 作函数 $y = \mathrm{e}^{-x^2}$ 的图形.

解 (1)函数的定义域为 $(-\infty, +\infty)$,且为偶函数,因此只要作出函数在 $(0, +\infty)$ 内的图形,再根据对称性得到它的全部图形;

(2) $y' = \mathrm{e}^{-x^2}(-2x)$,$y'' = 2\mathrm{e}^{-x^2}(2x^2 - 1)$.

令 $y' = 0$,解得 $x = 0$;由 $y'' = 0$ 得 $x = \pm \dfrac{\sqrt{2}}{2}$;

综上,列表如下:

x	0	$\left(0, \dfrac{\sqrt{2}}{2}\right)$	$\dfrac{\sqrt{2}}{2}$	$\left(\dfrac{\sqrt{2}}{2}, +\infty\right)$
y'	0	$-$	$-$	$-$
y''	$-$	$-$	0	$+$
y	极大值	↘	拐点 $\left(\dfrac{\sqrt{2}}{2}, \mathrm{e}^{-\frac{1}{2}}\right)$	↘

(3) 因为 $\lim\limits_{x \to \infty} y = 0$,所以曲线有水平渐近线 $y = 0$;

(4)因为 $f(0) = 1$,$f(1) = \dfrac{1}{\mathrm{e}}$,所以曲线过点 $(0, 1)$ 与 $\left(1, \dfrac{1}{\mathrm{e}}\right)$;

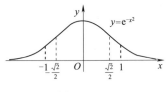

图 3-12

(5)综合(2)(3)(4)的结果就可以画出函数的图形,所作函数图形如图 3-12 所示.

习 题 3.6

1.求下列函数曲线的渐近线:

(1) $y = \dfrac{x^4}{(1+x)^3}$;　　　　(2) $\dfrac{x^2}{a^2} - \dfrac{y^2}{b^2} = 1$.

2.画出下列函数的图形:

(1) $y = \dfrac{x}{1+x^2}$;　　　　(2) $y = \dfrac{2x^2 + 30x + 8}{x^2 + 4x + 4}$.

3.7　导数在经济学及物理学上的应用

本节将讨论导数在经济学与物理学上的应用.导数在经济学上的应用包括边际分析、弹性分析、需求价格分析和收入价格分析、经济学中的最值等;导数在物理学上的应用主要研究如何用导数研究曲线的弯曲程度,引出曲率概念及曲率计算公式.

3.7.1 导数在经济学上的应用

在经济学中,常常用到平均变化率与边际这两个概念.在数量关系上,平均变化率指的是函数值的改变量 Δy 与自变量的改变量 Δx 的比值,即 $\dfrac{\Delta y}{\Delta x}$. 边际则是当 $\Delta x \to 0$ 时 $\dfrac{\Delta y}{\Delta x}$ 的极限,即 $\lim\limits_{\Delta x \to 0} \dfrac{\Delta y}{\Delta x}$,可以说,导数应用在经济学上就是边际.

1. 边际成本

设某产品的产量为 q 个单位时的总成本为 $C = C(q)$,当产量达到 q 个单位时,再生产 Δq 个单位产品,相应的总成本将增加 $\Delta C = C(q + \Delta q) - C(q)$,于是再生产 Δq 个单位时的平均成本为

$$\overline{C} = \frac{\Delta C}{\Delta q} = \frac{C(q + \Delta q) - C(q)}{\Delta q}.$$

如果总成本为 $C = C(q)$ 在 q 可导,那么

$$C'(q) = \lim_{\Delta q \to 0} \frac{C(q + \Delta q) - C(q)}{\Delta q}$$

称为产量为 q 个单位时的边际成本,一般记为

$$C_M(q) = C'(q).$$

边际成本的经济意义是:当产量达到 q 个单位时,再增加生产一个单位的产量,即 $\Delta q = 1$ 时,总成本将大约增加 $C'(q)$ 个单位(因为在实际生产中不可能做到产量的增量 $\Delta q \to 0$).

例 1 设某企业生产某产品的日产量为 800 台,日产量为 q 个单位时的总成本函数为

$$C(q) = 0.1q^2 + 2q + 5\,000.$$

求:(1)产量为 600 台时的总成本;

(2)产量为 600 台时的平均成本;

(3)产量由 600 台增加到 700 台时总成本的平均变化率;

(4)产量为 600 台时的边际成本,并解释其经济意义.

解 (1) $C(600) = 0.1 \times 600^2 + 2 \times 600 + 5\,000 = 42\,200$;

(2) $\overline{C}(600) = \dfrac{C(600)}{600} = \dfrac{211}{3} = 70\dfrac{1}{3}$;

(3) $\dfrac{\Delta C}{\Delta q} = \dfrac{C(700) - C(600)}{100} = \dfrac{55\,400 - 42\,200}{100} = 132$;

(4) $C'(q) = 0.2 \times q + 2$,$C_M(600) = C'(600) = 0.2 \times 600 + 2 = 122$.

其经济意义是:当产量达到 600 台时,再多生产一台产品,总成本大约增加 122.

2. 边际收入

设某商品销售量为 q 个单位时的总收入函数为 $R=R(q)$，当销量达到 q 个单位时，再多销售 Δq 个单位产品，其相应的总收入将增加 $\Delta R = R(q+\Delta q) - R(q)$，于是再多销售 Δq 个单位时的平均收入为

$$\bar{R} = \frac{\Delta R}{\Delta q} = \frac{R(q+\Delta q) - R(q)}{\Delta q}.$$

如果总收入函数 $R=R(q)$ 在 q 可导，那么

$$R'(q) = \lim_{\Delta q \to 0} \frac{R(q+\Delta q) - R(q)}{\Delta q}$$

称为销售量为 q 个单位时的边际收入，一般记为

$$R_M(q) = R'(q).$$

边际收入的经济意义是：销售量达到 q 个单位的时候，再增加一个单位的销量，即 $\Delta q = 1$ 时，相应的总收入大约增加 $R'(q)$ 个单位.

例 2 设某种电器的需求价格函数为 $q = 120 - 4p$. 其中，p 为销售价格，q 为需求量.求销售量为 60 件时的总收入、平均收入以及边际收入，销售量达到 70 件时，边际收入如何？并作出相应的经济解释.（单位：元）

解 由需求价格函数 $q = 120 - 4p$，得

$$p = 30 - \frac{q}{4},$$

故总收入函数为 $$R = pq = q\left(30 - \frac{1}{4}q\right),$$

于是，销售量为 60 件时的总收入为

$$R(60) = 60 \times (30 - 15) = 900 \text{（元）};$$

销售量为 60 件时的平均收入为

$$\bar{R} = \frac{R(60)}{60} = 15 \text{（元/件）};$$

因为 $R' = 30 - \dfrac{q}{2}$，所以销售量为 60 件时的边际收入为

$$R_M(60) = R'(60) = 30 - \frac{1}{2} \times 60 = 0.$$

也就是当销售量达到 60 件时，再增加一件的销量，不增加收入.

销售量为 70 件时的边际收入为

$$R_M(70) = R'(70) = 30 - \frac{1}{2} \times 70 = -5.$$

也就是当销售量达到 70 件时，再增加一件的销量，总收入大约会减少 5 元.

3. 边际利润

设某商品销售量为 q 个单位时的总利润函数为 $L=L(q)$，当销量达到 q 个单

位时,再给销量一个增量 Δq ,其相应的总利润将增加 $\Delta L = L(q+\Delta q) - L(q)$,于是再多销售 Δq 个单位时的平均利润为

$$\bar{L} = \frac{L(q+\Delta q) - L(q)}{\Delta q}.$$

如果总利润函数在 q 可导,那么

$$L'(q) = \lim_{\Delta q \to 0} \frac{L(q+\Delta q) - L(q)}{\Delta q}$$

称为销售量为 q 个单位时的边际利润,一般记为

$$L_M(q) = L'(q)$$

边际利润的经济意义是:销售量达到 q 个单位的时候,再增加一个单位的销量,即 $\Delta q = 1$ 时,相应的总利润大约增加 $L'(q)$ 个单位.

由于总利润、总收入和总成本有如下关系:

$$L(q) = R(q) - C(q)$$

因此,边际利润又可表示成　$L'(q) = R'(q) - C'(q).$

例 3　设生产 q 件某产品的总成本函数为

$$C(q) = 1\,500 + 34q + 0.3q^2,$$

如果该产品销售单价为 $p = 280$ 元/件,求:

(1)该产品的总利润函数 $L(q)$;

(2)该产品的边际利润函数 $L_M(q)$ 以及销量为 $q = 420$ 个单位时的边际利润,并对此结论作出经济意义的解释.

(3)销售量为何值时利润最大?

解　(1)由已知可得总收入函数为 $R(q) = pq = 280q$,因此总利润函数为

$$L(q) = R(q) - C(q) = 280q - 1\,500 - 34q - 0.3q^2$$
$$= -1\,500 + 246q - 0.3q^2.$$

(2)该产品的边际利润函数为

$$L_M(q) = L'(q) = 246 - 0.6q;$$
$$L_M(420) = 246 - 0.6 \times 420 = -6.$$

这说明,销售量达到 420 件时,多销售一件该产品,总利润会减少 6 元.

(3)令 $L'(q) = 0$,解得 $q = 410$ (件),又 $L''(410) = -0.6 < 0$,所以当销售量 $q = 410$ 件时,获利最大.

4. 弹性与弹性分析

(1) 弹性函数

在引入概念之前,我们先看一个例子:

有甲、乙两种商品,它们的销售单价分别为 $p_1 = 12$ 元, $p_2 = 1\,200$ 元,如果甲、乙两种商品的销售单价都上涨 10 元,从价格的绝对改变量来说,它们是完全一致

的.但是,甲商品的价格上涨是人们不可接受的,而对乙商品来说,人们会显得很平静.

究其原因,就是价格相对改变量的问题.

相比之下,甲商品价格的价格相对改变量(即上涨幅度)为 $\dfrac{\Delta p_1}{p_1} = \dfrac{10}{12} =$ 83.33%,而乙商品的价格上涨幅度只有 $\dfrac{\Delta p_2}{p_2} = \dfrac{10}{1\,200} = 0.833\,3\%$,乙商品价格的涨幅人们自然不以为然.

我们知道,对函数 $y = f(x)$ 来说,导数是研究变化率的,即在 x_0 的绝对变化量 Δy 相对于自变量的绝对变化量 Δx 的关系.

如果当自变量在 x_0 有一个相对变化率 $\dfrac{\Delta x}{x_0}$ 后,因变量相应也有一个相对变化率 $\dfrac{\Delta y}{f(x_0)}$,那么这两个相对变化率有什么关系呢? 是否可以借用导数的方法进行研究呢? 这就是下面要研究解决的问题.

定义 设 $f(x)$ 在 x_0 处可导,那么函数的相对改变量 $\dfrac{\Delta y}{f(x_0)} = \dfrac{f(x_0 + \Delta x) - f(x_0)}{f(x_0)}$ 与自变量的相对改变量 $\dfrac{\Delta x}{x_0}$ 的比值 $\dfrac{\Delta y / f(x_0)}{\Delta x / x_0}$ 称为函数 $y = f(x)$ 从 x_0 到 $x_0 + \Delta x$ 之间**弧弹性**,令 $\Delta x \to 0$,$\dfrac{\Delta y / f(x_0)}{\Delta x / x_0}$ 的极限称为 $y = f(x)$ 在 x_0 的**点弹性**,一般称为**弹性**,记为 $E_y(x_0)$,即

$$E_y(x_0) = \lim_{\Delta x \to 0} \frac{\Delta y / f(x_0)}{\Delta x / x_0} = \lim_{\Delta x \to 0} \frac{\Delta y}{\Delta x} \frac{x_0}{f(x_0)} = f'(x_0) \frac{x_0}{f(x_0)}.$$

$y = f(x)$ 在任一点 x 的弹性记为 $E_y(x) = y' \dfrac{x}{y}$,并称其为**弹性函数**.

一般来说,$\dfrac{\Delta y}{y} \approx E_y(x) \dfrac{\Delta x}{x}$,因此函数的弹性 $E_y(x)$ 反映了由于自变量 x 的变化幅度而引起的函数 $f(x)$ 变化幅度的大小,也就是 $f(x)$ 对 x 变化反应的强烈程度或灵敏度.

例 4 设 $y = x^3$,求 $E_y(x) = y' \dfrac{x}{y} = 3x^2 \dfrac{x}{x^3} = 3$.

如果 x 增加 1%,则 y 大约增加 $3 \times 1\% = 3\%$.

(2)需求价格弹性

设某种商品的需求量为 q,销售价格为 p,若需求价格函数为 $q = q(p)$ 可导,那么 $E_q(p) = q'(p) \dfrac{p}{q(p)}$ 称为该商品的**需求价格弹性**(简称**需求弹性**).

一般情况下,$q=q(p)$ 是减函数,价格高了,需求量反而会降低,因此 $E_q(p)<0$. 另外,$\dfrac{\Delta q}{q}\approx E_q(p)\dfrac{\Delta p}{p}$,其经济解释为:在销售价格为 p 的基础上,价格上涨 1%,相应的需求量将大约下降 $|E_q(p)|\%$.

例 5　已知某商品的需求函数为 $q=f(p)=\dfrac{1\,200}{p}$,求 $p=30$ 时的需求弹性.

解　$E_q(p)=q'(p)\dfrac{p}{q(p)}=\dfrac{-1\,200}{p^2}\times\dfrac{p}{\dfrac{1\,200}{p}}=-1$,说明当 $p=30$ 时,价格上涨 1%,需求大约减少 1%;价格下跌 1%,需求大约增加 1%.

（3）收入价格弹性

由于总收入 $R=pq$,而需求量 q 是价格 p 的函数,所以

$$\frac{\mathrm{d}R}{\mathrm{d}p}=q+p\,\frac{\mathrm{d}q}{\mathrm{d}p},$$

又

$$\frac{\mathrm{d}q}{\mathrm{d}p}=\frac{q}{p}E_q(p),$$

所以收入价格弹性为

$$E_R(p)=R'(p)\frac{p}{R(p)}=\left(q+p\,\frac{\mathrm{d}q}{\mathrm{d}p}\right)\frac{p}{pq}=1+\frac{p}{q}\,\frac{\mathrm{d}q}{\mathrm{d}p}=1+E_q(p).$$

下面给出三类商品的经济分析:

第一种:富有弹性商品.

若 $|E_q(p)|>1$,则称该商品为**富有弹性商品**.

对于富有弹性商品,$E_R(p)=1+E_q(p)<0$,适当降价会增加总收入.如果价格下降 10%,总收入将相对增加 $10(|E_q(p)|-1)\%$.

富有弹性商品也称价格的敏感商品,价格的微小变化,会造成需求量较大幅度的变化.

第二种:单位弹性商品.

若 $|E_q(p)|=1$,则称该商品为**具有单位弹性的商品**.

对于具有单位弹性的商品,$E_R(p)=1+E_q(p)=0$,对价格作微小的调整,并不影响总收入.

第三种:缺乏弹性商品.

若 $|E_q(p)|<1$,则称该商品为**缺乏弹性商品**.

对于缺乏弹性商品,$E_R(p)=1+E_q(p)>0$,适当涨价会增加相对总收入.如果价格上涨 10%,总收入将相对增加 $10(1-|E_q(p)|)\%$.

例 6　设某商品的需求价格函数为 $q=1.5\mathrm{e}^{-\frac{p}{5}}$,求销售价格 $p=9$ 时的需求价格弹性与收入价格弹性,并进一步做出相应的经济解释.

解　$E_q(p) = q' \cdot \dfrac{p}{q} = -0.3 e^{-\frac{p}{5}} \dfrac{p}{1.5 e^{-\frac{p}{5}}} = -\dfrac{p}{5}$，

$$E_q(9) = -\frac{9}{5} = -1.8，$$

$$E_R(9) = 1 + E_q(9) = 1 - 1.8 = -0.8.$$

由于 $|E_q(9)| = 1.8 > 1$，因此这是一种富有弹性的商品，价格的变化对需求量有较大的影响，在 $p = 9$ 的基础上，价格上涨 10%，需求量将下降 18%，总收入将下降 8%，当然价格下降 10%，需求量将上升 18%，总收入将上升 8%. 通过以上分析，价格 $p = 9$ 时应当作出适当降价的决策.

5. 经济学中的最值问题

（1）最大利润问题

因为总利润 $L(q)$、总收入 $R(q)$ 和总成本 $C(q)$ 有如下关系：
$$L(q) = R(q) - C(q)，$$
所以 $L'(q) = R'(q) - C'(q)$，在这种情况下，获利最大的销售量 q 必满足 $L'(q) = 0$，这就是说使边际收入与边际成本相等的销售量（或产量），能使利润最大.

例 7　设销售 q 千克的总利润函数为：$L(q) = -\dfrac{1}{3} q^3 + 6q^2 - 11q - 40$（万元），问销售多少千克能获利最大？

解　因为 $L'(q) = -q^2 + 12q - 11$，令 $L'(q) = 0$，得 $q = 11$，$q = 1$.

又因为 $L''(q) = -2q + 12$，所以 $L''(11) = -10 < 0$，$L''(1) = 10 > 0$.

所以 $q = 11$ 为 $L(q)$ 的极大值点（并且是唯一的），由于理论上最大利润是存在的，所以销售量 $q = 11\,\text{kg}$ 时利润最大. $L_{\max}(11) \approx 121.333$（万元）.

（2）成本最低的产量问题

例 8　设某企业生产 q 个单位产品的总成本函数是
$$C(q) = q^3 - 10q^2 + 50q.$$

（1）求使得平均成本 $\overline{C}(q)$ 为最小的产量；

（2）最小平均成本以及相应的边际成本.

解　（1）$\overline{C}(q) = \dfrac{q^3 - 10q^2 + 50q}{q} = q^2 - 10q + 50$，那么，$\overline{C}'(q) = 2q - 10$，令 $\overline{C}'(q) = 0$，解得 $q = 5$，又 $\overline{C}''(5) = 2 > 0$，所以 $q = 5$ 是 $\overline{C}(q)$ 唯一的极小值点，因而 $q = 5$ 时平均成本 $\overline{C}(q)$ 为最小.

（2）最小平均成本为 $\overline{C}(5) = 5^2 - 10 \times 5 + 50 = 25$；

相应的边际成本为 $C'(5) = 3 \times 5^2 - 20 \times 5 + 50 = 25$.

一般而言，由于 $\overline{C}(q) = \dfrac{C(q)}{q}$，所以

$$\overline{C}'(q) = \frac{qC'(q) - C(q)}{q^2} = \frac{1}{q}\big[C'(q) - \overline{C}(q)\big],$$

由于取最小平均成本时,有 $\overline{C}'(q) = 0$,即 $C'(q) = \overline{C}(q)$. 也就是最小平均成本等于相应的边际成本.

3.7.2　导数在物理学中的应用

1. 曲率概念的引入

在前面讨论了曲线 $y = f(x)$ 的凹凸性,即判定了曲线弯曲的方向. 但还有一个曲线的弯曲程度的问题. 可以直观地感受到:直线不弯曲,半径较小的圆比半径较大的圆弯曲得厉害些. 抛物线 $y = x^2$ 在顶点附近弯曲得比远离顶点的部分厉害些. 如何衡量曲线的弯曲程度?

在图 3-13(a)中,弧段 $\overset{\frown}{PQ}$ 与弧段 $\overset{\frown}{QR}$ 的长度一样,$\overset{\frown}{PQ}$ 比较平直,动点沿这弧段由 P 点移动到 Q 点时,切线转过的角度 α 不大;$\overset{\frown}{QR}$ 比较弯曲,动点沿这弧段由 Q 点移动到 R 点时,切线转过的角度 β 较大,说明曲线的弯曲程度与切线转过的角度大小有关.

但是切线转过的角度大小还不能完全反映曲线弯曲的程度. 在图 3-13(b)中可以看到,弧段 $\overset{\frown}{M_1 N_1}$ 与弧段 $\overset{\frown}{M_2 N_2}$ 切线转过的角度相同,但弯曲程度不同,短弧段比长弧段弯曲得厉害些,说明曲线的弯曲程度与切线转过的角度大小有关.

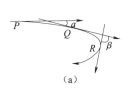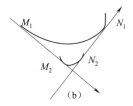

图　3-13

设曲线 C 是光滑的(曲线上每一点处都有切线,且切线随切点的移动而连续转动),在曲线 C 上选定一点 M_0 作为度量弧 s 的基点. 设曲线上点 M 对应于弧 s(s 的绝对值等于这弧段的长度,当有向弧段 $\overset{\frown}{M_0 M}$ 的方向与曲线的正向一致时 $s>0$,相反时 $s<0$. 显然, 弧 $s = \overset{\frown}{M_0 M}$ 是 x 的函数),在点 M 处切线的倾角为 φ,曲线上另外一点 N 对应于弧 $s+\Delta s$,在点 N 处切线的倾角为 $\varphi+\Delta\varphi$.

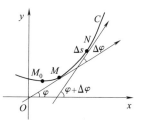

图　3-14

从图 3-14 可以看到,弧段 $\overset{\frown}{MN}$ 的长度为 $|\Delta s|$,当动点

沿弧段 $\overset{\frown}{MN}$ 由 M 点移动到 N 点时，切线转过的角度为 $\Delta\varphi$. 用比值 $\dfrac{\Delta\varphi}{\Delta s}$ 即单位弧段上切线转过的角度的大小来表示弧段 $\overset{\frown}{MN}$ 的平均弯曲程度，称这个比值为弧段 $\overset{\frown}{MN}$ 的**平均曲率**，并记作 $\overline{K}$，即

$$\overline{K} = \left|\frac{\Delta\varphi}{\Delta s}\right|.$$

当 $\Delta s \to 0$ 时，也就是 N 点沿曲线趋向于 M 点时，上述平均曲率的极限称为曲线 C 在点 M 处的**曲率**，记作 K，即

$$K = \lim_{\Delta s\to 0}\left|\frac{\Delta\varphi}{\Delta s}\right|.$$

在 $\lim\limits_{\Delta s\to 0}\dfrac{\Delta\varphi}{\Delta s}$ 存在的条件下，$K = \left|\dfrac{\mathrm{d}\varphi}{\mathrm{d}s}\right|$.

由于直线上任一点的切线与直线本身重合，当点沿直线移动时，切线转过的角度为 $\Delta\varphi = 0$，$\dfrac{\Delta\varphi}{\Delta s} = 0$，从而 $K = \left|\dfrac{\mathrm{d}\varphi}{\mathrm{d}s}\right| = 0$，也就是说，直线上任意点处的曲率都等于零.

2. 曲率的计算公式

设曲线的直角坐标方程是 $y = f(x)$，且 $f(x)$ 具有二阶导数（这时 $f'(x)$ 连续，从而曲线是光滑的）. 因为 $\tan\varphi = y'$，两边微分，有

$$\sec^2\varphi \mathrm{d}\varphi = y''\mathrm{d}x，$$

所以
$$\mathrm{d}\varphi = \frac{y''}{\sec^2\varphi}\mathrm{d}x = \frac{y''}{1+\tan^2\varphi}\mathrm{d}x = \frac{y''}{1+y'^2}\mathrm{d}x.$$

又知 $\mathrm{d}s = \sqrt{1+y'^2}\,\mathrm{d}x$，从而得曲率的计算公式为

$$K = \left|\frac{\mathrm{d}\varphi}{\mathrm{d}s}\right| = \frac{|y''|}{(1+y'^2)^{3/2}}.$$

例 9 已知圆的方程为 $x^2 + y^2 = r^2$，求在点 (x_0, y_0) 处的曲率.

解 方程两边对 x 求导，有

$$2x + 2yy' = 0，$$

解得
$$y' = -\frac{x}{y}，\quad y'\big|_{(x_0,y_0)} = -\frac{x_0}{y_0}.$$

方程 $y' = -\dfrac{x}{y}$ 两边对 x 求导，有

$$y'' = -\frac{y-xy'}{y^2} = -\frac{y+\dfrac{x^2}{y}}{y^2} = -\frac{r^2}{y^3}，\quad y''\big|_{(x_0,y_0)} = -\frac{r^2}{y_0^3}，$$

所以 $K = \left|\dfrac{\mathrm{d}\varphi}{\mathrm{d}s}\right| = \dfrac{|y''|}{(1+y'^2)^{3/2}} = \dfrac{1}{r}$，即此圆上任一点处的曲率都等于圆半径的倒

数.即圆的半径越小曲率越大,圆弯曲得越厉害.

例 10 抛物线 $y = ax^2 + bx + c$ 上哪一点处的曲率最大?

解 由 $y = ax^2 + bx + c$,得

$$y' = 2ax + b, \quad y'' = 2a,$$

代入曲率公式,得

$$K = \frac{|y''|}{[1 + (y')^2]^{3/2}} = \frac{|2a|}{[1 + (2ax + b)^2]^{3/2}},$$

显然,当 $2ax + b = 0$ 时曲率最大,即 $x = -\dfrac{b}{2a}$ 时曲率最大,此时对应的点为抛物线的顶点.因此,抛物线在顶点处的曲率最大,最大曲率为 $K = |2a|$.

习 题 3.7

1. 设某产品的成本函数 $C(x) = \dfrac{x(x + b)}{x + c} + d (x \geqslant 0)$,其中 b,c,d 为常数,求边际成本.

2. 若需求函数由 $P = \dfrac{b}{a + x} + c (x \geqslant 0)$ 确定,P 表示某商品的价格,x 表示需求量(a,b,c 都是常数),求:(1)收入函数;(2)边际收入函数.

3. 设某厂每生产某种产品 x 个单位的总成本为 $C(x) = ax^3 - bx^2 + cx (a > 0,b > 0,c > 0)$.问每批生产多少个单位的产品,其平均成本 $\dfrac{C(x)}{x}$ 最小.并求其最小平均成本和边际成本.

4. 设某种商品一周的需求量 q(单位:件)与其单价 p(单位:元)具有如下的函数关系:

$$p = -0.02q + 300 \quad (0 \leqslant q \leqslant 15\,000),$$

而且一周内制造 q 件该商品的总成本(单位:元)为

$$C(q) = 0.000\,003q^3 - 0.04q^2 + 200q + 70\,000.$$

(1)求出收入函数 R,利润函数 L;

(2)求出边际成本 C'、边际收入 R'、边际利润 L';

(3)计算 $C'(3\,000)$,$R'(3\,000)$,$L'(3\,000)$;

(4)分别求出 $p = 100$,$p = 200$ 时的需求弹性,并判断它们属于富有弹性,还是单位弹性或缺乏弹性.

5. 求抛物线 $y^2 = 2x$ 在点 (x,y) 的曲率.

6. 求抛物线 $y = x^2 - 4x + 3$ 在其顶点处的曲率.

7. 求椭圆 $4x^2 + y^2 = 4$ 在点 $(0,2)$ 处的曲率.

第4章

不定积分

在第 2 章中讨论了一元函数的微分运算,由给定的函数求它的导数或者微分.但在实际问题中,往往需要解决和微分运算正好相反的问题.例如,已知某曲线切线的斜率为 $2x$,求此曲线的方程;某质点做直线运动,已知运动速度函数为 $v = at + v_0$,求路程函数.即已知函数的导数,而要求这个函数本身,求解这类问题就要用到本章将介绍的求原函数、求不定积分运算.本章将介绍不定积分的基本概念、基本性质和基本积分方法.

4.1 不定积分的概念

4.1.1 原函数的概念

定义 1 设 $f(x)$ 在区间 I 上有定义,如果存在可导函数 $F(x)$,使得对 $\forall x \in I$ 有
$$F'(x) = f(x),$$
那么,称 $F(x)$ 为 $f(x)$ 在区间 I 上的一个**原函数**.

例如,因为在 $(-\infty, +\infty)$ 上有 $(\sin x)' = \cos x$,所以 $\sin x$ 是 $\cos x$ 在 $(-\infty, +\infty)$ 上的一个原函数;

因为在 $(-\infty, +\infty)$ 上有 $\left(\dfrac{1}{2}x^2 + 3x + 1\right)' = x + 3$,所以 $\dfrac{1}{2}x^2 + 3x + 1$ 是 $x + 3$ 在 $(-\infty, +\infty)$ 上的一个原函数;

因为在 $(-1, 1)$ 内有 $(\arcsin x)' = \dfrac{1}{\sqrt{1 - x^2}}$,所以 $\arcsin x$ 是 $\dfrac{1}{\sqrt{1 - x^2}}$ 在 $(-1, 1)$ 内的一个原函数.

给出原函数的概念之后,自然会提出以下几个问题:

(1)函数 $f(x)$ 在区间 I 上满足什么条件时才存在原函数? 这属于原函数存在性的问题.

(2)如果 $f(x)$ 在区间 I 上存在原函数,它的原函数是否唯一? 这属于原函数数量问题.

首先解决原函数存在性问题,对此有如下定理:

定理 1(原函数存在定理)　如果函数 $f(x)$ 在区间 I 上连续,则在区间 I 上存在可导函数 $F(x)$,使得对 $\forall x \in I$ 都有 $F'(x) = f(x)$.

该定理说明:连续函数一定有原函数.

不难验证,$\sin x + 1$ 是 $\cos x$ 的原函数,$\sin x + 2$ 也是 $\cos x$ 的原函数,$\sin x + \pi$ 还是 $\cos x$ 的原函数.

事实上,如果 $F'(x) = f(x)$,即 $F(x)$ 是 $f(x)$ 的一个原函数,则对任意常数 C,有

$$\left[F(x) + C \right]' = f(x)$$

表明 $F(x) + C$ 也是 $f(x)$ 的一个原函数,这意味着如果函数存在原函数,则有无穷多个原函数.

如果 $f(x)$ 存在原函数,那么 $f(x)$ 的任意两个原函数之间是什么关系的问题呢?

定理 2　如果 $F(x)$ 和 $G(x)$ 是 $f(x)$ 在区间 I 上的任意两个原函数,则
$$G(x) = F(x) + C \qquad (C \text{ 为任意常数})$$

综上所述,如果 $f(x)$ 在区间 I 上存在原函数,那么 $f(x)$ 在区间 I 上存在无限多个原函数,并且任意两个原函数之间只相差一个常数.

4.1.2　不定积分的定义

根据上述的讨论,如果 $F(x)$ 是 $f(x)$ 在区间 I 上的一个原函数,那么 $F(x) + C$(C 为任意常数)就包含了 $f(x)$ 在区间 I 上的所有原函数.

就像用 $f'(x)$ 或 $\dfrac{\mathrm{d}f}{\mathrm{d}x}$ 表示函数 $f(x)$ 的导数一样,需要引进一个符号,用它表示"已知函数 $f(x)$ 在区间 I 上的全体原函数",从而产生了不定积分的概念.

定义 2　如果 $f(x)$ 在区间 I 上存在原函数,则 $f(x)$ 在区间 I 上的全体原函数记为

$$\int f(x)\mathrm{d}x,$$

并称其为 $f(x)$ 在区间 I 上的不定积分. 这时称 $f(x)$ 在区间 I 上可积. 即

$$\int f(x)\mathrm{d}x = F(x) + C.$$

其中,$\displaystyle\int$ 称为**积分号**;$f(x)$ 称为**被积函数**;x 称为**积分变量**;$f(x)\mathrm{d}x$ 称为**被积表达式**;C 称为**积分常数**.

值得特别指出的是,$\displaystyle\int f(x)\mathrm{d}x = F(x) + C$ 表示"$f(x)$ 在区间 I 上的所有原函

数",因此等式中的积分常数是不可疏漏的.

下面介绍几个简单实例.

例 1 求 $\int \sin x \mathrm{d}x$.

解 因为 $(-\cos x)' = \sin x$,所以 $\int \sin x \mathrm{d}x = -\cos x + C$.

例 2 求 $\int \mathrm{e}^{3x} \mathrm{d}x$.

解 因为 $(\mathrm{e}^{3x})' = 3\mathrm{e}^{3x}$,所以 $\int \mathrm{e}^{3x} \mathrm{d}x = \dfrac{1}{3}\mathrm{e}^{3x} + C$.

例 3 求函数 $f(x) = \dfrac{1}{x}$ 的不定积分.

解 当 $x > 0$ 时, $(\ln x)' = \dfrac{1}{x}$,所以 $\int \dfrac{1}{x}\mathrm{d}x = \ln x + C$;

当 $x < 0$ 时, $[\ln(-x)]' = \dfrac{1}{-x} \cdot (-1) = \dfrac{1}{x}$,所以

$$\int \frac{1}{x}\mathrm{d}x = \ln(-x) + C;$$

合并上面两式,得到

$$\int \frac{1}{x}\mathrm{d}x = \ln|x| + C \quad (x \neq 0).$$

为了叙述上的方便,今后讨论不定积分时,不再指明它的积分区间,除特别声明外,所讨论的积分 $\int f(x)\mathrm{d}x$ 都是在 $f(x)$ 的连续区间内讨论的.

关于不定积分的概念还应注意:如果 $F(x)$ 是 $f(x)$ 的一个原函数,则 $\int f(x)\mathrm{d}x = F(x) + C$,因此 $\int f(x)\mathrm{d}x$, $\int f(x)\mathrm{d}x + 1$, $\int f(x)\mathrm{d}x + 2, \cdots , \int f(x)\mathrm{d}x + K$ (K 为任意常数)都表示 $f(x)$ 的所有原函数,所以从这个意义上讲有

$$\int f(x)\mathrm{d}x + 1 = \int f(x)\mathrm{d}x + 2 = \cdots = \int f(x)\mathrm{d}x + K = \int f(x)\mathrm{d}x.$$

4.1.3 不定积分的几何意义

如果 $F(x)$ 是 $f(x)$ 的一个原函数,那么曲线 $y = F(x)$ 称为被积函数 $f(x)$ 的一条积分曲线,由于不定积分

$$\int f(x)\mathrm{d}x = F(x) + C,$$

在几何上,不定积分 $\int f(x)\mathrm{d}x$ 表示积分曲线 $y = F(x)$ 沿着 y 轴由 $-\infty$ 到 $+\infty$ 平行移动的**积分曲线族**,这个曲线族中的所有曲线可表示成 $y = F(x) + C$,它们在同

一横坐标 x 处的切线彼此平行,因为它们的斜率都等于 $f(x)$,如图 4-1 所示.

例 4 已知一曲线经过 $(1,3)$ 点,并且曲线上任一点的切线的斜率等于该点横坐标的两倍,求该曲线方程.

解 设所求方程为 $y=F(x)$,由已知可得 $F'(x)=2x$,于是

$$F(x)=\int 2x\mathrm{d}x=x^2+C.$$

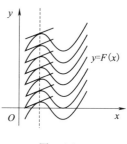

图 4-1

已知 $F(1)=3$,所以 $C=2$,即 $y=x^2+2$ 为所求方程.

4.1.4 不定积分的基本公式

由不定积分定义可得,不定积分是导数的逆运算,因此有

$$\frac{\mathrm{d}}{\mathrm{d}x}\left[\int f(x)\mathrm{d}x\right]=f(x) \text{ 或 } \mathrm{d}\left[\int f(x)\mathrm{d}x\right]=f(x)\mathrm{d}x.$$

又由于 $F(x)$ 是 $F'(x)$ 的原函数,所以

$$\int F'(x)\mathrm{d}x=F(x)+C \text{ 或记作 } \int \mathrm{d}F(x)=F(x)+C.$$

由此可见,微分运算(以记号 d 表示)与求不定积分的运算(简称积分运算,以记号 $\int$ 表示)是互逆的.当记号 $\int$ 与 d 连在一起时,或者抵消,或者抵消后差一个常数.因此,根据第 2 章基本初等函数的导数公式,不难得到不定积分的基本公式:

(1) $\int 0\mathrm{d}x=C$;

(2) $\int x^{\alpha}\mathrm{d}x=\dfrac{1}{1+\alpha}x^{\alpha+1}+C \quad (\alpha\neq -1)$;

(3) $\int \dfrac{1}{x}\mathrm{d}x=\ln|x|+C$;

(4) $\int a^x\mathrm{d}x=\dfrac{1}{\ln a}a^x+C \quad (a>0, a\neq 1)$;

(5) $\int \mathrm{e}^x\mathrm{d}x=\mathrm{e}^x+C$;

(6) $\int \sin x\mathrm{d}x=-\cos x+C$;

(7) $\int \cos x\mathrm{d}x=\sin x+C$;

(8) $\int \sec^2 x\mathrm{d}x=\tan x+C$;

(9) $\int \csc^2 x \mathrm{d}x = -\cot x + C$;

(10) $\int \sec x \tan x \mathrm{d}x = \sec x + C$;

(11) $\int \csc x \cot x \mathrm{d}x = -\csc x + C$;

(12) $\int \dfrac{1}{\sqrt{1-x^2}} \mathrm{d}x = \arcsin x + C = -\arccos x + C$;

(13) $\int \dfrac{1}{1+x^2} \mathrm{d}x = \arctan x + C = -\operatorname{arccot} x + C$.

上述积分公式是最基本的积分公式. 以后在计算不定积分时, 最终都是化为能用到基本积分公式表的形式, 因此上述基本公式必须达到熟记的程度. 上述的基本公式通常称为**基本积分表**.

例 5 $\quad \int \dfrac{1}{x^3} \mathrm{d}x = \int x^{-3} \mathrm{d}x = \dfrac{1}{-3+1} x^{-3+1} + C = -\dfrac{1}{2x^2} + C$.

例 6 $\quad \int x^2 \sqrt{x} \mathrm{d}x = \int x^{\frac{5}{2}} \mathrm{d}x = \dfrac{1}{\frac{5}{2}+1} x^{\frac{5}{2}+1} + C = \dfrac{2}{7} x^{\frac{7}{2}} + C = \dfrac{2}{7} x^3 \sqrt{x} + C$.

例 7 $\quad \int \dfrac{\mathrm{d}x}{x \sqrt[3]{x}} = \int x^{-\frac{4}{3}} \mathrm{d}x = \dfrac{x^{-\frac{4}{3}+1}}{-\frac{4}{3}+1} + C = -3 x^{-\frac{1}{3}} + C = -\dfrac{3}{\sqrt[3]{x}} + C$.

有些被积函数虽然是用分式或根式表示, 但事实上是幂函数, 只要先将它化为 x^m 的形式, 再用幂函数的积分公式即可积分.

4.1.5 不定积分的性质

性质 1 $\quad \int k f(x) \mathrm{d}x = k \int f(x) \mathrm{d}x$; 其中 k 为非零常数.

k 为非零常数的要求, 在这个等式中是必需的, 因为 $k=0$ 时, 左边 $= \int 0 \mathrm{d}x = C$, 右边 $= 0$, 等式自然不能成立.

性质 2 $\quad \int [f(x) \pm g(x)] \mathrm{d}x = \int f(x) \mathrm{d}x \pm \int g(x) \mathrm{d}x$;

更一般地有

$$\int [k_1 f_1(x) + k_2 f_2(x) + \cdots + k_n f_n(x)] \mathrm{d}x$$

$$= k_1 \int f_1(x) \mathrm{d}x + k_2 \int f_2(x) \mathrm{d}x + \cdots + k_n \int f_n(x) \mathrm{d}x.$$

当然, 上述等式都是在各个积分存在的前提下成立的.

4.1.6　直接积分计算举例

前面学习了基本积分公式和基本积分法则,利用不定积分的性质和基本积分公式,可求出一些简单函数的不定积分,这种计算方法称为直接积分法.下面通过简单的实例,说明直接积分计算的基本方法.

例 8　计算 $\int (\sin x + x^3 - e^x) dx$.

解　利用多个函数线性组合的不定积分等于各函数不定积分相应的线性组合之性质有

$$\int (\sin x + x^3 - e^x) dx = \int \sin dx + \int x^3 dx - \int e^x dx = -\cos x + \frac{1}{4} x^4 - e^x + C.$$

例 9　计算 $\int (1 + \sqrt[3]{x})^2 dx$.

解　这个积分在基本积分表中是找不着的,把被积函数用二项式展开后不难发现,它是幂函数的线性组合,于是

$$\int (1 + \sqrt[3]{x})^2 dx = \int (1 + 2x^{\frac{1}{3}} + x^{\frac{2}{3}}) dx = x + \frac{3}{2} x^{\frac{4}{3}} + \frac{3}{5} x^{\frac{5}{3}} + C.$$

例 10　计算 $\int (5^x + \tan^2 x) dx$.

解　注意到三角函数公式 $1 + \tan^2 x = \sec^2 x$,于是

$$\int (5^x + \tan^2 x) dx = \int 5^x dx + \int (\sec^2 x - 1) x = \frac{1}{\ln 5} 5^x + \tan x - x + C.$$

例 11　计算 $\int \frac{(1+x)^2}{x(1+x^2)} dx$.

解　在基本积分表中并没有这个积分,因此需要对被积函数进行适当的变换,即

$$\frac{(1+x)^2}{x(1+x^2)} = \frac{1 + 2x + x^2}{x(1+x^2)} = \frac{1}{x} + \frac{2}{1+x^2},$$

所以

$$\int \frac{(1+x)^2}{x(1+x^2)} dx = \int \left(\frac{1}{x} + \frac{2}{1+x^2} \right) dx = \int \frac{1}{x} dx + \int \frac{2}{1+x^2} dx$$
$$= \ln |x| + 2\arctan x + C.$$

例 12　计算 $\int \frac{1}{1 + \cos 2x} dx$.

解　注意到 $\cos 2x = 2\cos^2 x - 1$,于是

$$\int \frac{1}{1 + \cos 2x} dx = \int \frac{1}{1 + 2\cos^2 x - 1} dx = \frac{1}{2} \int \frac{1}{\cos^2 x} dx = \frac{1}{2} \tan x + C.$$

例 13 计算 $\int \cos^2 \dfrac{x}{2} x$.

解 注意到 $\cos x = 2\cos^2 \dfrac{x}{2} - 1$,于是

$$\int \cos^2 \dfrac{x}{2} x = \int \dfrac{1 + \cos x}{2} \mathrm{d}x = \dfrac{1}{2}\int \mathrm{d}x + \dfrac{1}{2}\int \cos x \mathrm{d}x = \dfrac{1}{2}x + \dfrac{1}{2}\sin x + C.$$

例 14 计算 $\int \dfrac{1}{\sin^2 x \cos^2 x} \mathrm{d}x$.

解 注意到 $1 = \sin^2 x + \cos^2 x$,于是

$$\dfrac{1}{\sin^2 x \cos^2 x} = \dfrac{\sin^2 x + \cos^2 x}{\sin^2 x \cos^2 x} = \dfrac{1}{\cos^2 x} + \dfrac{1}{\sin^2 x},$$

即

$$\int \dfrac{1}{\sin^2 x \cos^2 x} \mathrm{d}x = \int \left(\dfrac{1}{\cos^2 x} + \dfrac{1}{\sin^2 x} \right) \mathrm{d}x$$

$$= \int \dfrac{1}{\cos^2 x} \mathrm{d}x + \int \dfrac{1}{\sin^2 x} \mathrm{d}x = \tan x - \cot x + C.$$

对于不定积分的计算,合理地进行一些恒等变换,有时是必要的. 这些基本变换方法只有通过加强练习才能得以掌握和运用,只有在练习过程当中多进行归纳和总结,才能提高自己解决问题的能力.

关于不定积分的计算还应注意以下两点:

(1)不定积分的答案形式可以不同,只要其导数等于被积函数即可. 如

$$\int \dfrac{\mathrm{d}x}{1 - x^2} = -\ln \left| \tan\left(\dfrac{1}{2} \operatorname{arccot} x \right) \right| + C,$$

$$\int \dfrac{\mathrm{d}x}{1 - x^2} = \dfrac{1}{2}\ln \left| \dfrac{x+1}{x-1} \right| + C.$$

(2)绝大部分求不定积分是探索性的,有些或者没有原函数,或者原函数无法用初等函数表示. 如 $\int \dfrac{\sin x}{x} \mathrm{d}x$ 有原函数,但不是初等函数;函数 $f(x) = \begin{cases} 0, & x \neq 0 \\ 1, & x = 1 \end{cases}$ 在 $x = 0$ 处不连续,因此没有原函数.

习 题 4.1

1.计算下列积分:

(1) $\int \dfrac{\left(\sqrt{x} - \sqrt[3]{x^2} \right)^2}{\sqrt[4]{x}} \mathrm{d}x$;

(2) $\int \dfrac{1}{x^3} \mathrm{d}x$;

(3) $\int x\sqrt[5]{x^2}\,\mathrm{d}x$;　　　　　　　　(4) $\int\left(3x^5+\dfrac{2}{x\sqrt[3]{x}}\right)\mathrm{d}x$;

(5) $\int\left(\dfrac{1}{x}+1\right)\mathrm{d}x$;　　　　　　　(6) $\int(1+4x+5x^4)\,\mathrm{d}x$;

(7) $\int 3\sin\dfrac{x}{2}\cos\dfrac{x}{2}\,\mathrm{d}x$;　　　　(8) $\int\sin^2\dfrac{x}{2}\,\mathrm{d}x$;

(9) $\int\cos^2\dfrac{x}{2}\,\mathrm{d}x$;　　　　　　(10) $\int\left(\dfrac{2}{1+x^2}-\dfrac{3}{\sqrt{1-x^2}}\right)\mathrm{d}x$;

(11) $\int\left(10^x+\cos x-\dfrac{3}{x}\right)\mathrm{d}x$;　　(12) $\int 3^x 5^x\,\mathrm{d}x$;

(13) $\int\left(\dfrac{\sin x}{\cos^2 x}+\dfrac{\cos x}{\sin^2 x}\right)\mathrm{d}x$;　　(14) $\int\mathrm{e}^x(1+\mathrm{e}^{-x}\cos x)\,\mathrm{d}x$;

(15) $\int\dfrac{\mathrm{e}^{2x}-1}{\mathrm{e}^x+1}\,\mathrm{d}x$;　　　　　　(16) $\int\dfrac{\cos 2x}{\sin x+\cos x}\,\mathrm{d}x$;

(17) $\int\dfrac{\cos 2x}{\sin^2 x\cos^2 x}\,\mathrm{d}x$;　　　(18) $\int\dfrac{\cos 2x}{1+\cos 2x}\,\mathrm{d}x$;

(19) $\int\dfrac{3x^4+4x^2-1}{1+x^2}\,\mathrm{d}x$;　　(20) $\int\dfrac{x^2}{1+x^2}\,\mathrm{d}x$;

(21) $\int\sqrt{x\sqrt{x\sqrt{x}}}\,\mathrm{d}x$;　　　　(22) $\int\dfrac{2^x+3^x}{5^x}\,\mathrm{d}x$;

(23) $\int(x+\tan^2 x)\,\mathrm{d}x$;　　　　(24) $\int\cot^2 x\,\mathrm{d}x$;

(25) $\int\left(\dfrac{x}{2}+\dfrac{2}{x}\right)^2\mathrm{d}x$;　　　(26) $\int\sec x(\sec x-\tan x)\,\mathrm{d}x$;

(27) $\int\dfrac{\mathrm{e}^{2x}-1}{\mathrm{e}^x+1}\,\mathrm{d}x$.

2. 一曲线通过点 $(\mathrm{e},2)$，且在任一点处的切线斜率等于该点横坐标的倒数，求此曲线方程.

3. 已知 $f(x)$ 的一个原函数为 $\sin x$，求函数 $f(x)$，并求 $\int f(x)\mathrm{d}x$.

4. 设 $f(x)$ 的一个原函数是 e^{-2x}，求函数 $f(x)$，并求 $\int f(x)\mathrm{d}x$.

5. 设 $F(x)$ 是 $f(x)$ 的一个原函数，$f(x)$ 可微且其反函数 $f^{-1}(x)$ 存在，证明：

$$\int f^{-1}(x)\mathrm{d}x=xf^{-1}(x)-F[f^{-1}(x)]+C.$$

4.2　不定积分的换元积分法

利用基本积分表和积分性质，所能计算的不定积分是非常有限的，因此有必要进一步研究不定积分的求法.

4.2.1 第一换元积分法

设 $f(u)$ 有原函数 $F(u)$,则

$$F'(u) = f(u), \quad \int f(u)du = F(u) + C.$$

若 u 为中间变量,$u = \varphi(x)$ 且 $\varphi(x)$ 可微,则根据复合函数求导法则,有

$$\{F[\varphi(x)]\}' = F'(u)\varphi'(x) = f(u)\varphi'(x) = f[\varphi(x)]\varphi'(x),$$

从而根据不定积分的定义可得

$$\int f[\varphi(x)]\varphi'(x)dx = F[\varphi(x)] + C = \left[\int f(u)du\right]_{u=\varphi(x)}.$$

定理 1 [第一换元积分法(也称"凑"微分法)] 如果 $f(u)$ 关于 u 存在原函数 $F(u)$,$u = \varphi(x)$ 关于 x 存在连续导数,则

$$\int f[\varphi(x)]\varphi'(x)dx = F[\varphi(x)] + C = \left[\int f(u)du\right]_{u=\varphi(x)}.$$

使用第一换元积分法求 $\int g(x)dx$ 时,首先对被积函数做一些恒等变形,将 $g(x)$ 化为 $f[\varphi(x)]\varphi'(x)$,则

$$\int g(x)dx = \int f[\varphi(x)]\varphi'(x)dx = \int f[\varphi(x)]d\varphi(x) = \left[\int f(u)du\right]_{u=\varphi(x)},$$

从而将函数 $g(x)$ 的积分转化为函数 $f(u)$ 的积分,若能求得 $f(u)$ 的原函数 $F(u)$,只需将 $u = \varphi(x)$ 代入 $F(u)$ 中即得 $g(x)$ 的原函数.

下面通过具体的示例来说明如何应用第一换元积分法.

例 1 计算 $\int (3+x)^{100}dx$.

分析 仔细观察积分,会发现所求积分与基本积分公式 $\int x^{100}dx$ 相似,但公式中要求被积函数的底数与积分变量一致,如果将 $\int (3+x)^{100}dx$ 中 dx 凑成 $d(x+3)$,就可以运用基本积分公式了.

解 令 $u = 3+x$,得

$$\int (3+x)^{100}dx = \int (3+x)^{100}d(3+x) = \int u^{100}du$$

$$= \frac{1}{101}u^{101} + C = \frac{1}{101}(3+x)^{101} + C.$$

需要指出的是,在今后不定积分的计算过程中,可以根据需要在微分 dx 的变量 x 后面加上任意一个想加的常数,此时有 $d(x+C) = dx$.

例 2　计算 $\int e^{3x}dx$.

分析　被积函数 e^{3x} 是由 e^u 和 $u=3x$ 复合而成的，如果把 dx 凑成 $d(3x)$，则其关系式为 $dx=\dfrac{1}{3}d(3x)$，问题就可解决.

解　令 $u=3x$，得
$$\int e^{3x}dx=\int \frac{1}{3}e^{3x}d(3x)=\frac{1}{3}\int e^u du=\frac{1}{3}e^u+C=\frac{1}{3}e^{3x}+C.$$

更一般地，当被积函数形如 $f(ax+b)$ 时，被积表达式 $f(ax+b)dx$ 可凑成 $\dfrac{1}{a}f(ax+b)d(ax+b)$ 形式，即转换成 $\dfrac{1}{a}f(u)du$ 形式.

例 3　计算 $\int xe^{x^2}dx$.

分析　不难发现 $xdx=\dfrac{1}{2}d(x^2)$，这种情况下，令 $u=x^2$ 即可.

解　$\int xe^{x^2}dx=\int \dfrac{1}{2}e^{x^2}dx^2=\dfrac{1}{2}\int e^u du=\dfrac{1}{2}e^u+C=\dfrac{1}{2}e^{x^2}+C.$

例 4　计算 $\int \tan xdx$.

解　由于 $\tan x=\dfrac{\sin x}{\cos x}$，而 $\sin xdx=-d\cos x$，令 $u=\cos x$，可得
$$\int \tan xdx=\int \frac{\sin x}{\cos x}dx=\int \frac{-1}{\cos x}d\cos x=-\int \frac{1}{u}du$$
$$=-\ln|u|+C=-\ln|\cos x|+C.$$

用同样的方法可求出
$$\int \cot xdx=\int \frac{\cos x}{\sin x}dx=\int \frac{1}{\sin x}d\sin x=\ln|\sin x|+C.$$

由以上例子可以看出，使用第一换元积分法的关键在于如何凑出合适的 $\varphi(x)$.

常见的凑微分公式有：

$dx=\dfrac{1}{a}d(ax+b)(a\neq 0)$;　　　　$xdx=\dfrac{1}{2}d(x^2)$;

$\dfrac{1}{\sqrt{x}}dx=2d(\sqrt{x})$;　　　　$\dfrac{1}{x}dx=d(\ln|x|)$;

$\dfrac{1}{x^2}dx=-d\left(\dfrac{1}{x}\right)$;　　　　$e^xdx=d(e^x),a^xdx=\dfrac{1}{\ln a}d(a^x)$;

$\sin xdx=-d(\cos x)$;　　　　$\cos xdx=d(\sin x)$;

$\sec^2 xdx=d(\tan x)$;　　　　$\csc^2 xdx=-d(\cot x)$;

$$\sec x \tan x \mathrm{d}x = \mathrm{d}(\sec x); \qquad\qquad \csc x \cot x \mathrm{d}x = -\mathrm{d}(\csc x);$$

$$\frac{1}{\sqrt{1-x^2}}\mathrm{d}x = \mathrm{d}(\arcsin x) = -\mathrm{d}(\arccos x);$$

$$\frac{1}{1+x^2}\mathrm{d}x = \mathrm{d}(\arctan x) = -\mathrm{d}(\operatorname{arccot} x).$$

计算熟练后,换元的过程可以不必给出.

例 5 计算 $\displaystyle\int \frac{1}{a^2 - x^2}\mathrm{d}x (a \neq 0)$.

解 由于 $\dfrac{1}{a^2 - x^2} = \dfrac{1}{(a-x)(a+x)} = \dfrac{1}{2a}\left[\dfrac{1}{a-x} + \dfrac{1}{a+x}\right]$,所以

$$\int \frac{1}{a^2 - x^2}\mathrm{d}x = \frac{1}{2a}\left[\int \frac{1}{a-x}\mathrm{d}x + \int \frac{1}{a+x}\mathrm{d}x\right]$$

$$= \frac{1}{2a}\int \frac{-1}{a-x}\mathrm{d}(a-x) + \frac{1}{2a}\int \frac{1}{a+x}\mathrm{d}(a+x)$$

$$= \frac{-1}{2a}\ln|a-x| + \frac{1}{2a}\ln|a+x| + C$$

$$= \frac{1}{2a}\ln\left|\frac{a+x}{a-x}\right| + C.$$

例 6 计算 $\displaystyle\int \frac{1}{a^2 + x^2}\mathrm{d}x (a \neq 0)$.

分析 联想到基本积分公式 $\displaystyle\int \frac{1}{1+x^2}\mathrm{d}x$,试着将被积函数中的 a^2 变换为 1.

解 $\displaystyle\int \frac{1}{a^2 + x^2}\mathrm{d}x = \int \frac{1}{a^2}\frac{1}{1+\left(\frac{x}{a}\right)^2}\mathrm{d}x = \frac{1}{a}\int \frac{1}{1+\left(\frac{x}{a}\right)^2}\mathrm{d}\left(\frac{x}{a}\right) = \frac{1}{a}\arctan\frac{x}{a} + C.$

例 7 计算 $\displaystyle\int \frac{1}{\sqrt{a^2 - x^2}}\mathrm{d}x (a > 0)$.

分析 联想到基本积分公式 $\displaystyle\int \frac{1}{\sqrt{1-x^2}}\mathrm{d}x$,试着将被积函数中的 a^2 变换为 1.

解 $\displaystyle\int \frac{1}{\sqrt{a^2 - x^2}}\mathrm{d}x = \int \frac{1}{a}\frac{1}{\sqrt{1-\left(\frac{x}{a}\right)^2}}\mathrm{d}x = \int \frac{1}{\sqrt{1-\left(\frac{x}{a}\right)^2}}\mathrm{d}\left(\frac{x}{a}\right)$

$$= \arcsin\left(\frac{x}{a}\right) + C.$$

例 8 计算 $\displaystyle\int \frac{\mathrm{d}x}{x(1+2\ln x)}$.

分析 注意到被积函数中有 $\dfrac{1}{x}$ 和 $\ln x$,联想到凑微分公式 $\dfrac{1}{x}\mathrm{d}x = \mathrm{d}\ln x$.

解　$\displaystyle\int\frac{\mathrm{d}x}{x(1+2\ln x)}=\int\frac{\mathrm{d}\ln x}{1+2\ln x}=\frac{1}{2}\int\frac{\mathrm{d}(1+2\ln x)}{1+2\ln x}=\frac{1}{2}\ln|1+2\ln x|+C.$

例 9　计算 $\displaystyle\int\frac{\mathrm{e}^{3\sqrt{x}}}{\sqrt{x}}\mathrm{d}x.$

分析　注意到被积分函数中有 $\dfrac{1}{\sqrt{x}}$ 和 $\sqrt{x}$,联想到凑微分公式 $\dfrac{1}{\sqrt{x}}\mathrm{d}x=2\mathrm{d}\sqrt{x}.$

解　$\displaystyle\int\frac{\mathrm{e}^{3\sqrt{x}}}{\sqrt{x}}\mathrm{d}x=2\int\mathrm{e}^{3\sqrt{x}}\mathrm{d}\sqrt{x}=\frac{2}{3}\int\mathrm{e}^{3\sqrt{x}}\mathrm{d}3\sqrt{x}=\frac{2}{3}\mathrm{e}^{3\sqrt{x}}+C.$

下面再举一些含三角函数的积分的例子.有时需要先用三角公式作恒等变形,化成容易积分的形式.常用三角函数的积化和差公式如下:

$$\sin\alpha x\cos\beta x=\frac{1}{2}\big[\sin(\alpha+\beta)x+\sin(\alpha-\beta)x\big],$$

$$\sin\alpha x\sin\beta x=-\frac{1}{2}\big[\cos(\alpha+\beta)x-\cos(\alpha-\beta)x\big],$$

$$\cos\alpha x\cos\beta x=\frac{1}{2}\big[\cos(\alpha+\beta)x+\cos(\alpha-\beta)x\big].$$

例 10　计算 $\displaystyle\int\sec x\mathrm{d}x.$

解　因为 $\sec x=\dfrac{\cos x}{\cos^2 x}=\dfrac{\sin' x}{1-\sin^2 x}$,所以

$$\int\sec x\mathrm{d}x=\int\frac{\sin' x}{1-\sin^2 x}\mathrm{d}x=\int\frac{1}{1-\sin^2 x}\mathrm{d}\sin x.$$

到这时不难用例 5 的方法求得结论:

$$\int\sec x\mathrm{d}x=\int\frac{1}{1-\sin^2 x}\mathrm{d}\sin x=\frac{1}{2}\ln\left|\frac{1+\sin x}{1-\sin x}\right|+C$$

$$=\frac{1}{2}\ln\left|\frac{(1+\sin x)^2}{1-\sin^2 x}\right|+C=\ln|\sec x+\tan x|+C.$$

用同样的方法不难得出

$$\int\csc x\mathrm{d}x=-\ln|\csc x+\cot x|+C.$$

例 11　计算 $\displaystyle\int\sec^4 x\mathrm{d}x.$

解　$\displaystyle\int\sec^4 x\mathrm{d}x=\int\sec^2 x\sec^2 x\mathrm{d}x=\int\sec^2 x\mathrm{d}\tan x$

$$=\int(\tan^2 x+1)\mathrm{d}\tan x=\frac{1}{3}\tan^3 x+\tan x+C.$$

例 12 计算 $\int \sin 3x \sin 5x \mathrm{d}x$.

解 对于这种类型的积分,应当考虑到被积函数的积化和差,这样

$$\sin 3x \sin 5x = \frac{1}{2}\left[\cos(5x - 3x) - \cos(5x + 3x)\right] = \frac{1}{2}(\cos 2x - \cos 8x) ,$$

所以

$$\int \sin 3x \sin 5x \mathrm{d}x = \frac{1}{2}\int \cos 2x \mathrm{d}x - \frac{1}{2}\int \cos 8x \mathrm{d}x = \frac{1}{4}\sin 2x - \frac{1}{16}\sin 8x + C.$$

例 13 计算 $\int \sin^2 x \cos^5 x \mathrm{d}x$.

分析 被积函数有 $\sin x, \cos x$,要想办法进行转化,联想到 $\cos x \mathrm{d}x = \mathrm{d}\sin x$.

解
$$\int \sin^2 x \cos^5 x \mathrm{d}x = \int \sin^2 x \cos^4 x \mathrm{d}\sin x = \int \sin^2 x (1 - \sin^2 x)^2 \mathrm{d}\sin x$$
$$= \int \sin^2 x (1 - 2\sin^2 x + \sin^4 x) \mathrm{d}\sin x$$
$$= \frac{1}{3}\sin^3 x - \frac{2}{5}\sin^5 x + \frac{1}{7}\sin^7 x + C.$$

讨论: 不定积分 $\int \sin^3 x \mathrm{d}x$ 该如何计算?

例 14 计算 $\int \sin^2 x \mathrm{d}x$.

解 由于 $\sin^2 x = \dfrac{1 - \cos 2x}{2}$,有

$$\int \sin^2 x \mathrm{d}x = \int \frac{1 - \cos 2x}{2}\mathrm{d}x = \frac{1}{2}\int \mathrm{d}x - \frac{1}{2}\int \cos 2x \mathrm{d}x$$
$$= \frac{1}{2}x - \frac{1}{4}\int \cos 2x \mathrm{d}(2x) = \frac{x}{2} - \frac{1}{4}\sin 2x + C.$$

讨论: 不定积分 $\int \sin^4 x \mathrm{d}x$ 该如何计算?

由以上两个例题可以看出,对于形如 $\int \sin^m x \cos^n x \mathrm{d}x$ 的积分问题,可以根据 m 与 n 的奇偶分情况来进行求解.

m 与 n 中至少有一个为正奇数时,可分离一个奇数次的三角函数进行凑微分,即

$$\int \sin^m x \cos^n x \mathrm{d}x \xrightarrow{\ m\ 为正奇数\ } \int f(\cos x)\mathrm{d}\cos x ,$$
$$\int \sin^m x \cos^n x \mathrm{d}x \xrightarrow{\ n\ 为正奇数\ } \int f(\sin x)\mathrm{d}\sin x .$$

m 与 n 均为正偶数时,利用公式 $\cos^2 x = \dfrac{1 + \cos 2x}{2}$,$\sin^2 x = \dfrac{1 - \cos 2x}{2}$ 进行降幂.

不定积分第一换元积分法是积分计算的一种常用的方法,但是它的技巧性相当强,这不仅要求熟练掌握积分的基本公式,还要有一定的分析能力,要熟悉许多恒等式及微分公式. 这里没有一个可以普遍遵循的规律,即使同一个问题,解决者选择的切入点不同,解决途径也就不同. 难易程度和计算量也会大不相同.

4.2.2 第二换元积分法

首先考虑积分 $\int \dfrac{1}{1+\sqrt{1+x}}\mathrm{d}x$ 应当如何计算.

在我们所掌握的基本公式中以及所能采用的恒等变换中,很难找到一个很好的凑微分形式,进而求解出这个积分. 从问题的分析角度来说,难的就是这个根号,如果能把根号消去,问题可能就会变得简单一点了. 不妨试试看:

令 $\sqrt{1+x}=t$,于是 $x=t^2-1$,这时 $\mathrm{d}x=2t\mathrm{d}t$,把这些关系式代入原式,得

$$\int \frac{1}{1+\sqrt{1+x}}\mathrm{d}x = \int \frac{1}{1+t}2t\mathrm{d}t = \int\left(2-\frac{2}{1+t}\right)\mathrm{d}t.$$

这就得到了问题解决的办法,这一方法就是将要介绍的第二换元积分法.

定理 2 如果 $x=\varphi(t)$ 单调、可导,并且 $f[\varphi(t)]\varphi'(t)$ 存在原函数 $F(t)$,那么

$$\int f(x)\mathrm{d}x = \int f[\varphi(t)]\varphi'(t)\mathrm{d}t = F(t)+C = F[\varphi^{-1}(x)]+C.$$

事实上,

$$\frac{\mathrm{d}}{\mathrm{d}x}F[\varphi^{-1}(x)] = \frac{\mathrm{d}F}{\mathrm{d}t}\frac{\mathrm{d}t}{\mathrm{d}x} = f[\varphi(t)]\varphi'(t)\frac{1}{\dfrac{\mathrm{d}x}{\mathrm{d}t}} = f[\varphi(t)]\varphi'(t)\frac{1}{\varphi'(t)} = f(x),$$

所以等式成立.

从形式上来看,第二换元积分法是第一换元积分法倒过来使用,用一个式子来说

$$\int f[\varphi(t)]\varphi'(t)\mathrm{d}t = \int f[\varphi(t)]\mathrm{d}\varphi(t),$$

用右边求左边就是第一换元积分法;反之,用左边求右边就是第二换元积分法.

在第二换元积分法的解中,最后需要求出 $x=\varphi(t)$ 的反函数 $t=\varphi^{-1}(x)$,再代入到 $F(t)+C$.

例 15 计算 $\int \sqrt{a^2-x^2}\,\mathrm{d}x$ $(a>0)$.

分析 通过观察被积函数,首先想到利用换元法要消去根号. 如何通过换元使得根号下是某个变量的平方? 联想到三角公式 $\sin^2 t + \cos^2 t = 1$,因而可通过令 $x=\sin t$ 或 $x=\cos t$ 的方法消去根号.

解 令 $x=a\sin t$,$-\dfrac{\pi}{2}<t<\dfrac{\pi}{2}$,有 $\sqrt{a^2-x^2}=\sqrt{a^2-a^2\sin^2 t}=a\cos t$,

$dx = da\sin t = a\cos x dt$,所以

$$\int \sqrt{a^2 - x^2}\, dx = \int \sqrt{a^2 - a^2 \sin^2 t}\, a\cos t dt = a^2 \int \cos^2 t dt$$

$$= a^2 \int \frac{1 + \cos 2t}{2} dt = \frac{a^2}{2}t + \frac{a^2}{4}\sin 2t + C.$$

如图 4-2 所示,选择一个直角三角形,于是 $\sin t = \dfrac{x}{a}$, $\cos t = \dfrac{\sqrt{a^2 - x^2}}{a}$,有

$$\sin 2t = 2\sin t\cos t = \frac{2}{a^2}x\sqrt{a^2 - x^2} ,$$

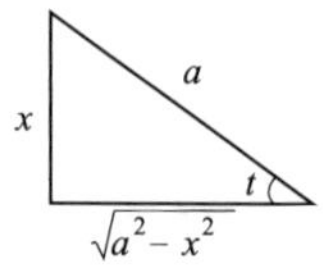

所以

$$\int \sqrt{a^2 - x^2}\, dx = \frac{a^2}{2}\arcsin \frac{x}{a} + \frac{x}{2}\sqrt{a^2 - x^2} + C.$$

图 4-2

例 16 计算 $\displaystyle\int \sqrt{a^2 + x^2}\, dx \ (a > 0)$.

解 注意到 $1 + \tan^2 t = \sec^2 t$,于是令 $x = a\tan t, -\dfrac{\pi}{2} < t < \dfrac{\pi}{2}$(见图 4-3),有

$dx = \sec^2 t dt$,代入原式有

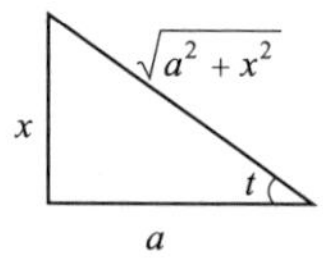

$$\int \sqrt{a^2 + x^2}\, dx = \int a\sec t a\sec^2 t dt$$

$$= a^2 \int \frac{1}{\cos^3 t} dt = a^2 \int \frac{\cos t}{\cos^4 t} dt$$

$$= a^2 \int \frac{1}{(1 - \sin^2 t)^2} d\sin t$$

$$= \frac{a^2}{4} \int \left(\frac{1}{1 - \sin t} + \frac{1}{1 + \sin t}\right)^2 d\sin t$$

$$= \frac{a^2}{4} \int \left[\frac{1}{(1 - \sin t)^2} + \frac{1}{1 - \sin t} + \frac{1}{1 + \sin t} + \frac{1}{(1 + \sin t)^2}\right] d\sin t$$

$$= \frac{a^2}{4}\left(\frac{1}{1 - \sin t} - \frac{1}{1 + \sin t} + \ln\left|\frac{1 + \sin t}{1 - \sin t}\right|\right) + C_1$$

$$= \frac{a^2}{2}\sec t\tan t + \frac{a^2}{2}\ln|\sec t + \tan t| + C_1.$$

图 4-3

所以

$$\int \sqrt{a^2 + x^2}\, dx = \frac{a^2}{2}\frac{\sqrt{a^2 + x^2}}{a}\frac{x}{a} + \frac{a^2}{2}\ln\left|\frac{\sqrt{a^2 + x^2}}{a} + \frac{x}{a}\right| + C_1$$

$$= \frac{x}{2}\sqrt{a^2 + x^2} + \frac{a^2}{2}\ln\left|x + \sqrt{a^2 + x^2}\right| + C ,$$

其中 $C = C_1 - \dfrac{a^2}{2}\ln a$.

例 17 计算 $\displaystyle\int \frac{1}{\sqrt{x^2-a^2}}\mathrm{d}x$ $(a>0)$.

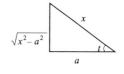

图 4-4

解 当 $x>a$ 时,设 $x=a\sec t\left(0<t<\dfrac{\pi}{2}\right)$(见图 4-4),

那么

$$\sqrt{x^2-a^2}=\sqrt{a^2\sec^2 t-a^2}=a\sqrt{\sec^2 t-1}=a\tan t,$$

于是

$$\int \frac{\mathrm{d}x}{\sqrt{x^2-a^2}}=\int \frac{a\sec t\tan t}{a\tan t}\mathrm{d}t=\int \sec t\,\mathrm{d}t=\ln|\sec t+\tan t|+C.$$

因为 $\tan t=\dfrac{\sqrt{x^2-a^2}}{a}$,$\sec t=\dfrac{x}{a}$,所以

$$\int \frac{\mathrm{d}x}{\sqrt{x^2-a^2}}=\ln|\sec t+\tan t|+C=\ln\left|\frac{x}{a}+\frac{\sqrt{x^2-a^2}}{a}\right|+C$$

$$=\ln(x+\sqrt{x^2-a^2})+C_1,$$

其中 $C_1=C-\ln a$.

当 $x<-a$ 时,令 $x=-u$,则 $u>a$,于是

$$\int \frac{\mathrm{d}x}{\sqrt{x^2-a^2}}=-\int \frac{\mathrm{d}u}{\sqrt{u^2-a^2}}=-\ln(u+\sqrt{u^2-a^2})+C$$

$$=-\ln(-x+\sqrt{x^2-a^2})+C$$

$$=\ln\frac{-x-\sqrt{x^2-a^2}}{a^2}+C$$

$$=\ln(-x-\sqrt{x^2-a^2})+C_1,$$

其中 $C_1=C-2\ln a$.

综合起来,有

$$\int \frac{\mathrm{d}x}{\sqrt{x^2-a^2}}=\ln|x+\sqrt{x^2-a^2}|+C.$$

例 18 计算 $\displaystyle\int \frac{\sqrt{1-x^2}}{x^4}$.

解 令 $x=\sin t$,$-\dfrac{\pi}{2}<t<\dfrac{\pi}{2}$,则 $\mathrm{d}x=\cos t\,\mathrm{d}t$,把上述关系代入原式,得

$$\int \frac{\sqrt{1-x^2}}{x^4}=\int \frac{\sqrt{1-\sin^2 t}}{\sin^4 t}\cos t\,\mathrm{d}t=\int \frac{\cos^2 t}{\sin^4 t}\mathrm{d}t$$

$$=-\int \cot^2 t\,\mathrm{d}\cot t=-\frac{1}{3}\cot^3 t+C.$$

由图 4-5 所示三角形不难得知，$\cot t = \dfrac{\sqrt{1-x^2}}{x}$ ，于是

$$\int \frac{\sqrt{1-x^2}}{x^4} = -\frac{1}{3}\frac{1-x^2}{x^3}\sqrt{1-x^2}+C.$$

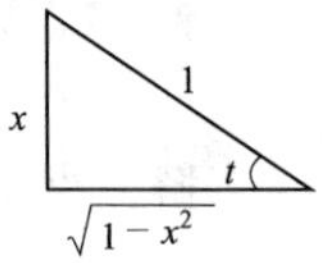

图 4-5

上述例题的解法中，都采用了三角代换，消去二次根式，这种方法称为三角代换法，它也是积分中常用的方法之一. 一般地，根据被积函数的根式类型，常用如下变换法：

① 被积函数中含有 $\sqrt{a^2-x^2}$ ，则令 $x=a\sin t$ 或 $x=a\cos t$；

② 被积函数中含有 $\sqrt{x^2+a^2}$ ，则令 $x=a\tan t$ 或 $x=a\cot t$；

③ 被积函数中含有 $\sqrt{x^2-a^2}$ ，则令 $x=a\sec t$ 或 $x=a\csc t$.

值得注意的是，在以上用三角函数变换时，在开根号时都是在主值区间内考虑的，所以通常取正号. 另外，积分中为了化掉根式是否一定采用三角代换并不是绝对的，需根据被积函数的情况来定.

例 19 计算 $\displaystyle\int \frac{x^5}{\sqrt{1+x^2}}\mathrm{d}x.$

解 令 $t=\sqrt{1+x^2}$ ，则 $x^2=t^2-1$ ，$x\mathrm{d}x=t\mathrm{d}t$ ，代入积分得

$$\int \frac{x^5}{\sqrt{1+x^2}}\mathrm{d}x = \int \frac{(t^2-1)^2}{t}t\mathrm{d}t = \int (t^4-2t^2+1)\mathrm{d}t$$

$$= \frac{1}{5}t^5 - \frac{2}{3}t^3 + t + C$$

$$= \frac{1}{15}(8-4x^2+3x^4)\sqrt{1+x^2}+C.$$

该题用三角代换法求解，过程烦琐，读者可以进行尝试.

第二换元积分法除了用于消去被积函数的根式外，也可用于被积函数是分母次数较高的有理函数或根式有理式的情况，这时可采用倒代换，令 $x=\dfrac{1}{t}$.

例 20 计算 $\displaystyle\int \frac{1}{x(x^7+2)}\mathrm{d}x.$

解 令 $x=\dfrac{1}{t}$ ，则 $\mathrm{d}x=-\dfrac{1}{t^2}\mathrm{d}t$ ，所以

$$\int \frac{1}{x(x^7+2)}\mathrm{d}x = \int \frac{t}{\left(\dfrac{1}{t}\right)^7+2}\cdot\left(-\frac{1}{t^2}\right)\mathrm{d}t$$

$$= -\int \frac{t^6}{1+2t^7}\mathrm{d}t = -\frac{1}{14}\ln|1+2t^7|+C$$

$$= -\frac{1}{14}\ln|2+x^7|+\frac{1}{2}\ln|x|+C.$$

通过前面的计算得到了一些基本积分公式,为了便于今后的应用,建议记住如下公式(公式编号接 4.1.4 节的基本积分表):

(14) $\displaystyle\int \tan x \mathrm{d}x = -\ln|\cos x| + C$;

(15) $\displaystyle\int \cot x \mathrm{d}x = \ln|\sin x| + C$;

(16) $\displaystyle\int \sec x \mathrm{d}x = \ln|\sec x + \tan x| + C$;

(17) $\displaystyle\int \csc x \mathrm{d}x = -\ln|\csc x + \cot x| + C$;

(18) $\displaystyle\int \frac{1}{a^2 - x^2} \mathrm{d}x = \frac{1}{2a}\ln\left|\frac{a+x}{a-x}\right| + C$;

(19) $\displaystyle\int \frac{1}{a^2 + x^2} \mathrm{d}x = \frac{1}{a}\arctan \frac{x}{a} + C$;

(20) $\displaystyle\int \frac{1}{\sqrt{a^2 - x^2}} \mathrm{d}x = \arcsin \frac{x}{a} + C$;

(21) $\displaystyle\int \frac{1}{\sqrt{x^2 \pm a^2}} \mathrm{d}x = \ln\left|x + \sqrt{x^2 \pm a^2}\right| + C$.

习　题　4.2

1.用第一换元积分法计算下列不定积分:

(1) $\displaystyle\int \frac{\mathrm{e}^x}{3 + \mathrm{e}^x} \mathrm{d}x$;

(2) $\displaystyle\int \frac{3 - \arctan x}{1 + x^2} \mathrm{d}x$;

(3) $\displaystyle\int \sin^4 x\cos x \mathrm{d}x$;

(4) $\displaystyle\int \sec^6 x \tan^3 x \mathrm{d}x$;

(5) $\displaystyle\int \frac{1}{1 + \cos x} \mathrm{d}x$;

(6) $\displaystyle\int \frac{\cos x}{1 + \cos x} \mathrm{d}x$;

(7) $\displaystyle\int \frac{\sin x}{\sin x + \cos x} \mathrm{d}x$;

(8) $\displaystyle\int \frac{\cos x}{\sin x + \cos x} \mathrm{d}x$;

(9) $\displaystyle\int x \sqrt[3]{4 + x^2} \mathrm{d}x$;

(10) $\displaystyle\int (2x - 3)\mathrm{e}^{x^2 - 3x + 5} \mathrm{d}x$;

(11) $\displaystyle\int \frac{x \ln^2 (1 + x^2)}{1 + x^2} \mathrm{d}x$;

(12) $\displaystyle\int \frac{\mathrm{e}^{\arccos x}}{\sqrt{1 - x^2}} \mathrm{d}x$;

(13) $\displaystyle\int \frac{1}{2 + 2x + x^2} \mathrm{d}x$;

(14) $\displaystyle\int (2 - 3x)^{1\,000} \mathrm{d}x$;

(15) $\displaystyle\int \cos^3 x \mathrm{d}x$;

(16) $\displaystyle\int \sin 5x\cos 3x \mathrm{d}x$;

$(17) \int \dfrac{1}{e^x + e^{-x}} dx;$

$(18) \int \dfrac{1}{\sqrt{x}(1+x)} dx;$

$(19) \int \dfrac{2 + \ln x}{x} dx;$

$(20) \int \dfrac{\ln(1+x) - \ln x}{x(1+x)} dx;$

$(21) \int \tan^3 x dx;$

$(22) \int \dfrac{\sin x \cos x}{\sin^4 x + \cos^4 x} dx;$

$(23) \int \dfrac{\sin x \cos x}{1 + \sin^4 x} dx;$

$(24) \int \dfrac{1}{\sqrt{2+x} - \sqrt{1+x}} dx;$

$(25) \int \dfrac{a^x b^x}{a^{2x} + b^{2x}} dx \quad (a \neq b);$

$(26) \int \dfrac{1}{x(x^3 + 1)} dx;$

$(27) \int \dfrac{2x + 1}{x^2 + 2x + 3} dx.$

2. 计算下列不定积分：

$(1) \int \dfrac{1}{1 + \sqrt{3+x}} dx;$

$(2) \int \dfrac{\sqrt{x}}{1 + \sqrt[3]{x}} dx;$

$(3) \int \dfrac{1}{\sqrt{(1+x^2)^3}} dx;$

$(4) \int \dfrac{\sqrt{x^2 - 1}}{x} dx;$

$(5) \int \dfrac{x^2}{\sqrt{2-x}} dx;$

$(6) \int \dfrac{1}{\sqrt{1 + e^x}} dx;$

$(7) \int \dfrac{1}{x^2 \sqrt{1-x^2}} dx;$

$(8) \int \dfrac{1}{x^2 \sqrt{1+x^2}} dx;$

$(9) \int \dfrac{1}{x^2 \sqrt{x^2 - 1}} dx;$

$(10) \int \dfrac{\arctan \sqrt{1+x}}{\sqrt{1+x}(2 + 2x + x^2)} dx;$

$(11) \int \dfrac{1}{x \sqrt{1 + x + x^2}} dx \quad (提示:令 x = \dfrac{1}{t});$

$(12) \int x \sqrt{\dfrac{x}{4-x}} dx \quad (提示:令 x = \sin^2 t);$

$(13) \int \dfrac{1+x}{x(1 + xe^x)} dx \quad (提示:令 xe^x = t);$

$(14) \int \dfrac{\sqrt{1 + \ln x}}{x \ln x} dx;$

$(15) \int \dfrac{e^{2x}}{\sqrt{e^x - 1}} dx;$

$(16) \int \dfrac{1}{x \sqrt{x^2 - 1}} dx.$

3. 求一个函数 $f(x)$，使得 $f'(x) = 3e^{2x} + 1$，且 $f(0) = 1$.

4. 已知一曲线在任一点 x 的切线斜率为 $\sqrt[3]{x} + x$，并且曲线经过 $(0,1)$ 点，求该曲线方程.

5.已知 $f'(\mathrm{e}^x) = x\mathrm{e}^{-x}$,且 $f(1) = 0$,求 $f(x)$.

4.3　分部积分法

前面介绍的积分方法,都是把一种类型的积分转换成另一种便于计算的积分.鉴于这种思想,借助两个函数乘积的求导法则,可实现另一种类型的积分转换,这就是本节将要介绍的分部积分法.

分部积分法是不定积分中一种重要的积分法,它对应于两个函数乘积的求导法则.现在回忆一下两个函数乘积的求导法则.设 u,v 可导,那么

$$(uv)' = u'v + uv'.$$

如果 u' 、v' 连续,那么对上式两边积分,有

$$\int (uv)'\mathrm{d}x = \int u'v\mathrm{d}x + \int uv'\mathrm{d}x,$$

即

$$\int uv'\mathrm{d}x = uv - \int u'v\mathrm{d}x \quad \text{或} \quad \int u\mathrm{d}v = uv - \int v\mathrm{d}u ,$$

这就是**分部积分公式**.

注意:在使用分部积分公式前应将不定积分化为 $\int u\mathrm{d}v$ 这样的标准形式,再使用公式.

在积分计算中常常会遇到积分 $\int u\mathrm{d}v$ 很难计算,而把"微分符号"里外的两个函数 u、v 互换一下位置之后,积分就可能变得非常简单了.

比如,直接计算 $\int x\mathrm{d}\mathrm{e}^x$ 是没有好办法的,当把 x 和 e^x 互换位置之后,得到的积分是 $\int \mathrm{e}^x\mathrm{d}x$,这个积分的计算就变得非常简单了.

应用分部积分法求积分,就是要达到上述目的,经过函数换位,达到简化积分的目的.分部积分过程为

$$\int uv'\mathrm{d}x = \int u\mathrm{d}v = uv - \int v\mathrm{d}u = uv - \int u'v\mathrm{d}x = \cdots.$$

下面通过具体的实例说明分部积分法的一般处理原则.

类型 1　$\int$ 幂函数 · 三角函数 $\mathrm{d}x$.

例 1　求 $\int x\cos x\mathrm{d}x$.

解　由于 $\mathrm{d}(\sin x) = \cos x\mathrm{d}x$,因此

$$\int x\cos x\mathrm{d}x = \int x\mathrm{d}(\sin x) = x\sin x - \int \sin x\mathrm{d}x = x\sin x + \cos x + C.$$

思考：

$$\int x\cos x\mathrm{d}x = \int \cos x\mathrm{d}\left(\frac{1}{2}x^2\right) = \frac{1}{2}x^2\cos x - \frac{1}{2}\int x^2\mathrm{d}(\cos x)$$

$$= \frac{1}{2}x^2\cos x + \frac{1}{2}\int x^2\sin x\mathrm{d}x.$$

上述解法是否正确,能否求出积分 $\int x\cos x\mathrm{d}x$? 能否从中找到这类积分凑微分的规律? 为什么?

类型 2　$\int$ 幂函数·指数函数 $\mathrm{d}x.$

例 2　求 $\int x^2\mathrm{e}^x\mathrm{d}x.$

分析　被积函数可以看作幂函数 x^2 与指数函数 e^x 的乘积,注意到 e^x 比幂函数 x^2 容易凑微分,同时 $(x^2)'$ 容易求得,因此可以将 x^2 看作分部积分公式中的 u , e^x 看作 v' 来进行凑微分.

解　$\displaystyle\int x^2\mathrm{e}^x\mathrm{d}x = \int x^2\mathrm{d}(\mathrm{e}^x) = x^2\mathrm{e}^x - \int \mathrm{e}^x\mathrm{d}(x^2) = x^2\mathrm{e}^x - 2\int x\mathrm{e}^x\mathrm{d}x$

$$= x^2\mathrm{e}^x - 2\int x\mathrm{d}(\mathrm{e}^x) = x^2\mathrm{e}^x - \left[2x\mathrm{e}^x - 2\int \mathrm{e}^x\mathrm{d}x\right]$$

$$= \mathrm{e}^x(x^2 - 2x + 2) + C.$$

类型 3　$\int$ 幂函数·对数函数 $\mathrm{d}x.$

例 3　求 $\int \ln x\mathrm{d}x.$

分析　该积分已经是分部积分公式的标准形式,因此,只需将 $\ln x$ 看作 u ,将 x 看作 v 即可.

解　$\displaystyle\int \ln x\mathrm{d}x = x\ln x - \int x\mathrm{d}(\ln x) = x\ln x - \int 1\mathrm{d}x = x\ln x - x + C.$

类型 4　$\int$ 幂函数·反三角函数 $\mathrm{d}x.$

例 4　求 $\int x\arctan x\mathrm{d}x.$

分析　被积函数中幂函数 x 较反三角函数 $\arctan x$ 容易凑微分,而 $\arctan x$ 的导数比其本身简单,因此,选择 $\arctan x$ 作为 u 、x 作为 v' 来进行凑微分.

解　$\displaystyle\int x\arctan x\mathrm{d}x = \int \arctan x\mathrm{d}\left(\frac{1}{2}x^2\right)$

$$= \frac{1}{2}x^2\arctan x - \frac{1}{2}\int x^2\mathrm{d}(\arctan x)$$

$$= \frac{1}{2}x^2 \arctan x - \frac{1}{2}\int \frac{x^2}{1+x^2}\mathrm{d}x$$

$$= \frac{1}{2}x^2 \arctan x - \frac{1}{2}\int \left(1 - \frac{1}{1+x^2}\right)\mathrm{d}x$$

$$= \frac{1}{2}x^2 \arctan x - \frac{1}{2}x + \frac{1}{2}\arctan x + C.$$

例 5 计算 $\int \arctan x \mathrm{d}x$.

解 $\int \arctan x \mathrm{d}x = x \arctan x - \int x \arctan x \,\mathrm{d}x$

$$= x \arctan x - \int \frac{x}{1+x^2}\mathrm{d}x$$

$$= x \arctan x - \frac{1}{2}\ln(1+x^2) + C.$$

类型 5 $\int$ 指数函数·三角函数 $\mathrm{d}x$.

例 6 求 $\int \mathrm{e}^{2x}\sin x\mathrm{d}x$.

解 因为 $\mathrm{e}^{2x}\mathrm{d}x = \mathrm{d}\left(\frac{1}{2}\mathrm{e}^{2x}\right)$,所以

$$\int \mathrm{e}^{2x}\sin\ x\mathrm{d}x = \int \sin\ x\mathrm{d}\left(\frac{1}{2}\mathrm{e}^{2x}\right) = \frac{1}{2}\mathrm{e}^{2x}\sin x - \frac{1}{2}\int \mathrm{e}^{2x}\mathrm{d}(\sin\ x) \qquad (4.1)$$

$$= \frac{1}{2}\mathrm{e}^{2x}\sin x - \frac{1}{2}\int \mathrm{e}^{2x}\cos x\mathrm{d}x.$$

又 $\int \mathrm{e}^{2x}\cos x\mathrm{d}x = \int \cos x\mathrm{d}\left(\frac{1}{2}\mathrm{e}^{2x}\right) = \frac{1}{2}\mathrm{e}^{2x}\cos x - \frac{1}{2}\int \mathrm{e}^{2x}\mathrm{d}(\cos x) \qquad (4.2)$

$$= \frac{1}{2}\mathrm{e}^{2x}\cos x + \frac{1}{2}\int \mathrm{e}^{2x}\sin x\mathrm{d}x.$$

把(4.2)式代入(4.1)式,并移项得

$$\int \mathrm{e}^{2x}\sin x\mathrm{d}x = \mathrm{e}^{2x}\left(\frac{2}{5}\sin x - \frac{1}{5}\cos x\right) + C.$$

注意:计算此种类型的不定积分,常把指数函数或三角函数凑成一个函数的微分,只不过要两次使用分部积分法,且两次分部积分要对相同的函数进行凑微分,并移项,加上任意常数,化简即可得到结果.

应用分部积分法的关键是恰当地选取 u 和 $\mathrm{d}v$,一般要考虑如下三点:

(1) v 要容易求得,即易凑微分 $v'\mathrm{d}x = \mathrm{d}v$;

(2)计算 $\mathrm{d}u$ 后,被积函数 vu' 要简单一点,注意权衡凑微分 $\mathrm{d}v$ 与求导 u' 的难度;

(3) $\int v \mathrm{d}u = \int vu' \mathrm{d}x$ 要比 $\int u \mathrm{d}v$ 容易积出.

常用的方法是把被积函数视为两个函数的乘积，按"反对幂指三"的顺序，前者为 u，后者为 v'，因为"幂指三"好积，且"反三角函数和对数函数"的导数比它自己简单.

例 7 计算 $\int \sec^3 x \mathrm{d}x$.

解

$$\int \sec^3 x \mathrm{d}x = \int \sec x \sec^2 x \mathrm{d}x = \int \sec x \mathrm{d}\tan x$$

$$= \sec x \tan x - \int \tan x \mathrm{d}\sec x$$

$$= \sec x \tan x - \int \tan x \sec x \tan x \mathrm{d}x$$

$$= \sec x \tan x - \int (\sec^2 x - 1) \sec x \mathrm{d}x$$

$$= \sec x \tan x - \int \sec^3 x \mathrm{d}x + \int \sec x \mathrm{d}x$$

$$= \sec x \tan x + \ln|\sec x + \tan x| - \int \sec^3 x \mathrm{d}x,$$

所以 $\quad \int \sec^3 x \mathrm{d}x = \dfrac{1}{2}(\sec x \tan x + \ln|\sec x \tan x|) + C.$

例 8 计算 $\int \sqrt{a^2 + x^2} \mathrm{d}x$.

解

$$\int \sqrt{a^2 + x^2} \mathrm{d}x = x\sqrt{a^2 + x^2} - \int x \mathrm{d}\sqrt{a^2 + x^2}$$

$$= x\sqrt{a^2 + x^2} - \int \frac{x^2}{\sqrt{a^2 + x^2}} x$$

$$= x\sqrt{a^2 + x^2} - \int \frac{x^2 + a^2 - a^2}{\sqrt{a^2 + x^2}} \mathrm{d}x$$

$$= x\sqrt{a^2 + x^2} + a^2 \int \frac{1}{\sqrt{a^2 + x^2}} \mathrm{d}x - \int \sqrt{a^2 + x^2} \mathrm{d}x$$

$$= x\sqrt{a^2 + x^2} + a^2 \ln\left|x + \sqrt{a^2 + x^2}\right| - \int \sqrt{a^2 + x^2 \mathrm{d}x},$$

所以 $\quad \int \sqrt{a^2 + x^2} \mathrm{d}x = \dfrac{x}{2}\sqrt{a^2 + x^2} + \dfrac{a^2}{2}\ln\left|x + \sqrt{a^2 + x^2}\right| + C.$

例 9 计算 $\int \mathrm{e}^{\sqrt{3x+2}} \mathrm{d}x$.

解 令 $\sqrt{3x+2} = t$，则 $x = \dfrac{t^2 - 2}{3}$，所以 $\mathrm{d}x = \dfrac{2}{3}t \mathrm{d}t$，代入原式得

$$\int e^{\sqrt{3x+2}} dx = \frac{2}{3} \int t e^t dt.$$

变化到此,再用分部积分法可得

$$\int e^{\sqrt{3x+2}} dx = \frac{2}{3} \int t e^t dt = \frac{2}{3} \int t de^t = \frac{2}{3} t e^t - \frac{2}{3} \int e^t dt$$

$$= \frac{2}{3} t e^t - \frac{2}{3} e^t + C = \frac{2}{3}(\sqrt{3x+2} - 1) e^{\sqrt{3x+2}} + C.$$

例 10 计算 $\int x^5 \cos x^3 dx$.

解 $\int x^5 \cos x^3 dx = \frac{1}{3} \int x^3 \cos x^3 dx^3 = \frac{1}{3} \int x^3 d\sin x^3$

$$= \frac{1}{3} x^3 \sin x^3 - \frac{1}{3} \int \sin x^3 dx^3$$

$$= \frac{1}{3} x^3 \sin x^3 + \frac{1}{3} \cos x^3 + C.$$

上述几个例子表明,在有的情况下,换元积分方法与分部积分法要结合起来使用. 如果方法应用得当,就能比较顺利地解决问题.

例 11 计算 $I_n = \int \frac{1}{(a^2 + x^2)^n} dx$.

对于一个被积函数是高次幂函数的积分来说,一般情况下,就是考虑如何降幂,本例的思路就是如此.

解 $I_n = \int \frac{1}{(a^2 + x^2)^n} dx = \frac{1}{a^2} \int \frac{a^2 + x^2 - x^2}{(a^2 + x^2)^n} dx$

$$= \frac{1}{a^2} \int \frac{1}{(a^2 + x^2)^{n-1}} dx - \frac{1}{a^2} \int \frac{x^2}{(a^2 + x^2)^n} dx$$

$$= \frac{1}{a^2} I_{n-1} - \frac{1}{a^2} \int x \frac{x}{(a^2 + x^2)^n} dx$$

$$= \frac{1}{a^2} I_{n-1} + \frac{1}{a^2} \frac{1}{2(n-1)} \int x d \frac{1}{(a^2 + x^2)^{n-1}}$$

$$= \frac{1}{a^2} \frac{1}{2(n-1)} \frac{x}{(a^2 + x^2)^{n-1}} + \left[\frac{1}{a^2} - \frac{1}{a^2} \frac{1}{2(n-1)} \right] I_{n-1},$$

所以

$$I_n = \frac{1}{2a^2(n-1)} \frac{x}{(a^2 + x^2)^{n-1}} + \frac{2n-3}{2a^2(n-1)} I_{n-1}.$$

这样得到一个递推公式. 由于

$$I_1 = \frac{1}{a} \arctan \frac{x}{a} + C.$$

因此,对任何正整数 n 由递推公式都能求得结果.

习 题 4.3

1.计算下列积分:

(1) $\int x (\ln x)^2 \mathrm{d}x$;　　(2) $\int x\cos 3x \mathrm{d}x$;　　(3) $\int \arcsin x \mathrm{d}x$;

(4) $\int x\mathrm{e}^{-3x}\mathrm{d}x$;　　(5) $\int x^2 \arctan x \mathrm{d}x$;　　(6) $\int x^{-2}\ln x \mathrm{d}x$;

(7) $\int \sqrt{4-x^2}\mathrm{d}x$;　　(8) $\int x^2 \cos^2 x \mathrm{d}x$;　　(9) $\int x^2 \sin^2 x \mathrm{d}x$;

(10) $\int \mathrm{e}^{-2x}\cos 3x \mathrm{d}x$;　　(11) $\int \cos \ln x \mathrm{d}x$;　　(12) $\int \dfrac{x}{\cos^2 x}\mathrm{d}x$;

(13) $\int \dfrac{x^2}{\sqrt{(a^2+x^2)^3}}\mathrm{d}x$;　　(14) $\int \mathrm{e}^{\sqrt[3]{x}}\mathrm{d}x$;　　(15) $\int \sin \sqrt{2+3x}\,\mathrm{d}x$;

(16) $\int (\arctan x)^2 \mathrm{d}x$;　　(17) $\int \sin \ln x \mathrm{d}x$;　　(18) $\int \mathrm{e}^x \sin^2 x \mathrm{d}x$;

(19) $\int (x^2+x)\ln x \mathrm{d}x$;　　(20) $\int \dfrac{x\arctan x}{\sqrt{1+x^2}}\mathrm{d}x$;　　(21) $\int \ln(x+\sqrt{1+x^2})\mathrm{d}x$.

2.设 $f(\ln x)=\dfrac{\ln(1+x)}{x}$,计算 $\int f(x)\mathrm{d}x$.

4.4 几类特殊函数的不定积分

　　前面介绍了不定积分两类重要的积分法——换元积分法和分部积分法.尽管积分(不定积分)是微分的逆运算,但积分运算要比微分运算困难得多.任一个初等函数只要可导,就一定能利用基本求导法则和基本导数公式,求出它的导数.但是,一个初等函数的积分,有时即使函数形式很简单,其积分计算也很复杂,很难计算出结果,甚至有的积分根本无法表达出来,因为它的原函数不再是初等函数了.比如, $\int \mathrm{e}^{x^2}\mathrm{d}x, \int \dfrac{\sin x}{x}\mathrm{d}x$ 等.尽管如此,有些特殊函数的积分还是有比较好的办法求出结果的.比如,有理函数、三角函数有理式以及一些特殊无理函数等,都可以经过一些特殊的变换,求出它们的积分.本节将给出几类特殊类型函数不定积分的基本方法.

4.4.1 有理函数的不定积分

　　形如 $\dfrac{P(x)}{Q(x)}$ 的函数称为**有理分式函数**.其中 $P(x)$、$Q(x)$ 是关于 x 的多项式

函数，并假定 $\dfrac{P(x)}{Q(x)}$ 为既约分式，也就是 $P(x)$ 与 $Q(x)$ 是互质的.

有理函数在理论上一定是可积的，也就是有理函数的原函数一定是初等函数.

设　　　　　　 $P(x) = a_n x^n + a_{n-1} x^{n-1} + \cdots + a_1 x + a_0$；

　　　　　　 $Q(x) = b_m x^m + b_{m-1} x^m + \cdots + b_1 x + b_0$ ，

其中 $a_n \neq 0$ ，$b_m \neq 0$.

如果 $n \geqslant m$ ，则称 $\dfrac{P(x)}{Q(x)}$ 为 **有理假分式**；如果 $n < m$ ，则称 $\dfrac{P(x)}{Q(x)}$ 为 **有理真分式**.

当 $n \geqslant m$ 时，根据多项式的带余除法，有 $P(x) = g(x)Q(x) + r(x)$ ，其中 $r(x) = 0$ ，或者 $\partial(r(x)) < \partial(Q(x))$. 于是，$\dfrac{P(x)}{Q(x)} = g(x) + \dfrac{r(x)}{Q(x)}$ ，而 $\dfrac{r(x)}{Q(x)}$ 为有理真分式.

综上所述，有如下结论：

任一个有理分式 $\dfrac{P(x)}{Q(x)}$ 一定可以表示成一个多项式函数与一个有理真分式之和.

我们知道，多项式的不定积分是简单的，所以，能有效地解决有理真分式的不定积分问题，就能有效地解决有理函数的不定积分问题. 这样，问题就放到如何解决有理真分式的不定积分上来了.

对于有理真分式，有如下的概念和结论：

(1)部分分式的概念（也称简单分式）形如 $\dfrac{A}{x-a}$ ，$\dfrac{A}{(x-a)^n}$ ，$\dfrac{Ax+B}{x^2+px+q}$ 以及 $\dfrac{Ax+B}{(x^2+px+q)^n}$ 的有理真分式称为 **部分分式**，其中 x^2+px+q 是实数域上的不可约多项式（即 $p^2 - 4q < 0$）.

(2)任何一个有理真分式必能表示成一系列部分分式之和.

综上所述，有理函数一定可以表示成多项式函数与部分分式之和.

于是，有理函数的不定积分最终归结到部分分式

$$\dfrac{A}{x-a}, \qquad \dfrac{A}{(x-a)^n}, \qquad \dfrac{Ax+B}{x^2+px+q} \qquad 以及 \qquad \dfrac{Ax+B}{(x^2+px+q)^n}$$

的不定积分上来了.

(3)有理真分式表示成部分分式之和的基本方法. 在解决有理真分式不定积分之前，首先要解决如何把有理真分式表示成部分分式之和.

我们采用的基本方法称为 **待定系数法**，具体步骤如下：

首先求出 $Q(x)$ 的标准分解式，现假定 $Q(x)$ 的标准分解式为

$$Q(x) = b\,(x - \alpha_1)^{l_1} \cdots (x - \alpha_k)^{l_k}\,(x^2 + p_1 x + q_1)^{s_1} \cdots (x^2 + p_t x + q_t)^{s_t}.$$

再假设

$$\frac{P(x)}{Q(x)} = \frac{A_{11}}{x-\alpha_1} + \frac{A_{12}}{(x-\alpha_1)^2} + \cdots + \frac{A_{1l_1}}{(x-\alpha_1)^{l_1}} + \cdots +$$

$$\frac{C_{11}x+D_{11}}{x^2+p_1x+q_1} + \frac{C_{12}x+D_{12}}{(x^2+p_1x+q_1)^2} + \cdots +$$

$$\frac{C_{1s_1}x+D_{1s_1}}{(x^2+p_1x+q_1)^{s_1}} + \cdots,$$

其中 $A_{11}, A_{12}, \cdots, C_{11}, D_{11}, \cdots$ 为待定系数.

然后等式右边进行通分,相加后把分子整理成一个多项式,比较等式两边分子同次项系数,得到一个线性方程组;最后解线性方程组,求出所有待定系数.这样,该有理真分式就表示成部分分式之和了.

在分解过程中,要特别强调的是:

如果 $Q(x)$ 的标准分解式中有因式 $(x-\alpha)^k$,那么在分解成部分分式的和的时候,和式中必须含有

$$\frac{A_1}{x-\alpha}, \quad \frac{A_2}{(x-\alpha)^2}, \quad \cdots, \quad \frac{A_k}{(x-\alpha)^k}$$

这 k 个部分分式,同样的,如果 $Q(x)$ 的标准分解式中有因式 $(x^2+px+q)^s$,那么在分解成部分分式的和的时候,和式中同样必须含有

$$\frac{C_1x+D_1}{x^2+px+q}, \quad \frac{C_2x+D_2}{(x^2+px+q)^2}, \quad \cdots, \quad \frac{C_sx+D_s}{(x^2+px+q)^s}$$

这 s 个部分分式.

比如,把 $\dfrac{3x^4+10x^3+16x^2+11x+3}{(x+1)^3(x^2+x+1)}$ 分解成部分分式之和.

设

$$\frac{3x^4+10x^3+16x^2+11x+3}{(x+1)^3(x^2+x+1)} = \frac{A}{x+1} + \frac{B}{(x+1)^2} + \frac{C}{(x+1)^3} + \frac{Dx+E}{x^2+x+1}$$

$$=\frac{A(x+1)^2(x^2+x+1)+B(x+1)(x^2+x+1)+C(x^2+x+1)+(Dx+E)(x+1)^3}{(x-1)^3(x^2+x+1)}$$

$$=\frac{F(x)}{(x+1)^3(x^2+x+1)},$$

其中

$$F(x) = (A+D)x^4 + (3A+B+3D+E)x^3 +$$
$$(4A+2B+C+3D+3E)x^2 +$$
$$(3A+2B+C+D+3E)x +$$
$$(A+B+C+E).$$

比较等式两边分子多项式同次项系数,由

$$3x^4+10x^3+16x^2+11x+3$$

$$= (A+D)x^4 + (3A+B+3D+E)x^3 + (4A+2B+C+3D+3E)x^2 +$$
$$(3A+2B+C+D+3E)x + (A+B+C+E),$$

得
$$\begin{cases} A+D = 3 \\ 3A+B+3D+E = 10 \\ 4A+2B+c+3D+3E = 16 \\ 3A+2B+C+D+3E = 11 \\ A+B+C+E = 3 \end{cases},$$

解方程组得
$$\begin{cases} A = 1 \\ B = -2 \\ C = 1 \\ D = 2 \\ E = 3 \end{cases},$$

即
$$\frac{3x^4+10x^3+16x^2+11x+3}{(x+1)^2(x^2+x+1)^2} = \frac{1}{x+1} - \frac{2}{(x+1)^2} + \frac{1}{(x+1)^3} + \frac{2x+3}{x^2+x+1}.$$

下面来看部分分式的不定积分：

(1) $\int \dfrac{A}{x-\alpha} \mathrm{d}x = A\ln|x-\alpha| + C;$

(2) $\int \dfrac{A}{(x-\alpha)^n} \mathrm{d}x = \dfrac{A}{1-n} \dfrac{1}{(x-\alpha)^{n-1}} + C \ (n>1$ 且为整数$);$

(3) $\int \dfrac{Ax+B}{x^2+px+q} \mathrm{d}x = \dfrac{A}{2} \int \dfrac{(x^2+px+q)'}{x^2+px+q} \mathrm{d}x + \left(B - \dfrac{Ap}{2}\right) \int \dfrac{1}{x^2+px+q} \mathrm{d}x$

$$= \frac{A}{2}\ln|x^2+px+q| + \left(B-\frac{Ap}{2}\right) \int \frac{1}{\left(q-\frac{p^2}{4}\right)+\left(x+\frac{p}{2}\right)^2} \mathrm{d}\left(x+\frac{p}{2}\right)$$

$$= \frac{A}{2}\ln|x^2+px+q| + \frac{2B-Ap}{\sqrt{4q-p^2}} \arctan \frac{2x+p}{\sqrt{4q-p^2}} + C;$$

(4) $\int \dfrac{Ax+B}{(x^2+px+q)^n} \mathrm{d}x = \dfrac{A}{2} \int \dfrac{(x^2+px+q)'}{(x^2+px+q)^n} \mathrm{d}x + \left(B-\dfrac{Ap}{2}\right) \int \dfrac{1}{(x^2+px+q)^n} \mathrm{d}x$

$$= \frac{A}{2(1-n)} \frac{1}{(x^2+px+q)^{n-1}} + \left(B-\frac{Ap}{2}\right) \int \frac{1}{\left[\left(q-\frac{p^2}{4}\right)+\left(x+\frac{p}{2}\right)^2\right]^n} \mathrm{d}x$$

剩下来的积分问题就变成了 $I_n = \int \dfrac{1}{(a^2+x^2)^n} \mathrm{d}x$ 的积分了. 由 4.3 节例 11

可得

$$I_n = \frac{1}{2a^2(n-1)} \frac{x}{(a^2+x^2)^{n-1}} + \frac{2n-3}{2a^2(n-1)} I_{n-1}.$$

至此,有理函数的不定积分问题完全得到解决. 下面来看几个具体的例题.

例 1 计算 $\displaystyle\int \frac{x}{x^2+3x+2} \mathrm{d}x$.

解 令 $\dfrac{x}{x^2+3x+2} = \dfrac{x}{(x+1)(x+2)} = \dfrac{A}{x+1} + \dfrac{B}{x+2}$,则

$$\frac{x}{x^2+3x+2} = \frac{A(x+2)+B(x+1)}{(x+1)(x+2)} = \frac{(A+B)x+(2A+B)}{x^2+3x+2},$$

即

$$\begin{cases} A+B=1 \\ 2A+B=0 \end{cases} \Rightarrow \begin{cases} A=-1, \\ B=2 \end{cases},$$

所以

$$\int \frac{x}{x^2+3x+2} \mathrm{d}x = \int \frac{-1}{x+1} \mathrm{d}x + \int \frac{2}{x+2} \mathrm{d}x = \ln\left| \frac{(x+2)^2}{x+1} \right| + C.$$

例 2 计算 $\displaystyle\int \frac{2x+5}{(x+1)(x^2+4x+6)} \mathrm{d}x$.

解 令 $\dfrac{2x+5}{(x+1)(x^2+4x+6)} = \dfrac{A}{x+1} + \dfrac{Bx+C}{x^2+4x+6}$,则

$$\frac{2x+5}{(x+1)(x^2+4x+6)} = \frac{A(x^2+4x+6)+(x+1)(Bx+C)}{(x+1)(x^2+4x+6)}$$

$$= \frac{(A+B)x^2+(4A+B+C)x+(6A+C)}{(x+1)(x^2+4x+6)},$$

即

$$\begin{cases} A+B=0 \\ 4A+B+C=2 \\ 6A+C=5 \end{cases} \Rightarrow \begin{cases} A=1 \\ B=-1, \\ C=-1 \end{cases}$$

所以

$$\int \frac{2x+5}{(x+1)(x^2+4x+6)} \mathrm{d}x = \int \frac{1}{x+1} \mathrm{d}x - \int \frac{x+1}{x^2+4x+6} \mathrm{d}x$$

$$= \ln|x+1| - \frac{1}{2} \int \frac{(x^2+4x+6)'}{x^2+4x+6} \mathrm{d}x + \int \frac{1}{x^2+4x+6} \mathrm{d}x$$

$$= \ln|x+1| - \frac{1}{2} \ln|x^2+4x+6| + \int \frac{1}{2+(x+2)^2} \mathrm{d}x$$

$$= \ln|x+1| - \frac{1}{2} \ln|x^2+4x+6| + \frac{1}{\sqrt{2}} \arctan \frac{x+2}{\sqrt{2}} + C.$$

例 3 计算 $\displaystyle\int \frac{x+2}{(x^2+2x+2)^2} \mathrm{d}x$.

解 $\displaystyle\int \frac{x+2}{(x^2+2x+2)^2}\mathrm{d}x = \frac{1}{2}\int \frac{(x^2+2x+2)'}{(x^2+2x+2)^2}\mathrm{d}x + \int \frac{1}{(x^2+2x+2)^2}\mathrm{d}x$

$\displaystyle =-\frac{1}{2}\frac{1}{x^2+2x+2} + \int \frac{1+(1+x)^2}{[1+(1+x)^2]^2}\mathrm{d}(x+1) - \int \frac{(1+x)^2}{[1+(1+x)^2]^2}\mathrm{d}x$

$\displaystyle =-\frac{1}{2}\frac{1}{x^2+2x+2} + \int \frac{1}{1+(1+x)^2}\mathrm{d}(1+x) + \frac{1}{2}\int (1+x)\mathrm{d}\frac{1}{1+(1+x)^2}$

$\displaystyle =-\frac{1}{2}\frac{1}{x^2+2x+2} + \arctan(1+x) + \frac{1}{2}\frac{1+x}{x^2+2x+2} - \frac{1}{2}\int \frac{1}{1+(1+x)^2}\mathrm{d}(x+1)$

$\displaystyle = \frac{1}{2}\frac{x}{x^2+2x+2} + \frac{1}{2}\arctan(1+x) + C.$

4.4.2 三角函数有理式的不定积分

三角函数有理式是指由三角函数和常数经过有限次四则运算所构成的函数，其特点是分子分母都包含三角函数的和差和乘积运算. 由于各种三角函数都可以用 $\sin x$ 及 $\cos x$ 的有理式表示，故三角函数有理式也就是 $\sin x, \cos x$ 的有理式. 一般记为 $R(\sin x, \cos x)$.

用于三角函数有理式积分的变换:(万能变换)

把 $\sin x$ 及 $\cos x$ 表示成 $\tan \dfrac{x}{2}$ 的函数，然后作变换 $u = \tan \dfrac{x}{2}$，则 $x = 2\arctan u$，

$$\sin x = 2\sin \frac{x}{2}\cos \frac{x}{2} = \frac{2\tan \dfrac{x}{2}}{\sec^2 \dfrac{x}{2}} = \frac{2\tan \dfrac{x}{2}}{1+\tan^2 \dfrac{x}{2}} = \frac{2u}{1+u^2},$$

$$\cos x = \cos^2 \frac{x}{2} - \sin^2 \frac{x}{2} = \frac{1-\tan^2 \dfrac{x}{2}}{\sec^2 \dfrac{x}{2}} = \frac{1-u^2}{1+u^2},$$

$$\mathrm{d}x = \frac{2}{1+u^2}\mathrm{d}u,$$

变换后原积分变成了有理函数的积分.

例 4 计算 $\displaystyle\int \frac{1+\sin x}{\sin x(1+\cos x)}\mathrm{d}x$.

解 令 $u = \tan \dfrac{x}{2}$，则 $\sin x = \dfrac{2u}{1+u^2}$，$\cos x = \dfrac{1-u^2}{1+u^2}$，$x = 2\arctan u$，$\mathrm{d}x = \dfrac{2}{1+u^2}\mathrm{d}u$.

于是 $\displaystyle\int \frac{1+\sin x}{\sin x(1+\cos x)}\mathrm{d}x = \int \frac{\left(1+\dfrac{2u}{1+u^2}\right)}{\dfrac{2u}{1+u^2}\left(1+\dfrac{1-u^2}{1+u^2}\right)}\frac{2}{1+u^2}\mathrm{d}u = \frac{1}{2}\int \left(u+2+\frac{1}{u}\right)\mathrm{d}u$

$$= \frac{1}{2}\left(\frac{u^2}{2} + 2u + \ln|u|\right) + C$$

$$= \frac{1}{4}\tan^2\frac{x}{2} + \tan\frac{x}{2} + \frac{1}{2}\ln\left|\tan\frac{x}{2}\right| + C.$$

注意：万能变换从理论上来说，一定可以解决三角函数有理式的积分，但不一定是最简便的方法. 例如，通常求含 $\sin^2 x$，$\cos^2 x$ 及 $\sin x \cos x$ 的有理式积分时，用代换 $\tan x = t$ 更为简单.

例 5 计算 $\displaystyle\int \frac{1}{a\sin^2 x + b\cos^2 x}\mathrm{d}x \ (ab\neq 0)$.

解 如果 $a = b$，则

$$\int \frac{1}{a\sin^2 x + b\cos^2 x}\mathrm{d}x = \int \frac{1}{a}\mathrm{d}x = \frac{1}{a}x + C.$$

如果 $a \neq b$，那么令 $\tan x = t$ 代入原式得

$$\int \frac{1}{a\sin^2 x + b\cos^2 x}\mathrm{d}x = \int \frac{1}{b + a\tan^2 x}\frac{1}{\cos^2 x}\mathrm{d}x$$

$$= \int \frac{1}{b + at^2}\mathrm{d}t$$

$$= \begin{cases} \dfrac{1}{b}\sqrt{\dfrac{b}{a}}\arctan\sqrt{\dfrac{a}{b}}\,t + C, & ab > 0 \\[3mm] \dfrac{1}{2b}\sqrt{\left|\dfrac{b}{a}\right|}\ln\left|\dfrac{\sqrt{|b|} + \sqrt{|a|}\,t}{\sqrt{|b|} - \sqrt{|a|}\,t}\right| + C, & ab < 0 \end{cases}$$

$$= \begin{cases} \dfrac{1}{b}\sqrt{\dfrac{b}{a}}\arctan\sqrt{\dfrac{a}{b}}\tan x + C, & ab > 0 \\[3mm] \dfrac{1}{2b}\sqrt{\left|\dfrac{b}{a}\right|}\ln\left|\dfrac{\sqrt{|b|} + \sqrt{|a|}\tan x}{\sqrt{|b|} - \sqrt{|a|}\tan x}\right| + C, & ab < 0 \end{cases}$$

4.4.3 简单无理函数的积分

无理函数的积分一般要采用第二换元法把根号消去. 下面介绍几种特殊的变换方法.

例 6 求 $\displaystyle\int \frac{\mathrm{d}x}{1 + \sqrt[3]{x+2}}$.

解 设 $\sqrt[3]{x+2} = u$. 即 $x = u^3 - 2$，则

$$\int \frac{\mathrm{d}x}{1 + \sqrt[3]{x+2}} = \int \frac{1}{1+u}\cdot 3u^2\mathrm{d}u = 3\int \frac{u^2 - 1 + 1}{1+u}\mathrm{d}u$$

$$= 3\int \left(u - 1 + \frac{1}{1+u}\right)\mathrm{d}u = 3\left(\frac{u^2}{2} - u + \ln|1+u|\right) + C$$

$$= \frac{3}{2} \sqrt[3]{(x+2)^2} - 3\sqrt[3]{x+2} + \ln|1 + \sqrt[3]{x+2}| + C.$$

例 7 求 $\int \frac{\mathrm{d}x}{(1 + \sqrt[3]{x})\sqrt{x}}$.

解 设 $x = t^6$,于是 $\mathrm{d}x = 6t^5\mathrm{d}t$,从而

$$\int \frac{\mathrm{d}x}{(1 + \sqrt[3]{x})\sqrt{x}} = \int \frac{6t^5}{(1+t^2)t^3}\mathrm{d}t = 6\int \frac{t^2}{1+t^2}\mathrm{d}t$$

$$= 6\int \left(1 - \frac{1}{1+t^2}\right)\mathrm{d}t = 6(t - \arctan t) + C$$

$$= 6(\sqrt[6]{x} - \arctan \sqrt[6]{x}) + C.$$

例 8 求 $\int \frac{1}{x}\sqrt{\frac{1+x}{x}}\mathrm{d}x$.

解 设 $\sqrt{\frac{1+x}{x}} = t$,即 $x = \frac{1}{t^2-1}$,于是

$$\int \frac{1}{x}\sqrt{\frac{1+x}{x}}\mathrm{d}x = \int (t^2-1)t \cdot \frac{-2t}{(t^2-1)^2}\mathrm{d}t$$

$$= -2\int \frac{t^2}{t^2-1}\mathrm{d}t = -2\int \left(1 + \frac{1}{t^2-1}\right)\mathrm{d}t$$

$$= -2t - \ln\left|\frac{t-1}{t+1}\right| + C$$

$$= -2\sqrt{\frac{1+x}{x}} - \ln \frac{\sqrt{1+x} - \sqrt{x}}{\sqrt{1+x} + \sqrt{x}} + C.$$

总结:(1) 如果被积函数形如 $R(x, \sqrt[n]{ax+b})$,则令 $t = \sqrt[n]{ax+b}$,从而将无理函数的积分化为有理函数积分;

(2)如果被积函数形如 $R\left(x, \sqrt[n]{\frac{ax+b}{cx+d}}\right)$,则令 $t = \sqrt[n]{\frac{ax+b}{cx+d}}$ 即可;

(3)如果被积函数形如 $R(x, \sqrt[n]{ax+b}, \sqrt[m]{ax+b})$,则令 $t = \sqrt[p]{ax+b}$ 即可,其中 p 为 m,n 的最小公倍数.

习 题 4.4

1.计算下列有理函数的不定积分:

(1) $\int \frac{3x+2}{x^2-5x+6}\mathrm{d}x$;

(2) $\int \frac{x^5+3x^4+2x+1}{2x^3+x^2-x}\mathrm{d}x$;

(3) $\int \frac{1}{1+x^3}\mathrm{d}x$;

(4) $\int \frac{2x-1}{x(1+x^2)}\mathrm{d}x$;

(5) $\displaystyle\int \frac{1}{(x^2-1)(x+2)}\mathrm{d}x$;

(6) $\displaystyle\int \frac{1}{1+x^4}\mathrm{d}x$;

(7) $\displaystyle\int \frac{1}{x^4+x^2+1}\mathrm{d}x$;

(8) $\displaystyle\int \frac{x^2+5x+4}{(x+1)^2(x+2)}\mathrm{d}x$;

(9) $\displaystyle\int \frac{x}{x^3-1}\mathrm{d}x$;

(10) $\displaystyle\int \frac{x^5}{x^{12}-1}\mathrm{d}x$;

(11) $\displaystyle\int \frac{x^7}{(1-x^2)^5}\mathrm{d}x$;

(12) $\displaystyle\int \frac{1}{x(x^{10}-1)}\mathrm{d}x$.

2.计算下列三角函数的积分：

(1) $\displaystyle\int \cos^4 x\,\mathrm{d}x$;

(2) $\displaystyle\int \cos^5 x\sin^2 x\,\mathrm{d}x$;

(3) $\displaystyle\int \sin^2 x\cos^4 x\,\mathrm{d}x$;

(4) $\displaystyle\int \frac{\sin^3 x}{\cos^4 x}\mathrm{d}x$;

(5) $\displaystyle\int \frac{\cos^4 x}{\sin^3 x}\mathrm{d}x$;

(6) $\displaystyle\int \frac{1}{\sin x\cos^3 x}\mathrm{d}x$;

(7) $\displaystyle\int \frac{1}{2+\sin x}\mathrm{d}x$;

(8) $\displaystyle\int \frac{1}{3+\cos x}\mathrm{d}x$;

(9) $\displaystyle\int \frac{1}{3+\sin^2 x}\mathrm{d}x$;

(10) $\displaystyle\int \frac{1}{1+\sin x+\cos x}\mathrm{d}x$;

(11) $\displaystyle\int \frac{1}{1+\tan x}\mathrm{d}x$;

(12) $\displaystyle\int \frac{1}{(\sin x+\cos x)^2}\mathrm{d}x$;

(13) $\displaystyle\int \frac{1}{5-4\sin x+3\cos x}\mathrm{d}x$;

(14) $\displaystyle\int \frac{1+\tan x}{\sin 2x}\mathrm{d}x$;

(15) $\displaystyle\int \frac{\sin x}{\sin^2 x+4\cos^2 x}\mathrm{d}x$.

3.计算下列无理函数的积分：

(1) $\displaystyle\int \frac{1}{\sqrt[3]{(x+1)^2(x-1)^4}}\mathrm{d}x$;

(2) $\displaystyle\int x\sqrt{2x-3}\,\mathrm{d}x$;

(3) $\displaystyle\int \frac{1}{\sqrt[3]{}(1+\sqrt[4]{x})^3}\mathrm{d}x$;

(4) $\displaystyle\int \frac{x}{1+\sqrt{1+x^2}}\mathrm{d}x$;

(5) $\displaystyle\int \frac{\sqrt{x(x+1)}}{\sqrt{x}+\sqrt{x+1}}\mathrm{d}x$;

(6) $\displaystyle\int \frac{x+4}{\sqrt{5-4x+x^2}}\mathrm{d}x$;

(7) $\displaystyle\int \frac{1}{(1+x)\sqrt{x^2+x+1}}\mathrm{d}x$;

(8) $\displaystyle\int \frac{1}{x+\sqrt{x^2+x+1}}\mathrm{d}x$;

(9) $\displaystyle\int \frac{x^2}{\sqrt{x^2+x+1}}\mathrm{d}x$.

第5章

定 积 分

定积分是微积分的主要内容之一,在高等数学中占有极其重要的地位,同时在几何、物理、工程技术、经济学等诸多领域都有广泛的应用.本章将主要介绍定积分的基本概念、基本性质和基本计算方法.

5.1 定积分的概念

5.1.1 定积分概念引入的背景

在引入定积分的概念之前,先看两个实例.

例1 曲边梯形的面积问题.

在直角坐标系中,由连续曲线 $y = f(x)$ 和直线 $x = a$,$x = b$ 及 x 轴所围成的平面图形称为**曲边梯形**,如图 5-1 所示,求曲边梯形的面积 A.

注意到虽然曲边梯形的高 $f(x)$ 在区间 $[a,b]$ 上是连续变化的,但在很小一段的区间上它的变化很小,近似于不变.因此,可以将曲边梯形分成 n 个小曲边梯形,每个小曲边梯形的面积用矩形的面积近似替代,从而 n 个矩形的面积之和为曲边梯形的面积 A 的近似值,通过取极限,便得到面积的准确值.

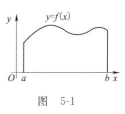

图 5-1

具体步骤分析如下:

(1)分割.任取分点 $a = x_0 < x_1 < x_2 \cdots < x_{n-1} < x_n = b$,把底边 $[a,b]$ 分成 n 个小区间 $[x_0,x_1],[x_1,x_2],\cdots,[x_{n-1},x_n]$,小区间的长度记为 $\Delta x_i = x_i - x_{i-1}(i = 1,2,\cdots,n)$.过每个分点 x_i 作 x 轴的垂线,把曲边梯形分成 n 个小曲边梯形,如图 5-2所示.用 ΔA_i 表示第 i 个小曲边梯形的面积,则有

$$A = \Delta A_1 + \Delta A_2 + \cdots + \Delta A_n = \sum_{i=1}^{n} \Delta A_i.$$

(2)近似.在每个小区间 $[x_{i-1},x_i]$ 上任取一点 $\xi_i(x_{i-1} \leqslant \xi_i \leqslant x_i)$,以 $f(\xi_i)$ 为高、Δx_i 为宽的小矩形的面积近似代替小曲边梯形的面积 ΔA_i,即

$$\Delta A_i \approx f(\xi_i)\Delta x_i (i = 1, 2, \cdots, n).$$

（3）求和.

$$A = \sum_{i=1}^{n} \Delta A_i \approx \sum_{i=1}^{n} f(\xi_i)\Delta x_i.$$

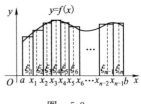

图 5-2

（4）取极限. 用 $\displaystyle\sum_{i=1}^{n} f(\xi_i)\Delta x_i$ 近似代替曲边梯形的面积时，误差与分割粗细有关系. 一般来说，分割越细，误差越小，近似效果越好，精度越高，当分割无限细时，$\displaystyle\sum_{i=1}^{n} f(\xi_i)\Delta x_i$ 无限趋近于曲边梯形的面积 A，即

$$A = \lim_{\lambda \to 0} \sum_{i=1}^{n} f(\xi_i)\Delta x_i, \quad \lambda = \max\{\Delta x_1, \Delta x_2, \cdots, \Delta x_n\}.$$

例 2 变速直线运动的路程问题.

设一质点做变速直线运动，速度 $v = v(t)$ 是时间 t 的连续函数，求在时间间隔 $[T_1, T_2]$ 上质点所经过的路程.

我们知道，对于匀速运动来说，路程＝速度×时间，由于本问题中的速度是变化的，故不能直接利用匀速直线运动的路程公式来计算.

问题 1：在什么时候，可以将变速直线运动看作或近似看作匀速运动？

在某时间段，当时间变化极其微小时（$\Delta t \to 0$），由于函数 $v(t)$ 是连续函数，因此速度 $v(t)$ 也变化不大（连续函数定义：当 $\Delta t \to 0$ 时，$\Delta v \to 0$），从而可近似认为速度不变. 此时，其路程近似等于 $v(t)\Delta t$.

问题 2：如何将一个大的时间段变成微小的时间段呢？

显然，可以采用分割方法，将大的时间段分成很多小时间段.

问题 3：如何求变速直线运动物体所经过的路程的近似值，且使其具有较好精度？

把时间间隔分小，在小段时间内，以匀速运动代替变速运动，那么，就可算出部分路程的近似值；再求和，得到整个路程的近似值；最后，当时间间隔无限细分时，总路程的近似值的极限就是所求变速直线运动的路程的精确值. 具体计算步骤如下：

（1）分割. 任取分点 $T_1 = t_0 < t_1 < t_2 < \cdots < t_{i-1} < t_i < \cdots < t_{n-1} < t_n = T_2$，把区间 $[T_1, T_2]$ 分成 n 个小区间 $[t_0, t_1], [t_1, t_2], \cdots, [t_{n-1}, t_n]$.

（2）近似. 在微小区间 $[t_{i-1}, t_i]$ 上任取一点 ξ_i，以该时刻的速度 $v(\xi_i)$ 近似代替小时间段的平均速度，所以 $\Delta S_i \approx v(\xi_i)\Delta t_i$，其中 $\Delta t_i = t_i - t_{i-1}$.

（3）求和.

$$S = \sum_{i=1}^{n} \Delta S_i \approx \sum_{i=1}^{n} v(\xi_i)\Delta t_i.$$

（4）取极限.

$$S = \lim_{\lambda \to 0} \sum_{i=1}^{n} v(\xi_i) \Delta t_i, \quad \text{其中} \lambda = \max\{\Delta t_1, \Delta t_2, \cdots, \Delta t_n\}.$$

分析以上两个问题的讨论，虽然具体意义不同，但解决问题的方法都是一样的，从数量关系上看，这两个问题最后都归结为求同一类型"和式"的极限，即归结为同一数学模型，在处理实际问题中，有很多问题都归结为求这种和式的极限

$$\lim_{\lambda \to 0} \sum_{i=1}^{n} f(\xi_i) \Delta x_i.$$

因此，研究这种和式的极限具有普遍的意义，抽象出它们的共同数学特征，就得到下述定积分的定义.

5.1.2 定积分的概念

1. 定积分的定义

定义 设函数 $f(x)$ 在闭区间 $[a,b]$ 上有界.

（1）在闭区间 $[a,b]$ 内任意插入 $n-1$ 个分点，$a=x_0<x_1<x_2<\cdots<x_{n-1}<x_n=b$，将区间 $[a,b]$ 分割成 n 个小区间，$[x_0,x_1],[x_1,x_2],\cdots,[x_{n-1},x_n]$，并且令 $\Delta x_i = x_i - x_{i-1}(i=1,2,\cdots,n)$；

（2）在每个小区间 $[x_{i-1},x_i]$ 上任取一点 $\xi_i \in [x_{i-1},x_i]$，作乘积 $f(\xi_i)\Delta x_i(i=1,2,\cdots,n)$；

（3）求和 $\sum_{i=1}^{n} f(\xi_i)\Delta x_i$；

（4）令 $\lambda = \max\{\Delta x_1, \Delta x_2, \cdots, \Delta x_n\}$，取极限 $\lim_{\lambda \to 0} \sum_{i=1}^{n} f(\xi_i)\Delta x_i$；

如果极限 $\lim_{\lambda \to 0} \sum_{i=1}^{n} f(\xi_i)\Delta x_i = I$ 存在，并且极限值 I 与区间 $[a,b]$ 的分割无关，还与点 ξ_i 在区间 $[x_{i-1},x_i]$ 上的选取无关，那么就称 $f(x)$ 在区间 $[a,b]$ 上**可积**，并把极限值 I 称为 $f(x)$ 在区间 $[a,b]$ 上的**定积分**，并记为 $\int_a^b f(x)\mathrm{d}x$，即

$$\int_a^b f(x)\mathrm{d}x = \lim_{\lambda \to 0} \sum_{i=1}^{n} f(\xi_i)\Delta x_i,$$

其中，$f(x)$ 称为**被积函数**；$f(x)\mathrm{d}x$ 称为**被积表达式**；和式 $\sum_{i=1}^{n} f(\xi_i)\Delta x_i$ 称为**积分和**（也称为**黎曼和**）；$\int$ 称为**积分号**；a 称为**积分下限**；b 称为**积分上限**；x 称为**积分变量**；$[a,b]$ 称为**积分区间**.

注意：如果 $\int_a^b f(x)\mathrm{d}x$ 存在，则定积分值是一个确定的常数，只与被积函数

$f(x)$ 及积分区间 $[a,b]$ 有关,与积分变量的记号无关. 即

$$\int_a^b f(x)\mathrm{d}x = \int_a^b f(t)\mathrm{d}t = \int_a^b f(u)\mathrm{d}u.$$

由定积分的定义可知,前面讲述的两个例子实际上就是:

曲边梯形的面积为 $\quad S = \int_a^b f(x)\mathrm{d}x$;

质点运动的路程为 $\quad S = \int_{T_0}^{T_1} v(t)\mathrm{d}t.$

2. 定积分的几何意义

接下来分析定积分 $\int_a^b f(x)\mathrm{d}x$ 的几何意义.

(1)在 $[a,b]$ 上,当 $f(x) \geqslant 0$ 时,曲线 $y=f(x)$ 位于上半平面,和式中的 $f(\xi_i) \geqslant 0$,于是 $\sum\limits_{i=1}^n f(\xi_i)\Delta x_i \geqslant 0$,因此,$\int_a^b f(x)\mathrm{d}x \geqslant 0$,表示的是图 5-3 的曲边梯形的面积值;

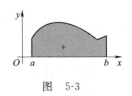

图 5-3

(2) 在 $[a,b]$ 上,当 $f(x) \leqslant 0$ 时,曲线 $y=f(x)$ 位于下半平面,和式中的 $f(\xi_i) \leqslant 0$,于是

$$\sum_{i=1}^n f(\xi_i)\Delta x_i \leqslant 0,$$

因此,$\int_a^b f(x)\mathrm{d}x \leqslant 0$,它所表示的是图 5-4 曲边梯形面积的负值;

图 5-4

(3)更一般地,在 $[a,b]$ 上,$f(x)$ 有正有负,在几何上 $\int_a^b f(x)\mathrm{d}x$ 表示的是直线 $x=a,x=b$,x 轴以及曲线 $y=f(x)$ 所围成图形面积的代数和,如图 5-5 所示.

3. 积分存在定理

给出定积分的定义之后,我们关心的问题之一自然就是怎样判断定积分是否存在,这也就是可积性问题. 在这里我们不做深入讨论,只给出一个判定定理.

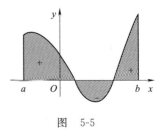

图 5-5

定理 (1) 若 $f(x)$ 在区间 $[a,b]$ 上连续,则 $f(x)$ 在区间 $[a,b]$ 上可积;

(2)若 $f(x)$ 在区间 $[a,b]$ 上有界,并且至多只有有限个间断点,则 $f(x)$ 在区间 $[a,b]$ 上可积.

下面来看一个用定积分定义求定积分的例子.

例 3 求 $\int_0^1 x^2 \mathrm{d}x$.

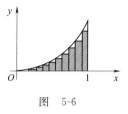

解 因被积函数 x^2 在 $[0,1]$ 区间上连续(见图 5-6),由定理可知,该定积分一定存在,且与区间 $[0,1]$ 的分法及点 ξ_i 的取法无关.因此,为计算方便,我们取特殊的分法,特殊的取点法.

图 5-6

(1)将 $[0,1]$ 区间进行 n 等分,得到 n 个小区间

$$\left[0,\frac{1}{n}\right],\left[\frac{1}{n},\frac{2}{n}\right],\cdots,\left[\frac{n-1}{n},1\right].$$

(2)在每个小区间 $\left[\frac{i-1}{n},\frac{i}{n}\right]$ 上取左端点 $\frac{i-1}{n}$ 为 ξ_i ,作乘积

$$f(\xi_i)\Delta x_i = \left(\frac{i-1}{n}\right)^2 \frac{1}{n}.$$

(3)求和.

$$\sum_{i=1}^n \left(\frac{i-1}{n}\right)^2 \frac{1}{n} = \frac{1}{n^3}\sum_{i=1}^n (i-1)^2 = \frac{(n-1)n(2n-1)}{6n^3},$$

因为是 n 等分区间,最长的区间长度为 $\frac{1}{n}$,而 $\frac{1}{n} \to 0 \Leftrightarrow n \to \infty$,所以

$$\int_0^1 x^2 \mathrm{d}x = \lim_{n\to\infty} \frac{(n-1)n(2n-1)}{6n^3} = \frac{1}{3}.$$

例 4 利用定积分的几何意义,求定积分 $\int_0^2 \sqrt{4-x^2}\,\mathrm{d}x$ 的值.

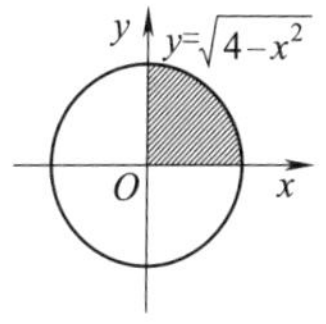

解 定积分 $\int_0^2 \sqrt{4-x^2}\,\mathrm{d}x$ 在几何上表示曲边梯形(由曲线 $y=\sqrt{4-x^2}$ 或 $x^2+y^2=4(y\geqslant 0)$,直线 $x=0,y=0$ 所围成)的面积,该曲边梯形为以 $O(0,0)$ 为圆心,2 为半径的 1/4 圆,如图 5-7所示.因此

图 5-7

$$\int_0^2 \sqrt{4-x^2}\,\mathrm{d}x = \frac{1}{4}\pi \cdot 2^2 = \pi.$$

习　题　5.1

1.用定积分定义计算 $y=x$,$x=10$,$x=20$ 以及 $y=0$ 围成的图形的面积.

2.一质点做变速直线运动,其速度为 $v(t)=3t+2$(单位:m/s),求该质点前 10 s 运行的路程.

3.用定积分表示下列极限:

(1) $\lim\limits_{n\to\infty}\left\{\dfrac{1}{\sqrt{1+n^2}}+\dfrac{1}{\sqrt{2^2+n^2}}+\cdots+\dfrac{1}{\sqrt{n^2+n^2}}\right\}$;

(2) $\lim\limits_{n\to\infty}\dfrac{1}{n}\left\{\ln\left(1+a+\dfrac{b-a}{n}\right)+\ln\left[1+a+\dfrac{2(b-a)}{n}\right]+\cdots+\ln\left[1+a+(b-a)\right]\right\}$.

4.利用定积分的几何意义求下列定积分:

(1) $\displaystyle\int_0^4\sqrt{4-x^2}\,\mathrm{d}x$;   (2) $\displaystyle\int_0^1 2x\,\mathrm{d}x$;   (3) $\displaystyle\int_{-1}^1\sin x^3\,\mathrm{d}x$.

5.2 定积分的性质

在本节将给出定积分的一些基本性质,并由定积分的定义作一些简要的说明性的证明.为了便于积分问题的讨论,需要作如下约定:

(1)当积分下限等于积分上限时,积分值等于零,即 $\displaystyle\int_a^a f(x)\mathrm{d}x=0$.

(2) $\displaystyle\int_a^b f(x)\mathrm{d}x=-\int_b^a f(x)\mathrm{d}x$. 也就是说,互换积分下限与积分上限的位置时,积分要变号.

性质 1 若 $f(x),g(x)$ 在区间 $[a,b]$ 上可积,则 $f(x)\pm g(x)$ 在区间 $[a,b]$ 上仍可积,并且

$$\int_a^b\left[f(x)\pm g(x)\right]\mathrm{d}x=\int_a^b f(x)\mathrm{d}x\pm\int_a^b g(x)\mathrm{d}x.$$

证明 $\displaystyle\int_a^b\left[f(x)\pm g(x)\right]\mathrm{d}x=\lim_{\lambda\to0}\sum_{i=1}^n\left[f(\xi_i)\pm g(\xi_i)\right]\Delta x_i$

$$=\lim_{\lambda\to0}\sum_{i=1}^n f(\xi_i)\Delta x_i\pm\lim_{\lambda\to0}\sum_{i=1}^n g(\xi_i)\Delta x_i$$

$$=\int_a^b f(x)\mathrm{d}x\pm\int_a^b g(x)\mathrm{d}x.$$

性质 2 若 $f(x)$ 在区间 $[a,b]$ 上可积,k 是一个常数,则 $kf(x)$ 在区间 $[a,b]$ 上仍可积,并且

$$\int_a^b kf(x)\mathrm{d}x=k\int_a^b f(x)\mathrm{d}x.$$

证明 $\displaystyle\int_a^b kf(x)\mathrm{d}x=\lim_{\lambda\to0}\sum_{i=1}^n kf(\xi_i)\Delta x_i=\lim_{\lambda\to0}k\sum_{i=1}^n f(\xi_i)\Delta x_i=k\lim_{\lambda\to0}\sum_{i=1}^n f(\xi_i)\Delta x_i$

$$=k\int_a^b f(x)\mathrm{d}x.$$

性质 1 与性质 2 合起来称为定积分的线性性质,即

$$\int_a^b\left[Kf(x)\pm Lg(x)\right]\mathrm{d}x=K\int_a^b f(x)\mathrm{d}x\pm L\int_a^b g(x)\mathrm{d}x$$

（其中 K 与 L 是常数）.

性质 3（积分区间的可加性）　若 $f(x)$ 在区间 $[a,b]$ 上可积，c 是满足不等式 $a<c<b$ 的任意一个实数，则 $f(x)$ 在区间 $[a,c]$ 上可积，在区间 $[c,b]$ 上也可积，并且

$$\int_a^b f(x)\mathrm{d}x = \int_a^c f(x)\mathrm{d}x + \int_c^b f(x)\mathrm{d}x.$$

证明　略.

值得注意的是，不论 a,b,c 的相对位置如何，总有等式

$$\int_a^b f(x)\mathrm{d}x = \int_a^c f(x)\mathrm{d}x + \int_c^b f(x)\mathrm{d}x$$

成立. 例如，当 $a<b<c$ 时，由于

$$\int_a^c f(x)\mathrm{d}x = \int_a^b f(x)\mathrm{d}x + \int_b^c f(x)\mathrm{d}x,$$

于是

$$\int_a^b f(x)\mathrm{d}x = \int_a^c f(x)\mathrm{d}x - \int_b^c f(x)\mathrm{d}x = \int_a^c f(x)\mathrm{d}x + \int_c^b f(x)\mathrm{d}x.$$

性质 4（积分估值性）　若 $f(x)$ 在区间 $[a,b]$ 上连续，m,M 分别是 $f(x)$ 在区间 $[a,b]$ 上的最小值和最大值，则

$$m(b-a)\leqslant \int_a^b f(x)\mathrm{d}x \leqslant M(b-a).$$

该性质的几何解释是：曲线 $y=f(x)$ 在区间 $[a,b]$ 上所围成的曲边梯形面积介于以区间 $[a,b]$ 的长度为底，分别以 m 和 M 为高的两个矩形面积之间，如图 5-8 所示.

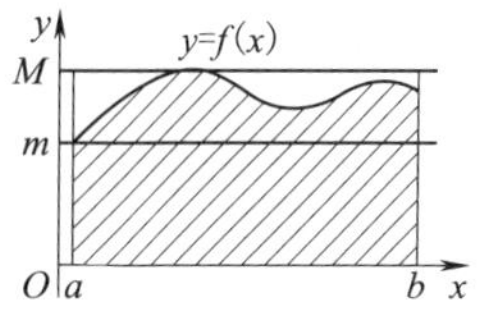

性质 5　若 $f(x),g(x)$ 在区间 $[a,b]$ 上可积，并且在区间 $[a,b]$ 上有 $f(x)\leqslant g(x)$（见图 5-9），则

$$\int_a^b f(x)\mathrm{d}x \leqslant \int_a^b g(x)\mathrm{d}x.$$

证明　因为 $g(x)-f(x)\geqslant 0$，从而

$$\int_a^b g(x)\mathrm{d}x - \int_a^b f(x)\mathrm{d}x = \int_a^b [g(x)-f(x)]\mathrm{d}x \geqslant 0,$$

所以

$$\int_a^b f(x)\mathrm{d}x \leqslant \int_a^b g(x)\mathrm{d}x.$$

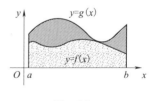

图　5-8

图　5-9

这个性质的几何解释是十分明显的，同底的曲边梯形，曲边位置高的图形面积值自然不小.

推论　若 $f(x)$ 在区间 $[a,b]$ 上可积，并且在区间 $[a,b]$ 上有 $f(x)\geqslant 0$，则

$$\int_a^b f(x)\mathrm{d}x \geqslant 0.$$

性质 6　若 $f(x)$ 在区间 $[a,b]$ 上可积，则 $\left|\int_a^b f(x)\mathrm{d}x\right| \leqslant \int_a^b |f(x)|\mathrm{d}x.$

证明 因为在区间$[a,b]$上有不等式$-|f(x)| \leqslant f(x) \leqslant |f(x)|$,再由性质 5 可得

$$-\int_a^b |f(x)| \mathrm{d}x \leqslant \int_a^b f(x) \mathrm{d}x \leqslant \int_a^b |f(x)| \mathrm{d}x,$$

即

$$\left| \int_a^b f(x) \mathrm{d}x \right| \leqslant \int_a^b |f(x)| \mathrm{d}x.$$

性质 7(积分中值定理) 若$f(x)$在区间$[a,b]$上连续,则在$[a,b]$区间上至少存在一点$\xi \in [a,b]$,使得

$$\int_a^b f(x) \mathrm{d}x = f(\xi)(b-a).$$

证明 因为$f(x)$在区间$[a,b]$上连续,则$f(x)$在$[a,b]$区间上必能取到最小值m和最大值M.由性质 4 可得$m \leqslant \dfrac{1}{b-a}\int_a^b f(x)\mathrm{d}x \leqslant M$.再由闭区间上连续函数的介值性,至少有一点$\xi \in [a,b]$,使得

$$f(\xi) = \frac{1}{b-a}\int_a^b f(x)\mathrm{d}x,$$

即

$$\int_a^b f(x)\mathrm{d}x = f(\xi)(b-a).$$

它的几何意义可解释成:若$f(x)$在区间$[a,b]$上连续,那么至少可以找到一点$\xi \in [a,b]$,使得以$[a,b]$为底,以$f(\xi)$为高的矩形的面积,正好等于由$x=a,x=b,y=0$以及$y=f(x)$所围的平面图形的面积(见图 5-10).

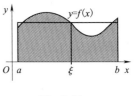

图 5-10

积分中值定理另一种表达形式是

$$f(\xi) = \frac{1}{b-a}\int_a^b f(x)\mathrm{d}x.$$

从另一个角度来解释的话,这就是:若$f(x)$在区间$[a,b]$上连续,至少可以找到一点$\xi \in [a,b]$,使得$f(\xi)$为$f(x)$在区间$[a,b]$上平均值.

例 1 估计积分值$\displaystyle\int_{-1}^1 \mathrm{e}^{-x^2} \mathrm{d}x$.

解 设$f(x) = \mathrm{e}^{-x^2}$,则$f'(x) = -2x\mathrm{e}^{-x^2}$,并且$x<0$时有$f'(x)>0$,$x>0$时有$f'(x)<0$.所以,$f(x)$在$x=0$取最大值,在$x=1$和$x=-1$取最小值,最大值为$f(0)=1$,最小值为$f(1)=f(-1)=\mathrm{e}^{-1}$,因此$2\mathrm{e}^{-1} \leqslant \displaystyle\int_{-1}^1 \mathrm{e}^{-x^2} \mathrm{d}x \leqslant 2$.

例 2 利用定积分性质估计积分$\displaystyle\int_0^1 x\mathrm{d}x$与$\displaystyle\int_0^1 \sin x\mathrm{d}x$的大小.

解 由于当$0<x<1$时,有不等式$\sin x < x$,根据性质 5,有$\displaystyle\int_0^1 x\mathrm{d}x > \int_0^1 \sin x\mathrm{d}x$.

习　题　5.2

1.比较下列积分的大小：

(1) $\int_0^1 e^x dx$ 与 $\int_0^1 e^{x^2} dx$；　　　　　　(2) $\int_0^{\frac{\pi}{2}} x dx$ 与 $\int_0^{\frac{\pi}{2}} \sin x dx$；

(3) $\int_1^e \ln x dx$ 与 $\int_1^e \ln^2 x dx$；　　　　(4) $\int_0^1 x dx$ 与 $\int_0^1 \ln(1+x) dx$；

(5) $\int_0^1 \sin x dx$ 与 $\int_0^{\frac{\pi}{2}} \sin x dx$；　　　(6) $\int_0^{-1} x^2 dx$ 与 $\int_0^{-1} x^4 dx$.

2.估计下列积分值：

(1) $\int_{\frac{\pi}{4}}^{\frac{\pi}{2}} \frac{\sin x}{x} dx$；　　(2) $\int_{\frac{\pi}{4}}^{\frac{\pi}{2}} \frac{1}{1+\sin^2 x} dx$；　　(3) $\int_0^2 e^{x^2-x} dx$.

3.设 $f(x)$ 在区间 $[a,b]$ 上连续，并且 $f(x) \geqslant 0$，如果 $\int_a^b f(x) dx = 0$，证明：在 $[a,b]$ 上 $f(x) \equiv 0$.

4.如果 $f(x)$ 在任何有限区间上可积，那么：

(1) $\int_1^3 f(x) dx + \int_3^{-1} f(x) dx + \int_{-1}^1 f(x) dx = \underline{\hspace{3cm}}$；

(2) $\int_a^b f(x) dx + \int_1^a f(x) dx + \int_b^2 f(x) dx = \underline{\hspace{3cm}}$；

(3) $\int_1^{10} f(x) dx - \int_2^{10} f(x) dx - \int_3^2 f(x) dx = \underline{\hspace{3cm}}$.

5.计算函数 $f(x) = \sqrt{9-x^2}$ 在区间 $[0,3]$ 上的平均值.

5.3　微积分学基本定理

利用定积分的定义计算定积分，不但繁杂，而且有时难算，计算量大，为了解决定积分的计算问题，莱布尼茨和牛顿进行了研究，最终解决了计算问题.

5.3.1　引例

变速直线运动中位置函数与速度函数之间的联系：

设某物体做直线运动，已知速度 $v = v(t)$ 是时间间隔 $[T_1, T_2]$ 上 t 的一个连续函数，求物体在这段时间内所经过的路程.

变速直线运动的路程为 $\int_{T_1}^{T_2} v(t) dt$，这段路程也可表示为 $s(T_2) - s(T_1)$，所以 $\int_{T_1}^{T_2} v(t) dt = s(T_2) - s(T_1)$，其中 $s'(t) = v(t)$.

由此,我们受到启发:如果能从 $v(t)$ 求出 $s(t)$,定积分 $\int_{T_1}^{T_2} v(t)\mathrm{d}t$ 运算就可化为减法 $s(T_2)-s(T_1)$ 运算.这正是第 4 章已经解决了的微分运算的逆运算——不定积分问题.

这个特殊问题中得出的关系是否具有普遍意义呢？下面介绍一个新的概念——变上限函数.

5.3.2 变上限函数

设 $f(x)$ 在区间 $[a,b]$ 上连续,那么 $f(x)$ 在区间 $[a,b]$ 上可积,并且积分值 $\int_a^b f(x)\mathrm{d}x$ 只与 a,b 以及被积函数 $f(x)$ 有关.对 $\forall x \in [a,b]$,$f(x)$ 在区间 $[a,x]$ 上连续,因此 $f(x)$ 在区间 $[a,x]$ 上可积,并且积分值 $\int_a^x f(x)\mathrm{d}x$ 由上限 x 唯一确定,这样在 $[a,b]$ 上定义了一个函数,记作 $\Phi(x)$,即

$$\Phi(x) = \int_a^x f(x)\mathrm{d}x \quad (a \leqslant x \leqslant b),$$

称这个函数为**变上限函数**,也称**积分上限函数**.

我们知道,定积分的值与积分变量选择无关,为不引起概念上的混淆,将变上限函数记为

$$\Phi(x) = \int_a^x f(t)\mathrm{d}t \quad (a \leqslant x \leqslant b).$$

下面讨论变上限函数的一个基本性质.

定理 1 若 $f(x)$ 在 $[a,b]$ 上连续,则 $f(x)$ 在 $[a,b]$ 上的变上限函数 $\Phi(x) = \int_a^x f(t)\mathrm{d}t$ 在 $[a,b]$ 上可导,并且它的导数为

$$\Phi'(x) = \frac{\mathrm{d}}{\mathrm{d}x}\int_a^x f(t)\mathrm{d}t = f(x) \quad (a \leqslant x \leqslant b).$$

证明 略.

这个定理提供了一个非常重要的信息:连续函数的积分上限函数是可导函数,并且它的导函数就等于被积函数.回想一下不定积分中的有关概念,不难得知:积分上限函数就是被积函数的一个原函数.因此有

定理 2 若 $f(x)$ 在 $[a,b]$ 上连续,则积分上限函数 $\Phi(x) = \int_a^x f(t)\mathrm{d}t$ 是 $f(x)$ 在 $[a,b]$ 上的一个原函数.

这个定理的**重要意义**就在于:一方面肯定了连续函数的原函数是存在的,另一方面初步揭示了积分学中的定积分与原函数之间的联系.

例 1 计算下列各式：

(1) $\dfrac{\mathrm{d}}{\mathrm{d}x}\displaystyle\int_0^x t^3\sin t^2\,\mathrm{d}t$；

(2) $\dfrac{\mathrm{d}}{\mathrm{d}x}\displaystyle\int_0^{x^2} t^3\sin t^2\,\mathrm{d}t$；

(3) $\dfrac{\mathrm{d}}{\mathrm{d}x}\displaystyle\int_{x^2}^3 t^3\sin t^2\,\mathrm{d}t$；

(4) $\dfrac{\mathrm{d}}{\mathrm{d}x}\displaystyle\int_{x^3}^{x^2} t^3\sin t^2\,\mathrm{d}t$.

解　(1) $\dfrac{\mathrm{d}}{\mathrm{d}x}\displaystyle\int_0^x t^3\sin t^2\,\mathrm{d}t = x^3\sin x^2$.

(2) 令 $\varPhi(u)=\displaystyle\int_0^u t^3\sin t^2\,\mathrm{d}t$，$u=x^2$，则 $\displaystyle\int_0^{x^2} t^3\sin t^2\,\mathrm{d}t$ 可以看作 $\varPhi(u)$ 与 $u=x^2$ 的复合函数，所以

$$\frac{\mathrm{d}}{\mathrm{d}x}\int_0^{x^2} t^3\sin t^2\,\mathrm{d}t = \left[\varPhi(x^2)\right]' = \varPhi'(x^2)\cdot 2x = x^6\sin x^4\cdot 2x = 2x^7\sin x^4.$$

(3) $\dfrac{\mathrm{d}}{\mathrm{d}x}\displaystyle\int_{x^2}^3 t^3\sin t^2\,\mathrm{d}t = \left(-\displaystyle\int_3^{x^2} t^3\sin t^2\,\mathrm{d}t\right)' = -2x^7\sin x^4$.

(4) $\dfrac{\mathrm{d}}{\mathrm{d}x}\displaystyle\int_{x^3}^{x^2} t^3\sin t^2\,\mathrm{d}t = \left(\displaystyle\int_{x^3}^0 t^3\sin t^2\,\mathrm{d}t + \displaystyle\int_0^{x^2} t^3\sin t^2\,\mathrm{d}t\right)' = 2x^7\sin x^4 - 3x^{11}\sin x^6$.

从以上解题得知，当 $f(x)$ 连续，$g(x)$，$h(x)$ 可导时，可以得出以下结论：

(1) $\dfrac{\mathrm{d}}{\mathrm{d}x}\displaystyle\int_a^{g(x)} f(t)\,\mathrm{d}t = f[g(x)]g'(x)$；

(2) $\dfrac{\mathrm{d}}{\mathrm{d}x}\displaystyle\int_{h(x)}^{g(x)} f(t)\,\mathrm{d}t = f[g(x)]g'(x) - f[h(x)]h'(x)$.

思考题：

(1) $\dfrac{\mathrm{d}}{\mathrm{d}x}\displaystyle\int_0^x t^3\sin t\,\mathrm{d}t$ 和 $\dfrac{\mathrm{d}}{\mathrm{d}x}\displaystyle\int_0^2 t^3\sin t^2\,\mathrm{d}t$ 如何计算？解法有什么区别？

(2) $\dfrac{\mathrm{d}}{\mathrm{d}x}\displaystyle\int_0^x f(t^2)\,\mathrm{d}t = f(x^2)\cdot 2x$ 是否正确？

例 2　求极限 $\displaystyle\lim_{x\to 0}\dfrac{\displaystyle\int_0^x \sin t^2\,\mathrm{d}t}{x^3}$.

解　这是一个 $\dfrac{0}{0}$ 型的极限问题，由洛必达法则有

$$\lim_{x\to 0}\frac{\displaystyle\int_0^x \sin t^2}{x^3} = \lim_{x\to 0}\frac{\sin x^2}{3x^2} = \frac{1}{3}.$$

例 3　求极限 $\displaystyle\lim_{x\to 0}\dfrac{\displaystyle\int_{\cos x}^1 (1-t^2)\,\mathrm{d}t}{x^4}$.

解　由洛必达法则得

$$\lim_{x\to 0}\frac{\displaystyle\int_{\cos x}^1 (1-t^2)\,\mathrm{d}t}{x^4} = \lim_{x\to 0}\frac{(1-\cos^2 x)\sin x}{4x^3} = \lim_{x\to 0}\frac{\sin^3 x}{4x^3} = \frac{1}{4}.$$

5.3.3 牛顿-莱布尼茨公式

设连续函数 $f(x)$ 的任意一个原函数为 $F(x)$,而已知积分上限函数 $\Phi(x) = \int_a^x f(t)\mathrm{d}t$ 也为 $f(x)$ 的一个原函数,则

$$F(x) = \Phi(x) + C.$$

在上式中,分别令 $x = a$,$x = b$ 代入,得

$$F(a) = \Phi(a) + C = C,$$
$$F(b) = \Phi(b) + C,$$

所以

$$F(b) - F(a) = \Phi(b) = \int_a^b f(t)\mathrm{d}t = \int_a^b f(x)\mathrm{d}x.$$

于是有以下结论:

定理 3(微积分基本定理) 若 $f(x)$ 在 $[a,b]$ 上连续,$F(x)$ 是 $f(x)$ 在 $[a,b]$ 上的一个原函数,则

$$\int_a^b f(x)\mathrm{d}x = F(b) - F(a) \tag{5.1}$$

(5.1)式称为**牛顿-莱布尼茨公式**.

有了(5.1)式,定积分的计算问题就好解决多了,只需要设法找出被积函数的一个原函数 $F(x)$,就能很快地求出定积分的值. 即求定积分问题实际上就转化为求解不定积分.

下面具体讲述几个用牛顿-莱布尼茨公式解决定积分计算的例子.

例 4 计算定积分 $\int_0^1 x^2 \mathrm{d}x$.

解 由于 $\dfrac{1}{3}x^3$ 是 x^2 的一个原函数,由牛顿-莱布尼茨公式,有

$$\int_0^1 x^2 \mathrm{d}x = \frac{1}{3}x^3 \Big|_0^1 = \frac{1}{3}.$$

这个计算相比于前面按定义计算,明显简单多了.

例 5 计算定积分 $\int_1^{\sqrt{3}} \dfrac{1}{1+x^2}\mathrm{d}x$.

解 由于 $\arctan x$ 是 $\dfrac{1}{1+x^2}$ 的一个原函数,由牛顿-莱布尼茨公式,有

$$\int_1^{\sqrt{3}} \frac{1}{1+x^2}\mathrm{d}x = \arctan x \Big|_1^{\sqrt{3}} = \arctan\sqrt{3} - \arctan 1 = \frac{\pi}{3} - \frac{\pi}{4} = \frac{\pi}{12}.$$

例 6 设 $f(x) = \begin{cases} 2-x^2, & 0 \leqslant x \leqslant 1 \\ \dfrac{1}{x}, & 1 < x \leqslant \mathrm{e} \end{cases}$,计算 $\int_0^{\mathrm{e}} f(x)\mathrm{d}x$.

解　显然 $f(x)$ 在 $[0, \mathrm{e}]$ 上连续,因此 $f(x)$ 在 $[0, \mathrm{e}]$ 上可积,由积分区间的可加性有

$$\int_0^{\mathrm{e}} f(x)\mathrm{d}x = \int_0^1 (1-x^2)\mathrm{d}x + \int_1^{\mathrm{e}} \frac{1}{x}\mathrm{d}x = \left(x - \frac{1}{3}x^3\right)\Big|_0^1 + \ln x\Big|_1^{\mathrm{e}} = \frac{2}{3} + 1 = \frac{5}{3}.$$

例 7　计算定积分 $\displaystyle\int_{-2}^6 |4-2x|\,\mathrm{d}x$.

解　$\displaystyle\int_{-2}^6 |4-2x|\,\mathrm{d}x = \int_{-2}^2 |4-2x|\,\mathrm{d}x + \int_2^6 |4-2x|\,\mathrm{d}x$

$$= \int_{-2}^2 (4-2x)\mathrm{d}x + \int_2^6 (2x-4)\mathrm{d}x$$

$$= (4x - x^2)\big|_{-2}^2 + (x^2 - 4x)\big|_2^6 = 32.$$

习　题　5.3

1. 设 $f(x) = \displaystyle\int_0^x t(1+\sin^2 t)\mathrm{d}t$,求 $f(x)$ 在 $[-1,1]$ 上的最大值.

2. 下面的解法正确吗? 为什么?

$$\int_{-\frac{\pi}{2}}^{\frac{\pi}{2}} \sqrt{1-\cos^2 x}\,\mathrm{d}x = \int_{-\frac{\pi}{2}}^{\frac{\pi}{2}} \sqrt{\sin^2 x}\,\mathrm{d}x = \int_{-\frac{\pi}{2}}^{\frac{\pi}{2}} \sin x\,\mathrm{d}x = -\cos x\Big|_{-\frac{\pi}{2}}^{\frac{\pi}{2}} = 0.$$

3. 求解下列各题:

(1) $\dfrac{\mathrm{d}}{\mathrm{d}x}\left(\displaystyle\int_0^{x^2} \dfrac{t\sin t}{1+\cos^2 t}\mathrm{d}t\right)$;

(2) $\dfrac{\mathrm{d}}{\mathrm{d}x}\left(\displaystyle\int_x^1 \dfrac{\sin t}{t}\mathrm{d}t\right)$;

(3) $\dfrac{\mathrm{d}}{\mathrm{d}x}\left[\displaystyle\int_x^{x^2} (1+\sin 2t^2)\mathrm{d}t\right]$;

(4) $\displaystyle\lim_{x\to 0} \dfrac{\displaystyle\int_0^{x^2} t\ln(1+t)\mathrm{d}t}{\sin x^4 \tan^2 x}$.

4. 计算下列积分:

(1) $\displaystyle\int_0^1 (3x^2 - 2x + 5)\mathrm{d}x$;

(2) $\displaystyle\int_1^4 (\sqrt{x} + \sqrt[5]{x^2})^3\,\mathrm{d}x$;

(3) $\displaystyle\int_4^8 \dfrac{\sqrt[3]{x} + \sqrt[5]{x} - \sqrt[7]{x}}{\sqrt{x}}\mathrm{d}x$;

(4) $\displaystyle\int_0^1 \dfrac{1}{1+x^2}\mathrm{d}x$;

(5) $\displaystyle\int_{-\frac{\sqrt{3}}{2}}^{\frac{\sqrt{3}}{2}} \dfrac{1}{\sqrt{1-x^2}}\mathrm{d}x$;

(6) $\displaystyle\int_0^2 |1-x|\,\mathrm{d}x$;

(7) $\displaystyle\int_0^{\frac{\pi}{2}} \cos t\,\sqrt{1-\sin t}\,\mathrm{d}t$;

(8) $\displaystyle\int_0^{\frac{\pi}{2}} \sqrt{1-\sin 2t}\,\mathrm{d}t$;

(9) $\displaystyle\int_1^{\mathrm{e}} \dfrac{3 + 2\ln x}{x}\mathrm{d}x$.

5. 设 $\displaystyle\int_0^y \mathrm{e}^{-t^2}\mathrm{d}x + \int_0^x \cos t^2\mathrm{d}x = 0$,求 $\dfrac{\mathrm{d}y}{\mathrm{d}x}$.

6.设 $f(x)$ 是一个连续函数，且 $\int_0^x f(t)\mathrm{d}t = x^3 + 3x^2 + 6x - 5$，求 $f(x)$ 的最小值.

7.设 $F(x) = \int_0^x t\mathrm{e}^{-t^2}\mathrm{d}t$，求 $F(x)$ 在 $[-1,1]$ 上的最大值和最小值.

5.4 定积分的基本积分法

牛顿-莱布尼茨公式给出了定积分的一个非常简洁的计算公式，只要能求出被积函数的一个原函数，定积分的计算问题就算基本解决了.在第 4 章中，我们知道用换元积分法和分部积分法可以求出一些函数的原函数.因此，在一定条件下，可以用换元积分法和分部积分法来计算定积分.下面就来介绍定积分的这两种计算方法.

5.4.1 定积分的换元积分法

定理 设函数 $f(x)$ 在 $[a,b]$ 上连续，而 $x = \varphi(t)$ 在区间 $[\alpha,\beta]$ 或 $[\beta,\alpha]$ 上单调且有连续导数，又 $\varphi(\alpha) = a$，$\varphi(\beta) = b$.则 $\int_a^b f(x)\mathrm{d}x = \int_\alpha^\beta f[\varphi(t)]\varphi'(t)\mathrm{d}t$.

因为积分区间是积分变量的变化范围，换元时，引入了新积分变量，其变化范围也随之变化.因此，在使用定积分的换元法时，积分的上下限也要随之作相应的变换，遵循"上限对上限，下限对下限"的原则，切实做到"**换元换限，对应换限**".

定积分的换元积分法与不定积分的换元积分法主要区别在于上下限，共同点是换元积分式都一样，换元积分方法不再归纳.

例 1 计算 $\int_3^8 \dfrac{1}{\sqrt{x+1}-1}\mathrm{d}x$.

解 令 $\sqrt{x+1} = t$，即 $x = t^2-1$，$x = t^2-1$ 在 $[2,3]$ 上可导，且单调增加，当 $x=3$ 时 $t=2$；当 $x=8$ 时 $t=3$，$\mathrm{d}x = 2t\mathrm{d}t$.于是，由定积分换元积分法，有

$$\int_3^8 \frac{1}{\sqrt{x+1}-1}\mathrm{d}x = \int_2^3 \frac{1}{t-1}2t\mathrm{d}t = 2\int_2^3 \mathrm{d}t + 2\int_2^3 \frac{1}{t-1}\mathrm{d}t$$

$$= 2t\Big|_2^3 + 2\ln|t-1|\Big|_2^3 = 2 + \ln 4.$$

例 2 计算 $\int_0^{\frac{1}{2}} \dfrac{x^2}{\sqrt{1-x^2}}\mathrm{d}x$.

解 令 $x = \sin t$，则 $\mathrm{d}x = \cos t$，$x = \sin t$ 在 $\left[0,\dfrac{\pi}{6}\right]$ 上可导，并且单调增加，当 $x=0$ 时有 $t=0$；当 $x = \dfrac{1}{2}$ 时有 $t = \dfrac{\pi}{6}$.因此

$$\int_0^{\frac{1}{2}} \frac{x^2}{\sqrt{1-x^2}} \mathrm{d}x = \int_0^{\frac{\pi}{6}} \frac{\sin^2 t}{\sqrt{1-\sin^2 t}} \cos t \mathrm{d}t = \int_0^{\frac{\pi}{6}} \sin^2 t \mathrm{d}t = \int_0^{\frac{\pi}{6}} \frac{1-\cos 2t}{2} \mathrm{d}t$$

$$= \frac{t}{2} \Big|_0^{\frac{\pi}{6}} - \frac{1}{4} \int_0^{\frac{\pi}{6}} \cos 2t \mathrm{d}2t = \frac{\pi}{12} - \frac{1}{4} \sin 2t \Big|_0^{\frac{\pi}{6}} = \frac{\pi}{12} - \frac{\sqrt{3}}{8}.$$

例 3　计算 $\int_0^{\frac{\pi}{2}} \cos^5 x \sin x \mathrm{d}x$.

解　令 $t = \cos x$，则

$$\int_0^{\frac{\pi}{2}} \cos^5 x \sin x \mathrm{d}x = -\int_0^{\frac{\pi}{2}} \cos^5 x \mathrm{d}\cos x$$

$$\xrightarrow{\text{令} \cos x = t} -\int_1^0 t^5 \mathrm{d}t = \int_0^1 t^5 \mathrm{d}t = \left(\frac{1}{6} t^6\right) \Big|_0^1 = \frac{1}{6}.$$

（提示：当 $x = 0$ 时 $t = 1$，当 $x = \frac{\pi}{2}$ 时 $t = 0$）

或　　　　$$\int_0^{\frac{\pi}{2}} \cos^5 x \sin x \mathrm{d}x = -\int_0^{\frac{\pi}{2}} \cos^5 x \mathrm{d}\cos x$$

$$= -\left(\frac{1}{6} \cos^6 x\right) \Big|_0^{\frac{\pi}{2}} = -\frac{1}{6} \cos^6 \frac{\pi}{2} + \frac{1}{6} \cos^6 0 = \frac{1}{6}.$$

例 4　若 $f(x)$ 在区间 $[-a, a]$ 上可积：

(1) 如果 $f(x)$ 是区间 $[-a, a]$ 上的奇函数，则 $\int_{-a}^a f(x) \mathrm{d}x = 0$；

(2) 如果 $f(x)$ 是区间 $[-a, a]$ 上的偶函数，则 $\int_{-a}^a f(x) \mathrm{d}x = 2 \int_0^a f(x) \mathrm{d}x$.

证明　由积分区间的可加性可得

$$\int_{-a}^a f(x) \mathrm{d}x = \int_{-a}^0 f(x) \mathrm{d}x + \int_0^a f(x) \mathrm{d}x.$$

对于 $\int_{-a}^0 f(x) \mathrm{d}x$，令 $x = -t$，则 $\mathrm{d}x = -\mathrm{d}t$，并且 x 由 $-a$ 单调增加地变到 0 时，t 则由 a 单调减少地变换到 0，于是

$$\int_{-a}^0 f(x) \mathrm{d}x = \int_a^0 f(-t)(-\mathrm{d}t) = \int_0^a f(-t) \mathrm{d}t = \int_0^a f(-x) \mathrm{d}x,$$

那么

$$\int_{-a}^a f(x) \mathrm{d}x = \int_{-a}^0 f(x) \mathrm{d}x + \int_0^a f(x) \mathrm{d}x = \int_0^a [f(x) + f(-x)] \mathrm{d}x.$$

若 $f(x)$ 是区间 $[-a, a]$ 上的奇函数，则 $f(x) + f(-x) = 0$，所以 $\int_{-a}^a f(x) \mathrm{d}x = 0$；

若 $f(x)$ 是区间 $[-a, a]$ 上的偶函数，则 $f(x) + f(-x) = 2f(x)$.

所以 $\int_{-a}^a f(x) \mathrm{d}x = 2 \int_0^a f(x) \mathrm{d}x$.

例 5 设 $f(x)$ 在 $[0,1]$ 上连续,证明 $\int_0^{\frac{\pi}{2}} f(\sin x)\mathrm{d}x = \int_0^{\frac{\pi}{2}} f(\cos x)\mathrm{d}x$.

证明 令 $x = \dfrac{\pi}{2} - t$,则 $\sin\left(\dfrac{\pi}{2} - t\right) = \cos t$,$\mathrm{d}x = -\mathrm{d}t$,并且 x 由 0 单调增加地变换到 $\dfrac{\pi}{2}$ 时,相应的 t 由 $\dfrac{\pi}{2}$ 单调减少地变换到 0,于是

$$\int_0^{\frac{\pi}{2}} f(\sin x)\mathrm{d}x = \int_{\frac{\pi}{2}}^{0} f(\cos t)(-\mathrm{d}t) = \int_0^{\frac{\pi}{2}} f(\cos t)\mathrm{d}t ,$$

由于定积分与积分变量选择无关,所以

$$\int_0^{\frac{\pi}{2}} f(\sin x)\mathrm{d}x = \int_0^{\frac{\pi}{2}} f(\cos x)\mathrm{d}x.$$

例 6 设函数 $f(x) = \begin{cases} x\mathrm{e}^{-x^2}, & x \geqslant 0 \\ \dfrac{1}{1+\cos x}, & -1 < x < 0 \end{cases}$,计算 $\int_1^4 f(x-2)\mathrm{d}x$.

解 设 $x-2=t$,则

$$\int_1^4 f(x-2)\mathrm{d}x = \int_{-1}^2 f(t)\mathrm{d}t = \int_{-1}^0 \frac{1}{1+\cos t}\mathrm{d}t + \int_0^2 t\mathrm{e}^{-t^2}\mathrm{d}t$$

$$= \tan\frac{t}{2}\Big|_{-1}^0 - \frac{1}{2}\mathrm{e}^{-t^2}\Big|_0^2 = \tan\frac{1}{2} - \frac{1}{2}\mathrm{e}^{-4} + \frac{1}{2}.$$

(提示:设 $x-2=t$,则 $\mathrm{d}x=\mathrm{d}t$;当 $x=1$ 时 $t=-1$,当 $x=4$ 时 $t=2$)

5.4.2 定积分的分部积分法

我们知道,不定积分的分部积分公式是 $\int u\mathrm{d}v = uv - \int v\mathrm{d}u$,它主要是来自导数公式

$$(uv)' = u'v + uv'.$$

也就是说,uv 是 $u'v + uv'$ 的一个原函数. 因此,当 $u(x),v(x)$ 在 $[a,b]$ 上有连续导数时,由牛顿-莱布尼茨公式有

$$\int_a^b (u'v + uv')\mathrm{d}x = uv\Big|_a^b ,$$

也就是

$$\int_a^b u(x)\mathrm{d}v(x) = u(x)v(x)\Big|_a^b - \int_a^b v(x)\mathrm{d}u(x) ,$$

这就是定积分的**分部积分公式**.

例 7 计算 $\int_0^{\frac{\pi}{2}} x\sin x\mathrm{d}x$.

解 $\int_0^{\frac{\pi}{2}} x\sin x\mathrm{d}x = -\int_0^{\frac{\pi}{2}} x\mathrm{d}\cos x = -x\cos x\Big|_0^{\frac{\pi}{2}} + \int_0^{\frac{\pi}{2}} \cos x\mathrm{d}x = \sin x\Big|_0^{\frac{\pi}{2}} = 1.$

例 8　计算 $\int_0^1 x^2 e^x dx$.

和不定积分一样,当被积函数形如 $f(x)e^x$ 时,一般是先转化成 $\int_a^b f(x)de^x$,然后再用分部积分法.

解　$\int_0^1 x^2 e^x dx = \int_0^1 x^2 de^x = x^2 e^x \Big|_0^1 - \int_0^1 e^x dx^2 = 1 - \int_0^1 2xe^x dx = 1 - \int_0^1 2xde^x$

$$= 1 - 2xe^x \Big|_0^1 + \int_0^1 2e^x dx = -1 + 2e^x \Big|_0^1 = 2e - 2.$$

例 9　计算 $\int_0^1 x\arctan x dx$.

解　$\int_0^1 x\arctan x dx = \int_0^1 \arctan x d\frac{x^2}{2} = \frac{x^2}{2}\arctan x \Big|_0^1 - \frac{1}{2}\int_0^1 x^2 d\arctan x$

$$= \frac{\pi}{8} - \frac{1}{2}\int_0^1 \frac{x^2}{1+x^2}dx = \frac{\pi}{8} - \frac{1}{2}\left(\int_0^1 dx - \int_0^1 \frac{1}{1+x^2}dx\right)$$

$$= \frac{\pi}{8} - \frac{1}{2} + \frac{1}{2}\arctan x \Big|_0^1 = \frac{\pi}{4} - \frac{1}{2}.$$

由以上例题可以看出,定积分的分部积分法与不定积分的分部积分法计算技巧几乎一模一样.

***例 10**　证明 $\int_0^{\frac{\pi}{2}} \sin^n x dx = \int_0^{\frac{\pi}{2}} \cos^n x dx$,并计算 $I_n = \int_0^{\frac{\pi}{2}} \sin^n x dx$.

证明　令 $x = \frac{\pi}{2} - t$,代入得

$$\int_0^{\frac{\pi}{2}} \sin^n x dx = \int_{\frac{\pi}{2}}^0 \sin^n\left(\frac{\pi}{2} - t\right)(-dt) = \int_0^{\frac{\pi}{2}} \cos^n t dt = \int_0^{\frac{\pi}{2}} \cos^n x dx,$$

$$I_n = \int_0^{\frac{\pi}{2}} \sin^n x dx = \int_0^{\frac{\pi}{2}} \sin^{n-1} x\sin x dx = -\int_0^{\frac{\pi}{2}} \sin^{n-1} x d\cos x,$$

于是由分部积分公式有

$$I_n = -\sin^{n-1} x\cos x \Big|_0^{\frac{\pi}{2}} + \int_0^{\frac{\pi}{2}} \cos x d\sin^{n-1} x = \int_0^{\frac{\pi}{2}} \cos x(n-1)\sin^{n-2} x\cos x dx$$

$$= (n-1)\int_0^{\frac{\pi}{2}} \sin^{n-2} x \cos^2 x dx = (n-1)\int_0^{\frac{\pi}{2}} \sin^{n-2} x(1-\sin^2 x)dx$$

$$= (n-1)\int_0^{\frac{\pi}{2}} \sin^{n-2} x dx - (n-1)\int_0^{\frac{\pi}{2}} \sin^n x dx = (n-1)I_{n-2} - (n-1)I_n,$$

因此

$$I_n = \frac{n-1}{n}I_{n-2},$$

这样,就得到了一个递推公式.由此

$$I_n = \frac{n-1}{n} \frac{n-3}{n-2} I_{n-4} = \frac{n-1}{n} \frac{n-3}{n-2} \frac{n-5}{n-4} I_{n-6}.$$

照此进行下去,如果 n 为奇数,则

$$I_n = \frac{n-1}{n} \frac{n-3}{n-2} \cdots \frac{2}{3} I_1 \ ,$$

又

$$I_1 = \int_0^{\frac{\pi}{2}} \sin x \, dx = -\cos x \Big|_0^{\frac{\pi}{2}} = 1 \ ,$$

所以

$$I_n = \frac{n-1}{n} \frac{n-3}{n-2} \cdots \frac{2}{3} I_1 = \frac{(n-1)!!}{n!!}.$$

如果 n 为偶数,则

$$I_n = \frac{n-1}{n} \frac{n-3}{n-2} \cdots \frac{3}{4} \frac{1}{2} I_0 \ ,$$

又

$$I_0 = \int_0^{\frac{\pi}{2}} dx = \frac{\pi}{2} \ ,$$

所以

$$I_n = \frac{n-1}{n} \frac{n-3}{n-2} \cdots \frac{3}{4} \frac{1}{2} I_0 = \frac{(n-1)!!}{n!!} \frac{\pi}{2}.$$

总之

$$I_n = \begin{cases} \dfrac{(n-1)!!}{n!!}, & n \text{ 为奇数} \\[2mm] \dfrac{(n-1)!!}{n!!} \dfrac{\pi}{2}, & n \text{ 为偶数} \end{cases}.$$

习 题 5.4

1.用换元积分法计算下列积分:

(1) $\displaystyle\int_0^{\pi} \sin^3 x \, dx$;

(2) $\displaystyle\int_1^{e} \frac{1+\ln x}{x} dx$;

(3) $\displaystyle\int_0^1 x^2 (2+3x^3)^{10} dx$;

(4) $\displaystyle\int_1^4 \frac{\sqrt{x}}{\sqrt{x}+1} dx$;

(5) $\displaystyle\int_{-\sqrt{2}}^2 \frac{1}{x\sqrt{x^2-1}} dx$;

(6) $\displaystyle\int_0^{\frac{1}{2}} \frac{x^2}{\sqrt{1-x^2}} dx$;

(7) $\displaystyle\int_1^{\sqrt{3}} \frac{\sqrt{1+x^2}}{x^2} dx$;

(8) $\displaystyle\int_2^5 \frac{1}{(3+2x)^4} dx$;

(9) $\displaystyle\int_0^2 \sqrt{4-x^2}\,\mathrm{d}x$;

(10) $\displaystyle\int_0^1 \frac{x}{(1+x^2)^2}\,\mathrm{d}x$;

(11) $\displaystyle\int_{-\frac{\pi}{2}}^{\frac{\pi}{2}} \cos x\,\sqrt{\cos x-\cos^3 x}\,\mathrm{d}x$;

(12) $\displaystyle\int_1^{\sqrt{3}} \frac{1}{x^2\,\sqrt{1+x^2}}\,\mathrm{d}x$;

(13) $\displaystyle\int_{\frac{1}{\pi}}^{\frac{2}{\pi}} \frac{1}{x^2}\sin\frac{1}{x}\,\mathrm{d}x$;

(14) $\displaystyle\int_0^1 \frac{1}{\mathrm{e}^x+\mathrm{e}^{-x}}\,\mathrm{d}x$.

2. 用分部积分法计算下列定积分:

(1) $\displaystyle\int_0^1 x\mathrm{e}^{-x}\,\mathrm{d}x$;

(2) $\displaystyle\int_{\frac{\pi}{4}}^{\frac{\pi}{2}} \frac{x}{\sin^2 x}\,\mathrm{d}x$;

(3) $\displaystyle\int_0^{\mathrm{e}-1} x\ln(1+x)\,\mathrm{d}x$;

(4) $\displaystyle\int_0^{\frac{\pi}{2}} \mathrm{e}^{2x}\cos x\,\mathrm{d}x$;

(5) $\displaystyle\int_0^{\sqrt{3}} \ln(x+\sqrt{1+x^2})\,\mathrm{d}x$;

(6) $\displaystyle\int_1^{\mathrm{e}} \ln^3 x\,\mathrm{d}x$.

3. 设 $f(x)$ 连续,证明 $\displaystyle\int_0^\pi xf(\sin x)\,\mathrm{d}x = \frac{\pi}{2}\int_0^\pi f(\sin x)\,\mathrm{d}x$,并由此计算 $\displaystyle\int_0^\pi x\sin^3 x\,\mathrm{d}x$.

4. 设 $\mathrm{e}^{x^3}+x$ 是 $f(x)$ 的一个原函数,求 $\displaystyle\int_0^1 xf'(x)\,\mathrm{d}x$.

5. 若 $f(x)$ 是定义在 $(-\infty,+\infty)$ 上的以 T 为周期的周期函数,证明:

$$\int_a^{a+T} f(x)\,\mathrm{d}x = \int_0^T f(x)\,\mathrm{d}x.$$

6. 在计算积分 $\displaystyle\int_0^2 x\sqrt[3]{1-x^2}\,\mathrm{d}x$ 中,能否令 $x=\sin t$ 代入原式进行计算? 为什么?

7. 计算 $\displaystyle\int_1^4 \frac{x^2}{(1+x)^{10}}\,\mathrm{d}x$.

8. 你能迅速算出下列定积分吗?

(1) $\displaystyle\int_{-\pi}^{\pi} \frac{x^2\sin x}{1+\cos^2 x}\,\mathrm{d}x$;

(2) $\displaystyle\int_{-\frac{\pi}{2}}^{\frac{\pi}{2}} (x+\cos x)\sin^4 x\,\mathrm{d}x$;

(3) $\displaystyle\int_{-1}^1 (1+x^4\arctan x)\,\mathrm{d}x$.

9. 证明: $\displaystyle\int_x^1 \frac{1}{1+t^2}\,\mathrm{d}t = \int_1^{\frac{1}{x}} \frac{1}{1+t^2}\,\mathrm{d}t\ (x>0)$.

5.5 广义积分

前面介绍了定积分的概念,必须满足两个前提条件:其一,被积函数 $f(x)$ 必须是有界函数;其二,积分区间必须是有限区间. 如果打破了这两个限制,就可以推广出两种类型的积分:一个是无穷区间上的积分,通常称为**无穷区间上的广义积分**,简称为**无穷积分**;另一个是有限区间上无界函数的积分,通常称为**无界函数的广义积分**,简称为**瑕积分**.

5.5.1 无穷区间上的广义积分

例如,求由曲线 $y = e^{-x}$, x 轴及 y 轴所围成的开口曲边图形的面积 A,如图 5-11所示.如何表示这个图形的面积呢?

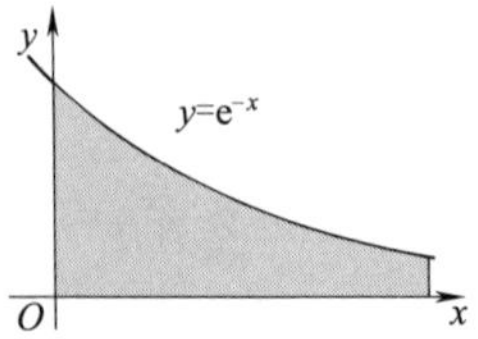

把开口曲边图形的面积 A 记为 $\int_0^{+\infty} e^{-x}\mathrm{d}x$,如何计算这块面积呢?

显然,可以用 $\lim\limits_{b \to +\infty} \int_0^b e^{-x}\mathrm{d}x$ 来计算积分 $\int_0^{+\infty} e^{-x}\mathrm{d}x$,这种办法比较合理.

图 5-11

定义1 设 $f(x)$ 在 $[a, +\infty)$ 上连续,取 $b > a$,如果极限

$$\lim_{b \to +\infty} \int_a^b f(x)\mathrm{d}x$$

存在,则称此极限为 $f(x)$ 在 $[a, +\infty)$ 上的广义积分,并记为 $\int_a^{+\infty} f(x)\mathrm{d}x$,即

$$\int_a^{+\infty} f(x)\mathrm{d}x = \lim_{b \to +\infty} \int_a^b f(x)\mathrm{d}x.$$

当 $\lim\limits_{b \to +\infty} \int_a^b f(x)\mathrm{d}x$ 存在时,称广义积分 $\int_a^{+\infty} f(x)\mathrm{d}x$ 是**收敛**的,否则称广义积分 $\int_a^{+\infty} f(x)\mathrm{d}x$ **发散**.

同样的,若 $f(x)$ 在 $(-\infty, b]$ 上连续,取 $a < b$,如果极限

$$\lim_{a \to -\infty} \int_a^b f(x)\mathrm{d}x$$

存在,则称此极限为 $f(x)$ 在 $(-\infty, b]$ 上的**广义积分**,并记为 $\int_{-\infty}^b f(x)\mathrm{d}x$,即

$$\int_{-\infty}^b f(x)\mathrm{d}x = \lim_{a \to -\infty} \int_a^b f(x)\mathrm{d}x.$$

当 $\lim\limits_{a \to -\infty} \int_a^b f(x)\mathrm{d}x$ 存在时,称广义积分 $\int_{-\infty}^b f(x)\mathrm{d}x$ **收敛**;否则称广义积分 $\int_{-\infty}^b f(x)\mathrm{d}x$ **发散**.

定义2 设 $f(x)$ 在 $(-\infty, +\infty)$ 上连续,如果广义积分 $\int_a^{+\infty} f(x)\mathrm{d}x$ 与 $\int_{-\infty}^a f(x)\mathrm{d}x$ 都收敛,则称这两个广义积分之和为函数 $f(x)$ 在 $(-\infty, +\infty)$ 上的**广义积分**,记作 $\int_{-\infty}^{+\infty} f(x)\mathrm{d}x$,即

$$\int_{-\infty}^{+\infty} f(x)\mathrm{d}x = \int_{-\infty}^a f(x)\mathrm{d}x + \int_a^{+\infty} f(x)\mathrm{d}x.$$

只有当 $\int_a^{+\infty}f(x)\mathrm{d}x$ 与 $\int_{-\infty}^a f(x)\mathrm{d}x$ 都收敛时,才称广义积分 $\int_{-\infty}^{+\infty}f(x)\mathrm{d}x$ **收敛**,否则称广义积分 $\int_{-\infty}^{+\infty}f(x)\mathrm{d}x$ **发散**.

注:若 $F(x)$ 是 $f(x)$ 的一个原函数,则

$$\int_a^{+\infty}f(x)\mathrm{d}x=\lim_{b\to+\infty}\int_a^b f(x)\mathrm{d}x=\lim_{b\to+\infty}F(x)\Big|_a^b=\lim_{b\to+\infty}F(b)-F(a)=F(+\infty)-F(a);$$

$$\int_{-\infty}^b f(x)\mathrm{d}x=\lim_{a\to-\infty}\int_a^b f(x)\mathrm{d}x=\lim_{a\to-\infty}F(x)\Big|_a^b=F(b)-\lim_{a\to-\infty}F(a)=F(b)-F(-\infty);$$

$$\int_{-\infty}^{+\infty}f(x)\mathrm{d}x=\lim_{b\to+\infty}\lim_{a\to-\infty}\int_a^b f(x)\mathrm{d}x=\lim_{b\to+\infty}\lim_{a\to-\infty}F(x)\Big|_a^b=\lim_{b\to+\infty}F(b)-\lim_{a\to-\infty}F(a)$$

$$=F(+\infty)-F(-\infty).$$

因此,计算广义积分的步骤简化为:

(1) 求出原函数;

(2) 取极限.

例 1　讨论广义积分 $\int_1^{+\infty}\frac{1}{x^2}\sin\frac{1}{x}\mathrm{d}x$ 的敛散性.

解　$\forall A>1$ 有

$$\int_1^A\frac{1}{x^2}\sin\frac{1}{x}\mathrm{d}x=-\int_1^A\sin\frac{1}{x}\mathrm{d}\frac{1}{x}=\cos\frac{1}{x}\Big|_1^A$$
$$=\cos\frac{1}{A}-\cos 1\to 1-\cos 1\,(A\to+\infty),$$

所以 $\int_1^{+\infty}\frac{1}{x^2}\sin\frac{1}{x}\mathrm{d}x$ 收敛,并且 $\int_1^{+\infty}\frac{1}{x^2}\sin\frac{1}{x}\mathrm{d}x=1-\cos 1.$

例 2　讨论广义积分 $\int_0^{+\infty}\cos x\mathrm{d}x$ 的敛散性.

解　由于 $\forall A>0$ 有 $\int_0^A\cos x\mathrm{d}x=\sin x\Big|_0^A=\sin A$,而 $\lim\limits_{A\to+\infty}\sin A$ 不存在,所以 $\int_0^{+\infty}\cos x\mathrm{d}x$ 发散.

例 3　讨论广义积分 $\int_a^{+\infty}\frac{1}{x^\alpha}\mathrm{d}x\,(a>0)$ 的敛散性.

解　由于 $\forall A>a$ 有

$$\int_a^A\frac{1}{x^\alpha}\mathrm{d}x=\begin{cases}\ln x\big|_a^A,&\alpha=1\\\frac{1}{1-\alpha}\frac{1}{x^{\alpha-1}}\Big|_a^A,&\alpha\neq 1\end{cases}=\begin{cases}\ln A-\ln a,&\alpha=1\\\frac{1}{1-\alpha}\left(\frac{1}{A^{\alpha-1}}-\frac{1}{a^{\alpha-1}}\right),&\alpha\neq 1\end{cases},$$

当 $\alpha=1$ 时,有 $\lim\limits_{A\to+\infty}(\ln A-\ln a)=+\infty$,所以当 $\alpha=1$ 时,$\int_a^{+\infty}\dfrac{1}{x^\alpha}\mathrm{d}x$ 发散;

当 $\alpha>1$ 时,有 $\lim\limits_{A\to+\infty}\dfrac{1}{1-\alpha}\left(\dfrac{1}{A^{\alpha-1}}-\dfrac{1}{a^{\alpha-1}}\right)=\dfrac{1}{\alpha-1}\dfrac{1}{a^{\alpha-1}}$,所以当 $\alpha>1$ 时,$\int_a^{+\infty}\dfrac{1}{x^\alpha}\mathrm{d}x$ 收敛,并且

$$\int_a^{+\infty}\frac{1}{x^\alpha}\mathrm{d}x=\frac{1}{\alpha-1}\frac{1}{a^{\alpha-1}},$$

当 $\alpha<1$ 时,有 $\lim\limits_{A\to+\infty}\dfrac{1}{1-\alpha}\left(\dfrac{1}{A^{\alpha-1}}-\dfrac{1}{a^{\alpha-1}}\right)=+\infty$,所以当 $\alpha<1$ 时,$\int_a^{+\infty}\dfrac{1}{x^\alpha}\mathrm{d}x$ 发散.

总之,当 $\alpha\leqslant1$ 时,$\int_a^{+\infty}\dfrac{1}{x^\alpha}\mathrm{d}x$ 发散;当 $\alpha>1$ 时,$\int_a^{+\infty}\dfrac{1}{x^\alpha}\mathrm{d}x$ 收敛,并且 $\int_a^{+\infty}\dfrac{1}{x^\alpha}\mathrm{d}x=\dfrac{1}{\alpha-1}\dfrac{1}{a^{\alpha-1}}$.

例4 讨论广义积分 $\int_{-\infty}^{+\infty}\dfrac{1}{1+x^2}\mathrm{d}x$ 的敛散性.

解 由于 $\int_0^{+\infty}\dfrac{1}{1+x^2}\mathrm{d}x=\lim\limits_{x\to+\infty}\int_0^x\dfrac{1}{1+x^2}\mathrm{d}x=\lim\limits_{x\to+\infty}\arctan x=\dfrac{\pi}{2}$,

所以 $\int_0^{+\infty}\dfrac{1}{1+x^2}\mathrm{d}x$ 收敛;

又 $\int_{-\infty}^0\dfrac{1}{1+x^2}\mathrm{d}x=\lim\limits_{x\to-\infty}\int_x^0\dfrac{1}{1+x^2}\mathrm{d}x=\lim\limits_{x\to-\infty}(-\arctan x)=\dfrac{\pi}{2}$,

所以 $\int_{-\infty}^0\dfrac{1}{1+x^2}\mathrm{d}x$ 收敛,于是 $\int_{-\infty}^{+\infty}\dfrac{1}{1+x^2}\mathrm{d}x$ 收敛,并且

$$\int_{-\infty}^{+\infty}\frac{1}{1+x^2}\mathrm{d}x=\int_{-\infty}^0\frac{1}{1+x^2}\mathrm{d}x+\int_0^{+\infty}\frac{1}{1+x^2}\mathrm{d}x=\frac{\pi}{2}+\frac{\pi}{2}=\pi.$$

5.5.2 无界函数的广义积分

对于积分 $\int_0^1\dfrac{1}{\sqrt{1-x^2}}\mathrm{d}x$,稍加分析就会发现:被积函数 $\dfrac{1}{\sqrt{1-x^2}}$ 在 $x=1$ 处无定义,且 $\lim\limits_{x\to1^-}\dfrac{1}{\sqrt{1-x^2}}=+\infty$,即函数 $\dfrac{1}{\sqrt{1-x^2}}$ 在区间 $[0,1)$ 上是无界函数,在 $x=1$ 处没有定义.称这类积分为有限区间上无界函数的广义积分.

对于这类积分,可采用缩小积分区间(目的是使被积函数在此闭区间上连续,然后使用牛顿-莱布尼茨公式),无限逼近方法来计算,即

$$\int_0^1\frac{1}{\sqrt{1-x^2}}\mathrm{d}x=\lim\limits_{\varepsilon\to0^+}\int_0^{1-\varepsilon}\frac{1}{\sqrt{1-x^2}}\mathrm{d}x.$$

定义3 设 $f(x)$ 在区间 $[a,b)$ 上连续,且 $f(x)$ 在 b 的任意左邻域内无界,若 $\forall\varepsilon>0$,极限

$$\lim\limits_{\varepsilon\to0^+}\int_a^{b-\varepsilon}f(x)\mathrm{d}x$$

存在,则称此极限为 $f(x)$ 在区间 $[a,b)$ 上的**无界函数广义积分**(也称**瑕积分**),仍然记作 $\int_a^b f(x)\mathrm{d}x$,点 b 称为 $f(x)$ 的**瑕点**. 即

$$\int_a^b f(x)\mathrm{d}x = \lim_{\varepsilon \to 0^+} \int_a^{b-\varepsilon} f(x)\mathrm{d}x.$$

当 $\lim\limits_{\varepsilon \to 0^+} \int_a^{b-\varepsilon} f(x)\mathrm{d}x$ 存在时,称广义积分 $\int_a^b f(x)\mathrm{d}x$ **收敛**;否则称 $\int_a^b f(x)\mathrm{d}x$ **发散**.

设 $f(x)$ 在区间 $(a,b]$ 上连续,且 $f(x)$ 在 a 的任意右邻域内无界,若 $\forall \varepsilon > 0$,极限

$$\lim_{\varepsilon \to 0^+} \int_{a+\varepsilon}^b f(x)\mathrm{d}x$$

存在,则称此极限为 $f(x)$ 在区间 $(a,b]$ 上的**无界函数广义积分**(也称**瑕积分**),仍然记作 $\int_a^b f(x)\mathrm{d}x$,点 a 称为 $f(x)$ 的**瑕点**. 即

$$\int_a^b f(x)\mathrm{d}x = \lim_{\varepsilon \to 0^+} \int_{a+\varepsilon}^b f(x)\mathrm{d}x.$$

当 $\lim\limits_{\varepsilon \to 0^+} \int_{a+\varepsilon}^b f(x)\mathrm{d}x$ 存在时,称广义积分 $\int_a^b f(x)\mathrm{d}x$ **收敛**;否则称 $\int_a^b f(x)\mathrm{d}x$ **发散**.

定义 4　设函数 $f(x)$ 在区间 $[a,b]$ 上除点 $c(a<c<b)$ 外连续,而在点 c 的邻域内无界(c 为**瑕点**),如果两个广义积分 $\int_a^c f(x)\mathrm{d}x$ 与 $\int_c^b f(x)\mathrm{d}x$ 都收敛,则称广义积分

$$\int_a^b f(x)\mathrm{d}x = \int_a^c f(x)\mathrm{d}x + \int_c^b f(x)\mathrm{d}x$$

收敛,否则,就称广义积分 $\int_a^b f(x)\mathrm{d}x$ **发散**.

注意:无界函数的广义积分 $\int_a^b f(x)\mathrm{d}x$ 与前面介绍的定积分 $\int_a^b f(x)\mathrm{d}x$(常义积分)记法是完全相同的. 在实际应用当中,应当注意到这一点. 比如,$\int_0^1 \dfrac{1}{x}\mathrm{d}x$ 是瑕积分,而 $\int_0^1 \dfrac{\sin x}{x}\mathrm{d}x$ 则是常义积分.

例 5　讨论广义积分 $\int_0^1 \dfrac{1}{x^p}\mathrm{d}x$ ($p>0$)的敛散性.

解　首先观察被积函数,发现 $x=0$ 是 $\dfrac{1}{x^p}$ 的一个瑕点.

由于 $\forall x > 0$ 有

$$\int_x^1 \frac{1}{x^p} \mathrm{d}x = \begin{cases} \ln x \big|_x^1, & p=1 \\ \dfrac{1}{1-p} \dfrac{1}{x^{p-1}} \Big|_x^1, & p \neq 1 \end{cases} = \begin{cases} -\ln x, & p=1 \\ \dfrac{1}{1-p}\left(1-\dfrac{1}{x^{p-1}}\right), & p \neq 1 \end{cases},$$

又 $\lim\limits_{x \to 0^+}(-\ln x) = +\infty$,

所以,当 $p=1$ 时,广义积分 $\displaystyle\int_0^1 \frac{1}{x^p} \mathrm{d}x$ 发散;

另外,当 $p > 1$ 时,由于 $\lim\limits_{x \to 0^+} \dfrac{1}{1-p}\left(1-\dfrac{1}{x^{p-1}}\right) = +\infty$,所以广义积分 $\displaystyle\int_0^1 \frac{1}{x^p} \mathrm{d}x$ 发散;

当 $p < 1$ 时,由于 $\lim\limits_{x \to 0^+} \dfrac{1}{1-p}\left(1-\dfrac{1}{x^{p-1}}\right) = \dfrac{1}{1-p}$,所以广义积分 $\displaystyle\int_0^1 \frac{1}{x^p} \mathrm{d}x$ 收敛.

例 6 讨论广义积分 $\displaystyle\int_{-1}^1 \frac{1}{x^3} \mathrm{d}x$ 的敛散性.

解 首先观察被积函数,发现 $x=0$ 是 $\dfrac{1}{x^3}$ 的一个瑕点,由例 5 知 $\displaystyle\int_0^1 \frac{1}{x^3} \mathrm{d}x$ 发散,

所以 $\displaystyle\int_{-1}^1 \frac{1}{x^3} \mathrm{d}x$ 也发散.

如果只从积分形式上看,没有注意到它是广义积分,就会出现

$$\int_{-1}^1 \frac{1}{x^3} \mathrm{d}x = -\frac{1}{2} x^{-2} \Big|_{-1}^1 = -\frac{1}{2} - \left(-\frac{1}{2}\right) = 0,$$

这自然是错的.

习 题 5.5

判定下列广义积分的敛散性. 如果收敛,求出积分值.

(1) $\displaystyle\int_1^{+\infty} \frac{1}{x(1+x)} \mathrm{d}x$;　　(2) $\displaystyle\int_0^1 \frac{1}{\sqrt{1-x^2}} \mathrm{d}x$;　　(3) $\displaystyle\int_1^{+\infty} \frac{\arctan x}{x^3} \mathrm{d}x$;

(4) $\displaystyle\int_0^{+\infty} x^3 \mathrm{e}^{-x} \mathrm{d}x$;　　(5) $\displaystyle\int_0^1 \ln x \mathrm{d}x$;　　(6) $\displaystyle\int_1^{+\infty} \frac{1}{x\sqrt{x^2-1}} \mathrm{d}x$;

(7) $\displaystyle\int_{-\infty}^{+\infty} \frac{1}{2+2x+x^2} \mathrm{d}x$;　　(8) $\displaystyle\int_0^{+\infty} \mathrm{e}^{-3x} \cos 5x \mathrm{d}x$;　　(9) $\displaystyle\int_0^2 \frac{1}{(1-x)^2} \mathrm{d}x$;

(10) $\displaystyle\int_{-\infty}^{+\infty} \frac{1}{x^2} \mathrm{d}x$;　　(11) $\displaystyle\int_1^e \frac{1}{x\sqrt{1-\ln^2 x}} \mathrm{d}x$;　　(12) $\displaystyle\int_0^a \frac{1}{\sqrt{a^2-x^2}} \mathrm{d}x$.

第6章

定积分的应用

定积分在几何、物理、工程技术、经济学等诸多领域都有广泛的应用,定积分作为和式的极限,是解决广泛的求总量问题的数学模型,是求某个不均匀分布的整体量的有力工具.

本章将主要介绍定积分在几何学、物理学中的应用.

6.1 定积分的微元法

定积分是微分的无限积累,微元法是解决工程实际问题的重要方法,也是从部分到整体的思维方法,用该方法可以使一些复杂问题简单化.

"微元法"是把研究对象分为无穷多个微小部分,取出有代表性的一个微小部分进行分析处理,得到这一个微小部分的近似值(微分),再从局部到整体,将这个微分无穷累加(即定积分)就得到这个对象,这种"整体—微分—积分—整体"的科学思维方法,称为微元法.

下面以求曲边梯形的面积为例,具体说明微元法.

现要求由曲线 $y=f(x)$、直线 $x=a$, $x=b$, $y=0$ 所围成的曲边梯形面积 A(见图 6-1),总的思路是:

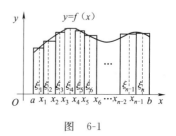

图 6-1

(1)化整为零(分割):将区间 $[a,b]$ 分成 n 个子区间 $[x_0,x_1]$, $[x_1,x_2]$, …, $[x_{n-1},x_n]$,从而将曲边梯形也分成 n 个小曲边梯形;

(2)以直代曲(近似):计算每个子区间 $[x_{i-1},x_i]$ 上小曲边梯形的面积的近似值 $f(\xi_i) \cdot \Delta x_i$,记作 $\mathrm{d}A$;

(3)积零为整(求和,得到面积的近似值):

$$A \approx \sum_{i=1}^{n} f(\xi_i) \cdot \Delta x_i;$$

(4)无限趋近(取极限,误差趋近于零):

$$\lim_{\lambda \to 0} \sum_{i=1}^{n} \left[f(\xi_i) \cdot \Delta x_i \right] = \int_a^b f(x) \mathrm{d}x.$$

在实际中,可将以上的四步(分割—近似—求和—取极限)简化成关键的三步, 设函数 $y = f(x)$ 在区间 $[a, b]$ 上连续,用微元法求量 F 的步骤如下:

(1)选取适当的变量为积分变量,并确定积分变量的变化范围. 例如,选取 x 为积分变量,且确定 x 的变化范围为 $x \in [a, b]$.

(2)求微元(化整为零,选取代表,得到微元素). 在区间 $[a, b]$ 上任取一具有代表性的微小区间 $[x, x + \mathrm{d}x]$,求在此微小区间上所求量 F 的部分量 ΔF 的近似值, $\Delta F \approx \mathrm{d}F = f(x)\mathrm{d}x$,将 $\mathrm{d}F$ 称为量 F 的**微元素**,简称**微元**.

(3) 积分(无穷累加,积零为整):以微元为被积表达式,在 $[a, b]$ 上积分即得所求量 $F = \int_a^b \mathrm{d}F = \int_a^b f(x)\mathrm{d}x$.

这是一种深刻的思维方法,是先分割近似,找到规律,再累加逼近,达到了解整体的方法.

比如,求变速直线运动的质点的运动路程的时候,在 T_0 到 T_1 的时间内,任取一个时间值 t,再任给一个时间增量 Δt,那么在这个非常短暂的时间内(Δt 内)质点可以看作匀速运动,质点的速度为 $v(t)$,其运动路程的近似值就是

$$\mathrm{d}S = v(t)\Delta t = v(t)\mathrm{d}t ,$$

$\mathrm{d}S = v(t)\mathrm{d}t$ 就是"**路程微元**",把它们全部累加起来之后就是

$$S = \int_{T_0}^{T_1} v(t)\mathrm{d}t.$$

用这样的思想方法,将来还可以得出"弧长微元""体积微元""质量微元""功微元"等. 这是一种解决实际问题非常有效、可行的好方法.

并不是所有问题都可以用定积分求解,所求量能用定积分求解,应满足以下条件:

(1)可分可加性. 由于所取的"微元"必须是它的任一微小部分,最终还需经无穷叠加得到整体,所以,对"微元"及相应的量的最基本要求是:应该具备"可分可加性"特征.

(2)有序性. 保证所取的"微元"在叠加区域内能够较为方便地获得"不遗漏""不重复"的完整叠加.

(3)代表性. 所取的"微元"必须具有全局代表性,即在任一区间上微元的表达式都是一致的,这样才能经过叠加求得整体.

6.2　平面图形的面积

下面应用微元法的思想,给出平面图形面积的计算公式.

6.2.1 直角坐标系下求平面图形的面积

若平面图形由 $x=a, x=b, y=g(x)$ 和 $y=f(x)$ 所围,如图 6-2 所示,求该图形的面积.

为了求这个图形的面积 S,选取 x 为积分变量,则 $x \in [a,b]$. 在 $[a,b]$ 上任取一点 x,再任给 x 一个增量 Δx,则介于微小区间 $[x, x+\Delta x]$ 上的窄条形的面积可以用以 $f(x)-g(x)$ 为高、Δx 为宽的矩形面积来近似,于是得到面积微元为

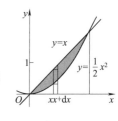

图 6-2

$$\mathrm{d}S = [f(x)-g(x)]\Delta x = [f(x)-g(x)]\mathrm{d}x,$$

因此

$$S = \int_a^b [f(x)-g(x)]\mathrm{d}x.$$

例 1 求由抛物线 $y=\frac{1}{2}x^2$ 与直线 $y=x$ 所围成的图形的面积.

解 首先作出平面图形,如图 6-3 所示.

图 6-3

由 $\begin{cases} y = x \\ y = \dfrac{1}{2}x^2 \end{cases}$ 解得,曲线的交点为 $(0,0),(2,2)$,取 x 为积分变量,则积分区间为 $[0,2]$. 在区间 $[0,2]$ 上任取一微小区间 $[x, x+\mathrm{d}x]$,介于此微小区间 $[x, x+\mathrm{d}x]$ 上的图形的面积约等于以 $y_{大}-y_{小}=x-\frac{1}{2}x^2$ 为高、$\mathrm{d}x$ 为宽的矩形的面积,即面积微元为 $\mathrm{d}S = \left(x-\frac{1}{2}x^2\right)\mathrm{d}x$. 所以,该平面图形的面积为

$$S = \int_0^2 \left(x-\frac{1}{2}x^2\right)\mathrm{d}x = \left[\frac{1}{2}x^2 - \frac{1}{6}x^3\right]_0^2 = \frac{2}{3}.$$

例 2 求由曲线 $y^2=2x$ 与 $y=x-4$ 所围成的图形的面积.

解 首先作出平面图形,如图 6-4 所示.

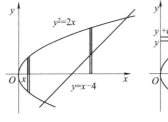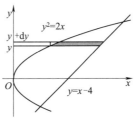

图 6-4

由 $\begin{cases} y^2 = 2x \\ y = x - 4 \end{cases}$ 得,交点 $(2, -2), (8, 4)$.

解法 1 取 x 为积分变量,积分区间为 $[0, 8]$. 在区间 $[0, 8]$ 上任取一微小区间 $[x, x + dx]$,则介于此微小区间 $[x, x + dx]$ 上的图形的面积约等于以 $y_{大} - y_{小} = 2\sqrt{2x}$ 或 $y_{大} - y_{小} = \sqrt{2x} - (x - 4)$ 为高、dx 为宽的矩形的面积. 即面积元素为

$$dS = \begin{cases} 2\sqrt{2x}\,dx, & 0 \leqslant x \leqslant 2 \\ (\sqrt{2x} - x + 4)\,dx, & 2 < x \leqslant 8 \end{cases}.$$

所以,该平面图形面积为

$$S = \int_0^2 2\sqrt{2x}\,dx + \int_2^8 (\sqrt{2x} - x + 4)\,dx$$

$$= \left[\frac{4\sqrt{2}}{3} x^{\frac{3}{2}} \right]_0^2 + \left[\frac{2\sqrt{2}}{3} x^{\frac{3}{2}} - \frac{1}{2} x^2 + 4x \right]_2^8 = 18.$$

解法 2 取 y 为积分变量,积分区间为 $[-2, 4]$. 在区间 $[-2, 4]$ 上任取一微小区间 $[y, y + dy]$,则介于此微小区间 $[y, y + dy]$ 上的图形的面积约等于以 $x_{大} - x_{小} = y + 4 - \frac{1}{2} y^2$ 为宽、dy 为高的矩形的面积. 即面积元素为

$$dS = \left(y + 4 - \frac{1}{2} y^2 \right) dy.$$

所以,该平面图形面积为

$$S = \int_{-2}^4 \left(y + 4 - \frac{1}{2} y^2 \right) dy = \left[\frac{1}{2} y^2 + 4y - \frac{1}{6} y^3 \right]_{-2}^4 = 18.$$

比较例 2 的两种解法,容易看出:选择不同的积分变量(x 或 y),相应的积分区间不同,微元素也不同,难易程度也不尽相同. 在一般情况下,根据图形特征、分区间数、被积函数的积分的难易性选择积分变量,这样便于计算积分.

例 3 求椭圆 $\begin{cases} x = a\cos t \\ y = b\sin t \end{cases}$ ($a > 0, b > 0, t$ 为参数)的面积.

解 首先作出平面图形,如图 6-5 所示.

取 x 为积分变量,积分区间为 $[-a, a]$,于是椭圆的面积为

$$S = \int_{-a}^a 2|y|\,dx = 4\int_0^a |y|\,dx$$

$$= 4\int_{\frac{\pi}{2}}^0 |b\sin t|\,d(a\cos t)$$

$$= -4ab\int_{\frac{\pi}{2}}^0 \sin^2 t\,dt = 4ab\int_0^{\frac{\pi}{2}} \sin^2 t\,dt ,$$

由 5.4 节例 10 的结论可得

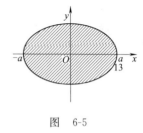

图 6-5

$$S = 4ab \cdot \frac{1}{2} \cdot \frac{\pi}{2} = \pi ab.$$

当 $a = b = r$ 时,可得到圆的面积公式.

在参数式函数下求平面图形的面积,可以利用换元法来解题,注意上下限的变化.

6.2.2 极坐标系下求平面图形的面积

1. 面积公式

现在来看一下如何在极坐标系下求平面图形的面积.

设一平面图形由 $\rho = \rho(\theta)$ 以及射线 $\theta = \alpha$,$\theta = \beta$ 所围(见图 6-6),求该平面图形的面积.

首先选取极角 θ 为积分变量,$\theta \in [\alpha, \beta]$,在 α 到 β 之间,任意引一条射线 θ,再任给 θ 一个增量 $\Delta\theta$,得到一个非常狭小的图形(图 6-6 中 $OEFO$ 部分),当 $\Delta\theta$ 很小时,这个图形可以近似地看成小"扇形",这样,这个微小的"扇形"面积为

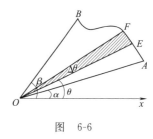

图 6-6

$$\mathrm{d}S = \frac{1}{2}\rho^2 \Delta\theta = \frac{1}{2}\rho^2(\theta)\mathrm{d}\theta,$$

即求得面积微元,以微元为被积表达式,则所求面积为

$$S = \frac{1}{2}\int_\alpha^\beta \rho^2(\theta)\mathrm{d}\theta.$$

2. 应用举例

例 4 求心脏线 $\rho = a(1 + \cos\theta)\,(a > 0, 0 \leqslant \theta \leqslant 2\pi)$ 所围平面图形(见图 6-7)的面积.

解 由极坐标系下求平面图形的面积公式得

$$S = \frac{1}{2}\int_0^{2\pi} a^2(1 + \cos\theta)^2 \mathrm{d}\theta,$$

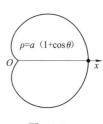

图 6-7

根据图形的对称性有

$$S = \int_0^\pi a^2(1 + \cos\theta)^2\mathrm{d}\theta = a^2\int_0^\pi (1 + 2\cos x + \cos^2 x)\mathrm{d}x$$

$$= a^2\pi + a^2\int_0^\pi \frac{1 + \cos 2x}{2}\mathrm{d}x = \frac{3}{2}a^2\pi.$$

例 5 计算阿基米德螺线 $\rho = a\theta\,(a > 0)$ 上相应于 θ 从 0 变到 2π 的一段弧与极轴所围图形(见图 6-8)的面积.

解 $S = \int_0^{2\pi} \frac{1}{2}(a\theta)^2\mathrm{d}\theta = \frac{1}{2}a^2\left[\frac{1}{3}\theta^3\right]_0^{2\pi} = \frac{4}{3}a^2\pi^3.$

图 6-8

习 题 6.2

1. 求由曲线 $y=x^2$ 和 $y=8-x^2$ 所围平面图形的面积.

2. 求由曲线 $y=x, x=4$ 以及 $y=\dfrac{1}{x}$ 所围平面图形的面积.

3. 求由曲线 $y=4x^2$ 以及直线 $y=3x-1$ 所围平面图形的面积.

4. 求由曲线 $x=-y^2+4$ 和 $x=-2y^2+8$ 所围平面图形的面积.

5. 求抛物线 $\sqrt{x}+\sqrt{y}=\sqrt{5}$ 与两坐标轴所围图形的面积.

6. 求由曲线 $y=\mathrm{e}^x, y=\mathrm{e}^{2x}$ 以及直线 $y=4$ 所围平面图形的面积.

7. 求摆线 $\begin{cases} x=4(t-\sin t) \\ y=4(1-\cos t) \end{cases}$ 的一拱（$0 \leqslant t \leqslant 2\pi$）与 x 轴所围平面图形的面积.

8. 求星形线 $\begin{cases} x=a\cos^3 t \\ y=a\sin^3 t \end{cases}$ （$a>0$）所围图形的面积.

9. 求双扭线 $\rho^2=4\sin 2\theta$ 所围图形的面积.

10. 求圆 $\rho=1$ 以及心脏线 $\rho=1+\cos\theta$ 所围图形公共部分的面积.

6.3 空间几何体体积

本节将利用定积分来求解两种特殊的空间几何体体积.

6.3.1 已知截面面积求体积

设有一空间几何体（见图 6-9），已知垂直 x 轴的截面面积为 $A(x)$，并且 $A(x)$ 在 $[a,b]$ 上连续，$x=a$ 和 $x=b$ 的截面分别位于几何体的两端，求该几何体体积.

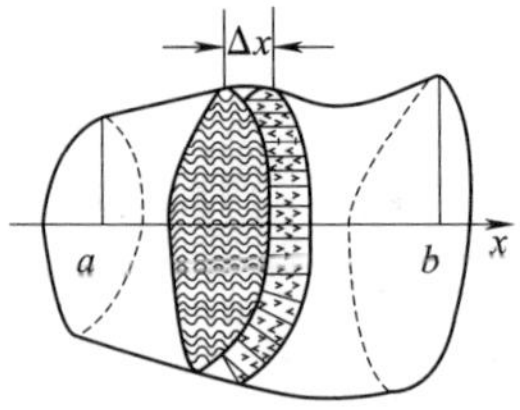

继续用**微元法**导出公式.

选取 x 为积分变量，$x \in [a,b]$. 在 $[a,b]$ 上任取一点 x，并且任给 x 的一个增量 Δx，过点 x 及 $x+\Delta x$ 做垂直于 x 轴的平面，这样就得到一个非常薄的薄片，这个小薄片可以近似地看作柱体，这个微小的柱体体积为

图 6-9

$$\mathrm{d}V=A(x)\,\Delta x=A(x)\,\mathrm{d}x,$$

即得所求几何体的体积微元，以微元为被积表达式，则所求体积为

$$V=\int_a^b A(x)\,\mathrm{d}x.$$

第6章 定积分的应用 ·193·

例 1 一半径为 a 的圆柱体,用与底面交角为 α 的平面去截该圆柱体,并且截面过底圆直径,求截下部分的几何体体积.

解 以底圆中心为坐标原点,如图 6-10 所示建立平面直角坐标系.

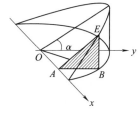

图 6-10

选取 x 为积分变量,x 的范围为 $[-a,a]$. 在 $[-a,a]$ 上任取一点 x,那么过这一点作垂直 x 轴的平面,该平面与 x 轴交于 A 点,与几何体的底圆交于 B 点,则该平面与几何体的截面为一个直角三角形,其面积为

$$A(x) = \frac{1}{2} AB \times BE,$$

而 $AB = \sqrt{OB^2 - OA^2}$,$BE = AB\tan\alpha$,所以

$$A(x) = \frac{1}{2}(a^2 - x^2)\tan\alpha,$$

所以,所求的体积为

$$V = \int_{-a}^{a} A(x)\mathrm{d}x = \frac{1}{2}\tan\alpha \int_{-a}^{a} (a^2 - x^2)\mathrm{d}x$$

$$= \frac{1}{2}\tan\alpha \left(a^2 x - \frac{1}{3}x^3\right)\Big|_{-a}^{a} = \frac{2}{3}a^3\tan\alpha.$$

6.3.2 旋转体体积

旋转体就是由一个平面图形绕该平面内的一条直线旋转一周而成的立体图形. 常见的旋转体有圆柱、圆锥、圆台、球体.

旋转体都可以看作由连续曲线 $y=f(x)$、直线 $x=a$,$x=b$ 及 x 轴所围成的曲边梯形绕 x 轴旋转一周而成的立体(见图 6-11),现在考虑用定积分来计算这种旋转体的体积.

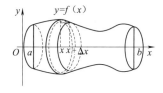

图 6-11

选取 x 为积分变量,$x \in [a,b]$. 在 $[a,b]$ 上任取一点 x,并且任给 x 的一个增量 Δx,过点 x 和 $x+\Delta x$ 做垂直于 x 轴的平面. 这样就得到一个非常薄的薄片,这个小薄片可以近似地看作以 $f(x)$ 为半径、Δx 为高的圆柱体,即体积微元为

$$\mathrm{d}V = \pi\left[f(x)\right]^2 \Delta x = \pi y^2 \mathrm{d}x,$$

所以旋转体的体积 V 为

$$V = \pi \int_a^b f^2(x)\mathrm{d}x = \pi \int_a^b y^2 \mathrm{d}x.$$

用与上面类似的方法可以推出:

设由连续曲线 $x = \varphi(y)$、直线 $y = c, y = d$ 及 y 轴所围成的平面图形 (见图 6-12)绕 y 轴旋转一周的旋转体体积为

$$V = \pi \int_c^d \varphi^2(y)dy = \pi \int_c^d x^2 \mathrm{d}y.$$

例 2 求由曲线 $y = x^2$ 及直线 $x = 2, y = 0$ 所围成的平面图形绕 x 轴旋转一周所得立体的体积.

解 先作出曲线 $y = x^2$ 及直线 $x = 2, y = 0$ 所围成的平面图形,如图 6-13 所示.

取 x 为积分变量,积分区间为 $[0,2]$,体积元素为 $\mathrm{d}V = \pi y^2 \mathrm{d}x$. 所以立体的体积为

$$V_x = \pi \int_0^2 y^2 \mathrm{d}x = \pi \int_0^2 x^4 \mathrm{d}x = \frac{\pi}{5} x^5 \Big|_0^2 = \frac{32}{5}\pi.$$

例 3 求由曲线 $y = x^2$ 和 $x = y^2$ 所围的平面图形绕 y 轴旋转一周的旋转体体积.

解 这两条抛物线所围成的图形如图 6-14 所示.为具体定出图形所在范围,先求出这两条抛物线的交点,为此,解方程组 $\begin{cases} y^2 = x \\ y = x^2 \end{cases}$,求得交点坐标为 $(0,0)$, $(1,1)$. 取 y 为积分变量,积分区间为 $[0,1]$,圆环面积为 $\pi(y - y^4)$,体积元素为 $\mathrm{d}V = \pi(y - y^4)\mathrm{d}y$. 即立体的体积为

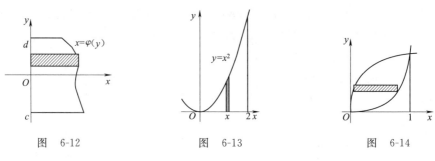

图 6-12   图 6-13   图 6-14

$$V = \int_0^1 \pi y \mathrm{d}y - \int_0^1 \pi y^4 \mathrm{d}y - \frac{3}{10}\pi$$

注意:求旋转体体积时,一般情形下绕哪个坐标轴旋转,就选取哪个变量作为积分变量.要判断旋转体是否含有空心部分,若不含空心部分,其薄面面积为圆的面积,用圆柱体的体积作为体积元素,即体积元素=微底面积 πr^2 ×微高;若含有空心部分,其薄面面积为圆环的面积,薄面厚度为 $\mathrm{d}x$(或 $\mathrm{d}y$),然后积分 $\int_a^b$ 薄面面积×薄面厚度 ,便得到旋转体的体积.

习　题　6.3

1. 一几何体的底面是由 $3x+4y=12$ 和两坐标轴所围的三角形,已知该几何体垂直 x 轴的截面是半圆,求该几何体体积.

2. 一半径为 3 的球,截面在距球心 1 处截得一高为 2 的球冠,求该球冠的体积.

3. 分别求 $xy=1$ 和 $x+y=2$ 所围的平面图形绕 x 轴、y 轴旋转一周的旋转体体积.

4. 求 $y^2=2x$ 与 $y^2=4x-4$ 所围的平面图形绕 y 轴旋转一周的旋转体体积.

5. 分别求 $y=e^x,y=0,x=1$ 和 x 轴所围平面图形绕 x 轴、y 轴旋转一周的旋转体体积.

6. 求 $y=e^x,y=0,x=1$ 和 x 轴所围平面图形绕直线 $x=1$ 旋转一周的旋转体体积.

6.4　平面曲线的弧长

6.4.1　直角坐标系下求弧长

已知函数 $y=f(x)$ 在区间 $[a,b]$ 上的一阶导数连续,试求曲线 $y=f(x)$ 介于区间 $[a,b]$ 上的弧长,如图 6-15 所示.

在区间 $[a,b]$ 上任取一微小区间 $[x,x+\mathrm{d}x]$,则介于此微小区间上的弧长 Δs 近似等于线段 AB 的长,即弧长为

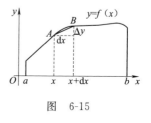

图　6-15

$$
\begin{aligned}
\Delta s &\approx \sqrt{(\mathrm{d}x)^2+(\Delta y)^2} \\
&\approx \sqrt{(\mathrm{d}x)^2+(\mathrm{d}y)^2} \\
&= \sqrt{1+(y')^2},
\end{aligned}
$$

从而,弧长微元 $\mathrm{d}s=\sqrt{1+(y')^2}\,\mathrm{d}x$,积分后得到弧长公式

$$
s=\int_a^b \sqrt{1+(y')^2}\,\mathrm{d}x=\int_a^b \sqrt{1+[f'(x)]^2}\,\mathrm{d}x .
$$

例 1　求悬链线 $y=a\mathrm{ch}\dfrac{x}{a}$ 由 $x=-a$ 到 $x=a$ 的曲线的弧长.

解　由于 $y'=\mathrm{sh}\dfrac{x}{a}=\dfrac{e^{\frac{x}{a}}-e^{-\frac{x}{a}}}{2}$,因此 $\mathrm{d}S=\sqrt{1+\mathrm{sh}^2\dfrac{x}{a}}\,\mathrm{d}x=\mathrm{ch}\dfrac{x}{a}\mathrm{d}x$,于是所求曲线的弧长为

$$S = \int_{-a}^{a} \mathrm{ch}\, \frac{x}{a} \mathrm{d}s = a\,\mathrm{sh}\, \frac{x}{a} \Big|_{-a}^{a} = a(\mathrm{e} - \mathrm{e}^{-1}).$$

例 2 求对数曲线 $y = \ln x$ 由 $x = 1$ 到 $x = 3$ 一段的曲线的弧长.

解 由于 $y' = \dfrac{1}{x}$,因此 $\mathrm{d}S = \sqrt{1 + \dfrac{1}{x^2}}\,\mathrm{d}x$,于是所求曲线的弧长为

$$S = \int_1^3 \sqrt{1 + \frac{1}{x^2}}\,\mathrm{d}x = \int_1^3 \frac{\sqrt{1 + x^2}}{x}\,\mathrm{d}x = \int_{\frac{\pi}{4}}^{\arctan 3} \frac{\sec t}{\tan t}\,\mathrm{d}\tan t$$

$$= \sec t \Big|_{\frac{\pi}{4}}^{\arctan 3} - \int_{\frac{\pi}{4}}^{\arctan 3} \tan t\,\mathrm{d}\csc t = \sqrt{10} - \sqrt{2} + \ln\left|\csc t + \cot t\right| \Big|_{\frac{\pi}{4}}^{\arctan 3}$$

$$= \sqrt{10} - \sqrt{2} + \ln \frac{(\sqrt{10} + 1)(\sqrt{2} - 1)}{3}.$$

6.4.2 参数方程形式下求曲线弧长

设曲线 L 由参数方程 $\begin{cases} x = \varphi(t) \\ y = \psi(t) \end{cases}$ ($\alpha \leqslant t \leqslant \beta$)给出,并且 $x = \varphi(t), y = \psi(t)$ 在 $[\alpha, \beta]$ 上存在连续导数,那么在任意一点 $t \in [\alpha, \beta]$ 的弧长微元是

$$\mathrm{d}s = \sqrt{(\mathrm{d}x)^2 + (\mathrm{d}y)^2} = \sqrt{[\varphi(x)]^2 + [\psi(x)]^2}\,\mathrm{d}t,$$

所以,所求得弧长为 $S = \int_\alpha^\beta \sqrt{[\varphi'(t)]^2 + [\psi'(t)]^2}\,\mathrm{d}t$.

例 3 求旋轮线 $\begin{cases} x = a(t - \sin t) \\ y = a(1 - \cos t) \end{cases}$ 一拱($0 \leqslant t \leqslant 2\pi$)的弧长(见图 6-16).

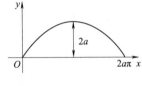

解 在任一点 $t \in [0, 2\pi]$ 的弧长微元是

$$\mathrm{d}S = \sqrt{(\mathrm{d}x)^2 + (\mathrm{d}y)^2}$$
$$= \sqrt{a^2(1 - \cos t)^2 + a^2 \sin^2 t}\,\mathrm{d}t$$
$$= \sqrt{2}a\sqrt{1 - 2\cos t}\,\mathrm{d}t,$$

图 6-16

所以,所求弧长为

$$S = \int_0^{2\pi} \sqrt{2}a\sqrt{1 - \cos t}\,\mathrm{d}t = \int_0^{2\pi} 2a\left|\sin\frac{t}{2}\right|\mathrm{d}t$$

$$= -4a\cos\frac{t}{2}\Big|_0^{2\pi} = 8a.$$

例 4 求星形线 $\begin{cases} x = 2\cos^3 t \\ y = 2\sin^3 t \end{cases}$ ($0 \leqslant t \leqslant 2\pi$)的全长(见图 6-17).

解 由对称性只需求第一象限的曲线的弧长. 在

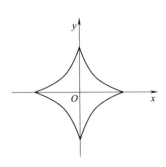

图 6-17

任一 $t\in[0,\frac{\pi}{2}]$，弧长微元为

$$\begin{aligned} dS &= \sqrt{\{dx\}^2+\{dy\}^2} \\ &= 6\sqrt{\sin^2 t\cos^4 t+\cos^2 t\sin^4 t}\,dt = 6\sin t\cos t, \end{aligned}$$

所以，所求的弧长为

$$S = 4\int_0^{\frac{\pi}{2}} 6\sin t\cos t\,dt = 12\sin^2 t\Big|_0^{\frac{\pi}{2}} = 12.$$

6.4.3 极坐标系下求曲线弧长

设曲线 L 的极坐标方程为 $\rho=\rho(\theta)$（$\alpha\leqslant\theta\leqslant\beta$），并且 $\rho=\rho(\theta)$ 具有关于 θ 的连续导数，则在任意一点 $\alpha\leqslant\theta\leqslant\beta$ 的参数方程形式是

$$\begin{cases} x=\rho(\theta)\cos\theta \\ y=\rho(\theta)\sin\theta \end{cases},$$

那么

$$\begin{aligned} dx &= [\rho'(\theta)\cos\theta-\rho(\theta)\sin\theta]d\theta, \\ dy &= [\rho'(\theta)\sin\theta+\rho(\theta)\cos\theta]d\theta. \end{aligned}$$

于是弧长微元为

$$dS = \sqrt{(dx)^2+(dy)^2} = \sqrt{[\rho'(\theta)]^2+\rho^2(\theta)}\,d\theta,$$

所以，所求弧长为

$$S = \int_\alpha^\beta \sqrt{[\rho'(\theta)]^2+\rho^2(\theta)}\,d\theta.$$

例 5 求对数螺线 $\rho=e^{m\theta}$（$m>0$）由（ρ_0,θ_0）到（ρ,θ）的弧长.

解 在任一 θ 处，弧长微元为

$$dS = \sqrt{[\rho'(\theta)]^2+\rho^2(\theta)}\,d\theta = \sqrt{1+m^2}\,e^{m\theta}d\theta,$$

所以，所求弧长为

$$S = \int_{\theta_0}^{\theta} \sqrt{1+m^2}\,e^{m\theta}d\theta = \frac{\sqrt{1+m^2}}{m}(e^{m\theta}-e^{m\theta_0}).$$

例 6 求阿基米德螺旋线 $\rho=a\theta$（$a>0$）$0\leqslant\theta\leqslant 2\pi$ 这一段的弧长(见图 6-18).

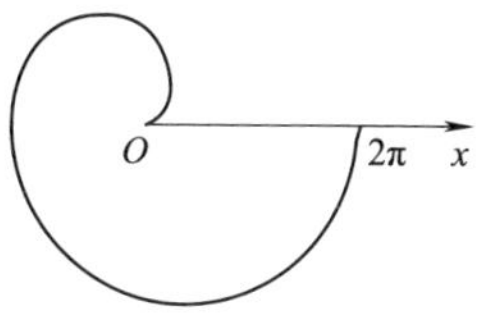

图 6-18

解 在任一 $\theta\in[0,2\pi]$ 处，弧长微元为

$$dS = \sqrt{(\rho'(\theta))^2+\rho^2(\theta)}\,d\theta = a\sqrt{1+\theta^2}\,d\theta,$$

所以，所求的曲线的弧长为

$$S = \int_0^{2\pi} a\sqrt{1+\theta^2}\,d\theta = a\left[\frac{\theta}{2}\sqrt{1+\theta^2}+\frac{1}{2}\ln(\theta+\sqrt{1+\theta^2})\right]\Bigg|_0^{2\pi}$$

$$= \frac{a}{2}\left[2\pi\sqrt{1+4\pi^2}+\ln(2\pi+\sqrt{1+4\pi^2})\right].$$

习 题 6.4

1. 求曲线 $y=e^{2x}$ 从 $x=0$ 到 $x=4$ 的一段的弧长.

2. 求曲线 $y=x^3$ 从 $x=-1$ 到 $x=3$ 这一段的弧长.

3. 求曲线 $y=\int_{-\frac{\pi}{2}}^{x}\sqrt{\cos t}\,\mathrm{d}t\ \left(-\frac{\pi}{2}\leqslant x\leqslant\frac{\pi}{2}\right)$ 的弧长.

4. 求曲线 $x=\frac{1}{4}y^2-\frac{1}{2}\ln y$ 从 $y=1$ 到 $y=e$ 的弧长.

5. 求曲线 $\begin{cases}x=\arctan t\\ y=\frac{1}{2}\ln(1+t^2)\end{cases}(0\leqslant t\leqslant1)$ 的弧长.

6. 求渐伸线 $\begin{cases}x=\cos t+t\sin t\\ y=\sin t-t\cos t\end{cases}$ 由 $t=0$ 到 $t=2\pi$ 的弧长.

7. 求双曲线 $x^2-y^2=4$ 含于圆 $x^2+y^2=4x$ 内的弧段的弧长.

8. 求心形线 $\rho=3(1+\cos\theta)$ 的全长.

9. 求三叶玫瑰线 $\rho=a\sin3\theta\,(a>0)$ 的全长.

6.5 定积分的物理应用

6.5.1 功

由物理学可知，一恒力 F 作用在一物体上，该物体做直线运动，如果物体沿力的方向运行的距离是 s，则力 F 对物体所做的功是

$$W=F\cdot s.$$

在实际应用中，常常会遇到变力做功的问题，这时又要进行"变"与"恒"的矛盾转换，于是，又要把整体问题微小化，在非常微小的范围内就可以近似地看成恒力做功问题了.

设一物体在外力 F 的作用下，沿力的方向由点 a 移到点 b（见图6-19），已知物体处于点 $x\in[a,b]$ 处时，外力 F 的大小为 $F(x)$，求外力 F 对该物体所做的功.

图 6-19

在点 a 到点 b 之间任意取定一值 $x\in[a,b]$，并且任给自变量一个增量 Δx，外力将物体从点 x 移到点 $x+\Delta x$ 所做的功可以近似为常力做功，即功微元为

$$\mathrm{d}W=F(x)\Delta x=F(x)\mathrm{d}x,$$

所以外力 F 对物体所做的功为

$$W = \int_a^b F(x)\mathrm{d}x.$$

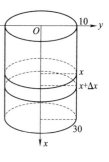

例 1　一盛满水的圆柱形水池,池高 30 m,底面直径 2 m,求将水从池口全部抽出所做的功.

解　以顶面的圆心为原点,向下方向为 x 轴正方向,建立直角坐标系,如图 6-20 所示,在 $0 \sim 30$ 之间任意取定一值 x,再给一个增量 Δx. 由于水的密度是 9.8 kN/m³,因此将这个圆柱形薄片中的水移出池口所做的功近似为

图　6-20

$$\mathrm{d}W = 9.8 \times 10^2 \pi \Delta x \cdot x = 980\pi x \mathrm{d}x,$$

抽出池中的水所做的功是

$$W = 980\pi \int_0^{30} x\mathrm{d}x = 490\pi \times 30^2 = 441\,000\pi \ (\text{kJ}).$$

例 2　在底面积为 S 的圆柱形容器中盛有一定量的气体,在等温的情况下,由于气体的膨胀,把容器中的一个活塞由点 a 推到点 b,计算在移动过程中,气体压力对活塞所做的功.

解　以圆柱形左端底面位置为坐标原点,如图 6-21 所示建立坐标系.

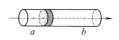

在 a 到 b 之间任取一值 x,由物理学可知,在等温情况下气体的压强 p 与体积 V 的乘积等于常数 k,即

图　6-21

$$PV = k,$$

而气体体积 $V = xS$,因此

$$p = \frac{k}{Sx},$$

所以作用在活塞上压力是

$$F = pS = \frac{k}{x},$$

在气体膨胀过程中,体积 V 是变化的,因而 x 也是变化的,所以作用在活塞上的力也是变化的.

取 x 为积分变量,它的变化区间为 $[a,b]$. 设 $[x,x+\Delta x]$ 是 $[a,b]$ 上的任一小区间,当活塞从 x 移动到 $x + \Delta x$ 时,变力 F 做的功近似于 $\frac{k}{x}\mathrm{d}x$,即功微元为

$$\mathrm{d}W = \frac{k}{x}\mathrm{d}x$$

那么气体对活塞所做的功是

$$W = \int_a^b F\mathrm{d}x = \int_a^b k\,\frac{1}{x}\mathrm{d}x = k\ln\frac{b}{a}.$$

6.5.2 水压力

由物理学可知,在一密度为 μ 的液体中,深为 h 处的液体压强为

$$P = \mu h,$$

那么,一面积为 S 的薄板,水平地放在深为 h 的液体中,那么,该薄板所受的压力是

$$F = PS = \mu Sh,$$

如果薄板是垂直液体表面插入液体中的,由于不同深度的压强不同,因此薄板受力的情况也不同. 在水中情况下,怎么求薄板受力的大小呢?

下面通过具体的实例来说明.

例 3 一矩形水闸门,垂直地插入水中,该闸门的宽为 2 m,高为 3 m,闸门的上沿离水面 0.5 m,求闸门的一面受水的压力.(水的密度为 10^3 kg/m^3)

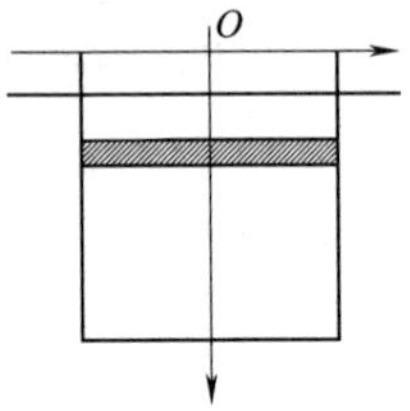

解 依题意如图 6-22 所示建立坐标系.

在 0.5~3.5 之间任意取定一值 x,任意给定一个增量 Δx,那么在水深为 x 处宽为 Δx 细长条所受水的压力近似为

$$\mathrm{d}F = \mu 2x\Delta x = 2\mu x\,\mathrm{d}x,$$

所以,闸门所受的压力为

$$F = \int_{0.5}^{3.5} 2\mu x\,\mathrm{d}x = \mu x^2 \Big|_{0.5}^{3.5} = 8.75\mu,$$

其中 μ 为水的密度.

图 6-22

6.5.3 引力

由万有引力定律可知,两个相距为 r,质量分别为 m_1,m_2 的质点,它们相互之间的引力为

$$F = G\frac{m_1 m_2}{r^2},$$

其中 G 为引力系数,引力方向沿着两个质点的连线方向.

例 4 一水平线上置有一质量为 m_1 的质点和一长度为 l 的均匀细棒,已知细棒的线密度为 ρ,质点到细棒近端点的距离为 s,求细棒对该质点的引力.

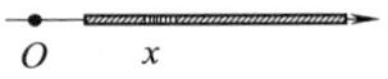

解 如图 6-23 所示建立坐标系.

在细棒上距质点为 x 处任意截取一小段 Δx,那么该小段的质量为

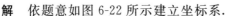

图 6-23

$$\mathrm{d}m = \rho\Delta x = \rho\,\mathrm{d}x,$$

于是在这个小段对质点的引力近似为

$$dF = G\frac{m_1 dm}{x^2} = G\frac{m_1 \rho}{x^2}dx \,,$$

所以细棒对质点的引力为

$$F = Gm_1\rho \int_s^{s+l} \frac{1}{x^2}x = Gm_1\rho\left(\frac{1}{s} - \frac{1}{s+l}\right) = \frac{Gm_1 l\rho}{s(s+l)}.$$

习　题　6.5

1. 一长为 l 厘米的金属棒,如果把它拉长 x 厘米所需的拉力为 $\dfrac{k}{l}x$,其中 k 为常数. 求把这根金属棒拉长 a 厘米所做的功.

2. 把一个带 $+q$ 电量的电荷放在 x 轴的坐标原点上,它产生一个电场,这个电场对周围的电荷有作用力. 由物理学可知,如果有一个单位正电荷放在这个电场中,并距原点为 x 的地方,那么电场对它的作用力为

$$F = k\frac{q}{x^2} \quad (k \text{ 为常数}).$$

当这个正电荷从 $x=a$ 沿 x 轴移动到 $x=b$ 时,计算电力场对它所做的功.

3. 直径为 40 cm、高为 60 cm 的圆柱形气缸内充满压强为 15 N/cm² 的气体,如果温度保持不变,推动活塞,使气缸体积缩小一半,求推力所做的功.

4. 一个横放着的圆柱形油桶,桶内盛有油,已知桶的底半径为 R,假定油的密度为 μ,求桶的一个端面所受的压力.

5. 设有一长为 l、线密度为 ρ 的均匀细棒,在细棒的中垂线上到细棒距离为 s 的地方有一质量为 m 的质点. 求细棒对该质点的引力.

附录 A

不定积分表

一、基本积分公式

1. $\int k \mathrm{d}x = kx + C$ （k 为常数）. 2. $\int x^\mu \mathrm{d}x = \dfrac{x^{\mu+1}}{\mu+1} + C$ （$\mu \neq -1$）.

3. $\int \dfrac{\mathrm{d}x}{x} = \ln|x| + C$. 4. $\int \mathrm{e}^x \mathrm{d}x = \mathrm{e}^x + C$.

5. $\int a^x \mathrm{d}x = \dfrac{a^x}{\ln a} + C$ （$a > 0$）.

6. $\int \sin x \mathrm{d}x = -\cos x + C$.

7. $\int \cos x \mathrm{d}x = \sin x + C$.

8. $\int \tan x \mathrm{d}x = -\ln|\cos x| + C$.

9. $\int \cot x \mathrm{d}x = \ln|\sin x| + C$.

10. $\int \sec^2 x \mathrm{d}x = \int \dfrac{1}{\cos^2 x} \mathrm{d}x = \tan x + C$.

11. $\int \csc^2 x \mathrm{d}x = \int \dfrac{1}{\sin^2 x} \mathrm{d}x = -\cot x + C$.

12. $\int \sec x \mathrm{d}x = \int \dfrac{1}{\cos x} \mathrm{d}x = \ln|\sec x + \tan x| + C$.

13. $\int \csc x \mathrm{d}x = \int \dfrac{1}{\sin x} \mathrm{d}x = \ln|\csc x - \cot x| + C$.

14. $\int \sec x \cdot \tan x \mathrm{d}x = \sec x + C$.

15. $\int \csc x \cdot \cot x \mathrm{d}x = -\csc x + C$.

二、含有 $ax + b$ 的积分

1. $\int \dfrac{\mathrm{d}x}{ax+b} = \dfrac{1}{a}\ln|ax+b| + C$.

2. $\int (ax+b)^{\mu}\mathrm{d}x = \dfrac{1}{a(\mu+1)}(ax+b)^{\mu+1}+C(\mu\neq-1)$.

3. $\int \dfrac{x\mathrm{d}x}{ax+b} = \dfrac{1}{a^2}(ax+b-b\ln|ax+b|)+C$.

4. $\int \dfrac{x^2\mathrm{d}x}{ax+b} = \dfrac{1}{a^3}\left[\dfrac{1}{2}(ax+b)^2-2b((ax+b)+b^2\ln|ax+b|\right]+C$.

5. $\int \dfrac{\mathrm{d}x}{x(ax+b)} = -\dfrac{1}{b}\ln\left|\dfrac{ax+b}{x}\right|+C$.

6. $\int \dfrac{\mathrm{d}x}{x^2(ax+b)} = -\dfrac{1}{bx}+\dfrac{a}{b^2}\ln\left|\dfrac{ax+b}{x}\right|+C$.

7. $\int \dfrac{x}{(ax+b)^2}\mathrm{d}x = \dfrac{1}{a^2}\left(\ln|ax+b|+\dfrac{b}{ax+b}\right)+C$.

8. $\int \dfrac{x^2}{(ax+b)^2}\mathrm{d}x = \dfrac{1}{a^3}\left(ax+b-2b\ln|ax+b|-\dfrac{b^2}{ax+b}\right)+C$.

9. $\int \dfrac{\mathrm{d}x}{x(ax+b)^2} = \dfrac{1}{b(ax+b)}-\dfrac{1}{b^2}\ln\left|\dfrac{ax+b}{x}\right|+C$.

三、含有 $\sqrt{ax+b}$ 的积分

1. $\int \sqrt{ax+b}\,\mathrm{d}x = \dfrac{2}{3a}\sqrt{(ax+b)^3}+C$.

2. $\int x\sqrt{ax+b}\,\mathrm{d}x = \dfrac{2}{15a^2}(3ax-2b)\sqrt{(ax+b)^3}+C$.

3. $\int x^2\sqrt{ax+b}\,\mathrm{d}x = \dfrac{2}{105a^3}(15a^2x^2-12abx+8b^2)\sqrt{(ax+b)^3}+C$.

4. $\int \dfrac{x}{\sqrt{ax+b}}\mathrm{d}x = \dfrac{2}{3a^2}(ax-2b)\sqrt{ax+b}+C$.

5. $\int \dfrac{x^2}{\sqrt{ax+b}}\mathrm{d}x = \dfrac{2}{15a^3}(3a^2x^2-4abx+8b^2)\sqrt{ax+b}+C$.

6. $\int \dfrac{\mathrm{d}x}{x\sqrt{ax+b}} = \begin{cases}\dfrac{1}{\sqrt{b}}\ln\left|\dfrac{\sqrt{ax+b}-\sqrt{b}}{\sqrt{ax+b}+\sqrt{b}}\right|+C(b>0)\\[3mm]\dfrac{2}{\sqrt{-b}}\arctan\sqrt{\dfrac{ax+b}{-b}}+C(b<0)\end{cases}$.

7. $\int \dfrac{\mathrm{d}x}{x^2\sqrt{ax+b}} = -\dfrac{\sqrt{ax+b}}{bx}-\dfrac{a}{2b}\int \dfrac{\mathrm{d}x}{x\sqrt{ax+b}}$.

8. $\int \dfrac{\sqrt{ax+b}}{x}\mathrm{d}x = 2\sqrt{ax+b}+b\int \dfrac{\mathrm{d}x}{x\sqrt{ax+b}}$.

9. $\int \dfrac{\sqrt{ax+b}}{x^2}\mathrm{d}x = -\dfrac{\sqrt{ax+b}}{x}+\dfrac{a}{2}\int \dfrac{\mathrm{d}x}{x\sqrt{ax+b}}$.

四、含有 $x^2 \pm a^2$ 的积分

1. $\int \dfrac{\mathrm{d}x}{x^2+a^2} = \dfrac{1}{a}\arctan\dfrac{x}{a}+C$.

2. $\int \dfrac{\mathrm{d}x}{(x^2+a^2)^n} = \dfrac{x}{2(n-1)a^2(x^2+a^2)^{n-1}} + \dfrac{2n-3}{2(n-1)a^2}\int \dfrac{\mathrm{d}x}{(x^2+a^2)^{n-1}}$.

3. $\int \dfrac{\mathrm{d}x}{x^2-a^2} = \dfrac{1}{2a}\ln\left|\dfrac{x-a}{x+a}\right|+C$.

五、含有 $ax^2 \pm b(a>0)$ 的积分

1. $\int \dfrac{\mathrm{d}x}{ax^2+b} = \begin{cases} \dfrac{1}{\sqrt{ab}}\arctan\sqrt{\dfrac{a}{b}}x+C & (b>0) \\[3mm] \dfrac{1}{2\sqrt{-ab}}\ln\left|\dfrac{\sqrt{a}x-\sqrt{-b}}{\sqrt{a}x+\sqrt{-b}}\right|+C & (b<0) \end{cases}$.

2. $\int \dfrac{x}{ax^2+b}\mathrm{d}x = \dfrac{1}{2a}\ln|ax^2+b|+C$.

3. $\int \dfrac{x^2}{ax^2+b}\mathrm{d}x = \dfrac{x}{a} - \dfrac{b}{a}\int \dfrac{\mathrm{d}x}{ax^2+b}$.

4. $\int \dfrac{\mathrm{d}x}{x(ax^2+b)} = \dfrac{1}{2b}\ln\dfrac{x^2}{|ax^2+b|}+C$.

5. $\int \dfrac{\mathrm{d}x}{x^2(ax^2+b)} = -\dfrac{1}{bx} - \dfrac{a}{b}\int \dfrac{\mathrm{d}x}{ax^2+b}$.

6. $\int \dfrac{\mathrm{d}x}{x^3(ax^2+b)} = \dfrac{a}{2b^2}\ln\dfrac{|ax^2+b|}{x^2} - \dfrac{1}{2bx^2}+C$.

7. $\int \dfrac{\mathrm{d}x}{(ax^2+b)^2} = \dfrac{x}{2b(ax^2+b)} + \dfrac{1}{2b}\int \dfrac{\mathrm{d}x}{ax^2+b}$.

六、含有 $ax^2+bx+c(a>0)$ 的积分

1. $\int \dfrac{\mathrm{d}x}{ax^2+bx+c} = \begin{cases} \dfrac{2}{\sqrt{4ac-b^2}}\arctan\dfrac{2ax+b}{\sqrt{4ac-b^2}}+C & (b^2<4ac) \\[3mm] \dfrac{1}{\sqrt{b^2-4ac}}\ln\left|\dfrac{2ax+b-\sqrt{b^2-4ac}}{2ax+b+\sqrt{b^2-4ac}}\right|+C & (b>4ac) \end{cases}$.

2. $\int \dfrac{x}{ax^2+bx+c}\mathrm{d}x = \dfrac{1}{2a}\ln|ax^2+bx+c| - \dfrac{b}{2a}\int \dfrac{\mathrm{d}x}{ax^2+bx+c}$.

七、含有 $\sqrt{x^2+a^2}(a>0)$ 的积分

1. $\int \dfrac{\mathrm{d}x}{\sqrt{x^2+a^2}} = \ln(x+\sqrt{x^2+a^2})+C$.

2. $\int \dfrac{\mathrm{d}x}{\sqrt{(x^2+a^2)^3}} = \dfrac{x}{a^2\sqrt{x^2+a^2}}+C$.

3. $\int \dfrac{x}{\sqrt{x^2+a^2}}\mathrm{d}x = \sqrt{x^2+a^2}+C$.

4. $\displaystyle\int \frac{x}{\sqrt{(x^2+a^2)^3}}\mathrm{d}x = -\frac{1}{\sqrt{x^2+a^2}} + C.$

5. $\displaystyle\int \frac{x^2}{\sqrt{x^2+a^2}}\mathrm{d}x = \frac{x}{2}\sqrt{x^2+a^2} - \frac{a^2}{2}\ln(x+\sqrt{x^2+a^2}) + C.$

6. $\displaystyle\int \frac{x^2}{\sqrt{(x^2+a^2)^3}}\mathrm{d}x = -\frac{x}{\sqrt{x^2+a^2}} + \ln(x+\sqrt{x^2+a^2}) + C.$

7. $\displaystyle\int \frac{\mathrm{d}x}{x\sqrt{x^2+a^2}} = \frac{1}{a}\ln\frac{\sqrt{x^2+a^2}-a}{|x|} + C.$

8. $\displaystyle\int \frac{\mathrm{d}x}{x^2\sqrt{x^2+a^2}} = -\frac{\sqrt{x^2+a^2}}{a^2 x} + C.$

9. $\displaystyle\int \sqrt{x^2+a^2}\,\mathrm{d}x = \frac{x}{2}\sqrt{x^2+a^2} + \frac{a^2}{2}\ln(x+\sqrt{x^2+a^2}) + C.$

10. $\displaystyle\int \sqrt{(x^2+a^2)^3}\,\mathrm{d}x = \frac{x}{8}(2x^2+5a^2)\sqrt{x^2+a^2} + \frac{3}{8}a^4\ln(x+\sqrt{x^2+a^2}) + C.$

11. $\displaystyle\int x\sqrt{x^2+a^2}\,\mathrm{d}x = \frac{1}{3}\sqrt{(x^2+a^2)^3} + C.$

12. $\displaystyle\int x^2\sqrt{x^2+a^2}\,\mathrm{d}x = \frac{x}{8}(2x^2+a^2)\sqrt{x^2+a^2} - \frac{a^4}{8}\ln(x+\sqrt{x^2+a^2}) + C.$

13. $\displaystyle\int \frac{\sqrt{x^2+a^2}}{x}\mathrm{d}x = \sqrt{x^2+a^2} + a\ln\frac{\sqrt{x^2+a^2}-a}{|x|} + C.$

14. $\displaystyle\int \frac{\sqrt{x^2+a^2}}{x^2}\mathrm{d}x = -\frac{\sqrt{x^2+a^2}}{x} + \ln(x+\sqrt{x^2+a^2}) + C.$

八、含有 $\sqrt{x^2-a^2}\ (a>0)$ 的积分

1. $\displaystyle\int \frac{\mathrm{d}x}{\sqrt{x^2-a^2}} = \ln|x+\sqrt{x^2-a^2}| + C.$

2. $\displaystyle\int \frac{\mathrm{d}x}{\sqrt{(x^2-a^2)^3}} = -\frac{x}{a^2\sqrt{x^2-a^2}} + C.$

3. $\displaystyle\int \frac{x}{\sqrt{x^2-a^2}}\mathrm{d}x = \sqrt{x^2-a^2} + C.$

4. $\displaystyle\int \frac{x}{\sqrt{(x^2-a^2)^3}}\mathrm{d}x = -\frac{1}{\sqrt{x^2-a^2}} + C.$

5. $\displaystyle\int \frac{x^2}{\sqrt{x^2-a^2}}\mathrm{d}x = \frac{x}{2}\sqrt{x^2-a^2} + \frac{a^2}{2}\ln|x+\sqrt{x^2-a^2}| + C.$

6. $\displaystyle\int \frac{x^2}{\sqrt{(x^2-a^2)^3}}\mathrm{d}x = -\frac{x}{\sqrt{x^2-a^2}} + \ln|x+\sqrt{x^2-a^2}| + C.$

7. $\displaystyle\int \frac{\mathrm{d}x}{x\sqrt{x^2-a^2}} = \frac{1}{a}\arccos\frac{a}{|x|} + C.$

8. $\int \dfrac{\mathrm{d}x}{x^2 \sqrt{x^2-a^2}} = \dfrac{\sqrt{x^2-a^2}}{a^2 x} + C.$

9. $\int \sqrt{x^2-a^2}\,\mathrm{d}x = \dfrac{x}{2}\sqrt{x^2-a^2} - \dfrac{a^2}{2}\ln\left|x+\sqrt{x^2-a^2}\right| + C.$

10. $\int \sqrt{(x^2-a^2)^3}\,\mathrm{d}x = \dfrac{x}{8}(2x^2-5a^2)\sqrt{x^2-a^2} + \dfrac{3}{8}a^4\ln\left|x+\sqrt{x^2-a^2}\right| + C.$

11. $\int x\sqrt{x^2-a^2}\,\mathrm{d}x = \dfrac{1}{3}\sqrt{(x^2-a^2)^3} + C.$

12. $\int x^2\sqrt{x^2-a^2}\,\mathrm{d}x = \dfrac{x}{8}(2x^2-a^2)\sqrt{x^2-a^2} - \dfrac{a^4}{8}\ln\left|x+\sqrt{x^2-a^2}\right| + C.$

13. $\int \dfrac{\sqrt{x^2-a^2}}{x}\,\mathrm{d}x = \sqrt{x^2-a^2} - a\arccos\dfrac{a}{|x|} + C.$

14. $\int \dfrac{\sqrt{x^2-a^2}}{x^2}\,\mathrm{d}x = -\dfrac{\sqrt{x^2-a^2}}{x} + \ln\left|x+\sqrt{x^2-a^2}\right| + C.$

九、含有 $\sqrt{a^2-x^2}\,(a>0)$ 的积分

1. $\int \dfrac{\mathrm{d}x}{\sqrt{a^2-x^2}} = \arcsin\dfrac{x}{a} + C.$

2. $\int \dfrac{\mathrm{d}x}{\sqrt{(a^2-x^2)^3}} = \dfrac{x}{a^2\sqrt{a^2-x^2}} + C.$

3. $\int \dfrac{x}{\sqrt{a^2-x^2}}\,\mathrm{d}x = -\sqrt{a^2-x^2} + C.$

4. $\int \dfrac{x}{\sqrt{(a^2-x^2)^3}}\,\mathrm{d}x = \dfrac{1}{\sqrt{a^2-x^2}} + C.$

5. $\int \dfrac{x^2}{\sqrt{a^2-x^2}}\,\mathrm{d}x = -\dfrac{x}{2}\sqrt{a^2-x^2} + \dfrac{a^2}{2}\arcsin\dfrac{x}{a} + C.$

6. $\int \dfrac{x^2}{\sqrt{(a^2-x^2)^3}}\,\mathrm{d}x = \dfrac{x}{\sqrt{a^2-x^2}} - \arcsin\dfrac{x}{a} + C.$

7. $\int \dfrac{\mathrm{d}x}{x\sqrt{a^2-x^2}} = \dfrac{1}{a}\ln\dfrac{a-\sqrt{a^2-x^2}}{|x|} + C.$

8. $\int \dfrac{\mathrm{d}x}{x^2\sqrt{a^2-x^2}} = -\dfrac{\sqrt{a^2-x^2}}{a^2 x} + C.$

9. $\int \sqrt{a^2-x^2}\,\mathrm{d}x = \dfrac{x}{2}\sqrt{a^2-x^2} + \dfrac{a^2}{2}\arcsin\dfrac{x}{a} + C.$

10. $\int \sqrt{(a^2-x^2)^3}\,\mathrm{d}x = \dfrac{x}{8}(5a^2-2x^2)\sqrt{a^2-x^2} + \dfrac{3}{8}a^4\arcsin\dfrac{x}{a} + C.$

11. $\int x\sqrt{a^2-x^2}\,\mathrm{d}x = -\dfrac{1}{3}\sqrt{(a^2-x^2)^3} + C.$

12. $\int x^2 \sqrt{a^2 - x^2}\,\mathrm{d}x = \dfrac{x}{8}(2x^2 - a^2)\sqrt{a^2 - x^2} + \dfrac{a^4}{8}\arcsin\dfrac{x}{a} + C.$

13. $\int \dfrac{\sqrt{a^2 - x^2}}{x}\mathrm{d}x = \sqrt{a^2 - x^2} + a\ln\dfrac{a - \sqrt{a^2 - x^2}}{|x|} + C.$

14. $\int \dfrac{\sqrt{a^2 - x^2}}{x^2}\mathrm{d}x = -\dfrac{\sqrt{a^2 - x^2}}{x} - \arcsin\dfrac{x}{a} + C.$

十、含有 $\sqrt{\pm ax^2 + bx + c}\,(a > 0)$ 的积分

1. $\int \dfrac{\mathrm{d}x}{\sqrt{ax^2 + bx + c}} = \dfrac{1}{\sqrt{a}}\ln\left|2ax + b + 2\sqrt{a}\sqrt{ax^2 + bx + c}\right| + C.$

2. $\int \sqrt{ax^2 + bx + c}\,\mathrm{d}x = \dfrac{2ax + b}{4a}\sqrt{ax^2 + bx + c} +$
$\dfrac{4ac - b^2}{8\sqrt{a^3}}\ln\left|2ax + b + 2\sqrt{a}\sqrt{ax^2 + bx + c}\right| + C.$

3. $\int \dfrac{x}{\sqrt{ax^2 + bx + c}}\mathrm{d}x = \dfrac{1}{a}\sqrt{ax^2 + bx + c} -$
$\dfrac{b}{2\sqrt{a^3}}\ln\left|2ax + b + 2\sqrt{a}\sqrt{ax^2 + bx + c}\right| + C.$

4. $\int \dfrac{\mathrm{d}x}{\sqrt{c + bx - ax^2}} = \dfrac{1}{\sqrt{a}}\arcsin\dfrac{2ax - b}{\sqrt{b^2 + 4ac}} + C.$

5. $\int \sqrt{c + bx - ax^2}\,\mathrm{d}x = \dfrac{2ax - b}{4a}\sqrt{c + bx - ax^2} + \dfrac{b^2 + 4ac}{8\sqrt{a^3}}\arcsin\dfrac{2ax - b}{\sqrt{b^2 + 4ac}} + C.$

6. $\int \dfrac{x}{\sqrt{c + bx - ax^2}}\mathrm{d}x = -\dfrac{1}{a}\sqrt{c + bx - ax^2} + \dfrac{b}{2\sqrt{a^3}}\arcsin\dfrac{2ax - b}{\sqrt{b^2 + 4ac}} + C.$

十一、含有 $\sqrt{\pm\dfrac{x-a}{x-b}}$ 或 $\sqrt{(x-a)(x-b)}$ 的积分

1. $\int \sqrt{\dfrac{x-a}{x-b}}\,\mathrm{d}x = (x-b)\sqrt{\dfrac{x-a}{x-b}} + (b-a)\ln(\sqrt{|x-a|} + \sqrt{|x-b|}) + C.$

2. $\int \sqrt{\dfrac{x-a}{b-x}}\,\mathrm{d}x = (x-b)\sqrt{\dfrac{x-a}{b-x}} + (b-a)\arcsin\sqrt{\dfrac{x-a}{b-a}} + C.$

3. $\int \dfrac{\mathrm{d}x}{\sqrt{(x-a)(b-x)}} = 2\arcsin\sqrt{\dfrac{x-a}{b-a}} + C(a < b).$

4. $\int \sqrt{(x-a)(b-x)}\,\mathrm{d}x = \dfrac{2x - a - b}{4}\sqrt{(x-a)(b-x)} + \dfrac{(b-a)^2}{4}\arcsin$
$\sqrt{\dfrac{x-a}{b-a}} + C(a < b).$

十二、含有三角函数的积分

1. $\displaystyle\int \sin^2 x\mathrm{d}x = \frac{x}{2} - \frac{1}{4}\sin 2x + C$.

2. $\displaystyle\int \cos^2 x\mathrm{d}x = \frac{x}{2} + \frac{1}{4}\sin 2x + C$.

3. $\displaystyle\int \sin^n x\mathrm{d}x = -\frac{1}{n}\sin^{n-1}x\cos x + \frac{n-1}{n}\int \sin^{n-2}x\mathrm{d}x$.

4. $\displaystyle\int \cos^n x\mathrm{d}x = \frac{1}{n}\cos^{n-1}x\sin x + \frac{n-1}{n}\int \cos^{n-2}x\mathrm{d}x$.

5. $\displaystyle\int \frac{\mathrm{d}x}{\sin^n x} = -\frac{1}{n-1}\cdot\frac{\cos x}{\sin^{n-1}x} + \frac{n-2}{n-1}\int \frac{\mathrm{d}x}{\sin^{n-2}x}$.

6. $\displaystyle\int \frac{\mathrm{d}x}{\cos^n x} = \frac{1}{n-1}\cdot\frac{\sin x}{\cos^{n-1}x} + \frac{n-2}{n-1}\int \frac{\mathrm{d}x}{\cos^{n-2}x}$.

7. $\displaystyle\int \cos^m x\sin^n x\mathrm{d}x = \frac{1}{m+n}\cos^{m-1}x\sin^{n+1}x + \frac{m-1}{m+n}\int \cos^{m-2}x\sin^n x\mathrm{d}x$

$$= -\frac{1}{m+n}\cos^{m+1}x\sin^{n-1}x + \frac{n-1}{m+n}\int \cos^m x\sin^{n-2}x\mathrm{d}x.$$

8. $\displaystyle\int \sin ax\cos bx\mathrm{d}x = -\frac{1}{2(a+b)}\cos(a+b)x - \frac{1}{2(a-b)}\cos(a-b)x + C$.

9. $\displaystyle\int \sin ax\sin bx\mathrm{d}x = -\frac{1}{2(a+b)}\sin(a+b)x + \frac{1}{2(a-b)}\sin(a-b)x + C$.

10. $\displaystyle\int \cos ax\cos bx\mathrm{d}x = \frac{1}{2(a+b)}\sin(a+b)x + \frac{1}{2(a-b)}\sin(a-b)x + C$.

11. $\displaystyle\int \frac{\mathrm{d}x}{a+b\sin x} = \frac{2}{\sqrt{a^2-b^2}}\arctan\frac{a\tan\frac{x}{2}+b}{\sqrt{a^2-b^2}} + C\,(a^2 > b^2)$.

12. $\displaystyle\int \frac{\mathrm{d}x}{a+b\sin x} = \frac{1}{\sqrt{b^2-a^2}}\ln\left|\frac{a\tan\frac{x}{2}+b-\sqrt{b^2-a^2}}{a\tan\frac{x}{2}+b+\sqrt{b^2-a^2}}\right| + C \quad (a^2 < b^2)$.

13. $\displaystyle\int \frac{\mathrm{d}x}{a+b\cos x} = \frac{2}{a+b}\sqrt{\frac{a+b}{a-b}}\arctan\left(\sqrt{\frac{a-b}{a+b}}\tan\frac{x}{2}\right) + C \quad (a^2 > b^2)$.

14. $\displaystyle\int \frac{\mathrm{d}x}{a+b\cos x} = \frac{1}{a+b}\sqrt{\frac{a+b}{b-a}}\ln\left|\frac{\tan\frac{x}{2}+\sqrt{\frac{a+b}{b-a}}}{\tan\frac{x}{2}-\sqrt{\frac{a+b}{b-a}}}\right| + C \quad (a^2 < b^2)$.

15. $\displaystyle\int \frac{\mathrm{d}x}{a^2\cos^2 x + b^2\sin^2 x} = \frac{1}{ab}\arctan\left(\frac{b}{a}\tan x\right) + C$.

16. $\displaystyle\int \frac{\mathrm{d}x}{a^2\cos^2 x - b^2\sin^2 x} = \frac{1}{2ab}\ln\left|\frac{b\tan x + a}{b\tan x - a}\right| + C$.

17. $\int x\sin ax\,\mathrm{d}x = \dfrac{1}{a^2}\sin ax - \dfrac{1}{a}x\cos ax + C$.

18. $\int x^2\sin ax\,\mathrm{d}x = -\dfrac{1}{a}x^2\cos ax + \dfrac{2}{a^2}x\sin ax + \dfrac{2}{a^3}\cos ax + C$.

19. $\int x\cos ax\,\mathrm{d}x = \dfrac{1}{a^2}\cos ax + \dfrac{1}{a}x\sin ax + C$.

20. $\int x^2\cos ax\,\mathrm{d}x = \dfrac{1}{a}x^2\sin ax + \dfrac{2}{a^2}x\cos ax - \dfrac{2}{a^3}\sin ax + C$.

十三、含有反三角函数的积分（其中 $a>0$）

1. $\int\arcsin\dfrac{x}{a}\,\mathrm{d}x = x\arcsin\dfrac{x}{a} + \sqrt{a^2-x^2} + C$.

2. $\int x\arcsin\dfrac{x}{a}\,\mathrm{d}x = \left(\dfrac{x^2}{2}-\dfrac{a^2}{4}\right)\arcsin\dfrac{x}{a} + \dfrac{x}{4}\sqrt{a^2-x^2} + C$.

3. $\int x^2\arcsin\dfrac{x}{a}\,\mathrm{d}x = \dfrac{x^3}{3}\arcsin\dfrac{x}{a} + \dfrac{1}{9}(x^2+2a^2)\sqrt{a^2-x^2} + C$.

4. $\int\arccos\dfrac{x}{a}\,\mathrm{d}x = x\arccos\dfrac{x}{a} - \sqrt{a^2-x^2} + C$.

5. $\int x\arccos\dfrac{x}{a}\,\mathrm{d}x = \left(\dfrac{x^2}{2}-\dfrac{a^2}{4}\right)\arccos\dfrac{x}{a} - \dfrac{x}{4}\sqrt{a^2-x^2} + C$.

6. $\int x^2\arccos\dfrac{x}{a}\,\mathrm{d}x = \dfrac{x^3}{3}\arccos\dfrac{x}{a} - \dfrac{1}{9}(x^2+2a^2)\sqrt{a^2-x^2} + C$.

7. $\int\arctan\dfrac{x}{a}\,\mathrm{d}x = x\arctan\dfrac{x}{a} - \dfrac{a}{2}\ln(a^2+x^2) + C$.

8. $\int x\arctan\dfrac{x}{a}\,\mathrm{d}x = \dfrac{1}{2}(a^2+x^2)\arctan\dfrac{x}{a} - \dfrac{a}{2}x + C$.

9. $\int x^2\arctan\dfrac{x}{a}\,\mathrm{d}x = \dfrac{x^3}{3}\arctan\dfrac{x}{a} - \dfrac{a}{6}x^2 + \dfrac{a^3}{6}\ln(a^2+x^2) + C$.

十四、含有指数函数的积分

1. $\int \mathrm{e}^{ax}\,\mathrm{d}x = \dfrac{1}{a}\mathrm{e}^{ax} + C$.

2. $\int x\mathrm{e}^{ax}\,\mathrm{d}x = \dfrac{1}{a^2}(ax-1)\mathrm{e}^{ax} + C$.

3. $\int x^n\mathrm{e}^{ax}\,\mathrm{d}x = \dfrac{1}{a}x^n\mathrm{e}^{ax} - \dfrac{n}{a}\int x^{n-1}\mathrm{e}^{ax}\,\mathrm{d}x$.

4. $\int xa^x\,\mathrm{d}x = \dfrac{x}{\ln a}a^x - \dfrac{1}{(\ln a)^2}a^x + C$.

5. $\int x^n a^x\,\mathrm{d}x = \dfrac{1}{\ln a}x^n a^x - \dfrac{n}{\ln a}\int x^{n-1}a^x\,\mathrm{d}x$.

6. $\int \mathrm{e}^{ax}\sin bx\,\mathrm{d}x = \dfrac{1}{a^2+b^2}\mathrm{e}^{ax}(a\sin bx - b\cos bx) + C$.

7. $\int e^{ax} \cos bx \, dx = \dfrac{1}{a^2 + b^2} e^{ax} (b\sin bx + a\cos bx) + C$.

8. $\int e^{ax} \sin^n bx \, dx = \dfrac{1}{a^2 + b^2 n^2} e^{ax} \sin^{n-1} bx (a\sin bx - nb\cos bx) +$

$\qquad\qquad \dfrac{n(n-1)b^2}{a^2 + b^2 n^2} \int e^{ax} \sin^{n-2} bx \, dx$.

9. $\int e^{ax} \cos^n bx \, dx = \dfrac{1}{a^2 + b^2 n^2} e^{ax} \cos^{n-1} bx (a\cos bx + nb\sin bx) +$

$\qquad\qquad \dfrac{n(n-1)b^2}{a^2 + b^2 n^2} \int e^{ax} \cos^{n-2} bx \, dx$.

十五、含有对数函数的积分

1. $\int \ln x \, dx = x\ln x - x + C$.

2. $\int \dfrac{dx}{x\ln x} = \ln|\ln x| + C$.

3. $\int x^n \ln x \, dx = \dfrac{1}{n+1} x^{n+1} \left(\ln x - \dfrac{1}{n+1} \right) + C$.

4. $\int (\ln x)^n dx = x(\ln x)^n - n\int (\ln x)^{n-1} dx$.

5. $\int x^m (\ln x)^n dx = \dfrac{1}{m+1} x^{m+1} (\ln x)^n - \dfrac{n}{m+1} \int x^m (\ln x)^{n-1} dx$.

十六、定积分

1. $\int_{-\pi}^{\pi} \cos nx \, dx = \int_{-\pi}^{\pi} \sin nx \, dx = 0$.

2. $\int_{-\pi}^{\pi} \cos mx \sin nx \, dx = 0$.

3. $\int_{-\pi}^{\pi} \cos mx \cos nx \, dx = \begin{cases} 0, & m \neq n \\ \pi, & m = n \end{cases}$.

4. $\int_{-\pi}^{\pi} \sin mx \sin nx \, dx = \begin{cases} 0, & m \neq n \\ \pi, & m = n \end{cases}$.

5. $\int_0^\pi \sin mx \sin nx \, dx = \int_0^\pi \cos mx \cos nx \, dx = \begin{cases} 0, & m \neq n \\ \dfrac{\pi}{2}, & m = n \end{cases}$.

6. $I_n = \int_0^{\frac{\pi}{2}} \sin^n x \, dx = \int_0^{\frac{\pi}{2}} \cos^n x \, dx$,

$\quad I_n = \dfrac{n-1}{n} I_{n-2}$

$\quad = \begin{cases} \dfrac{n-1}{n} \cdot \dfrac{n-3}{n-2} \cdot \cdots \cdot \dfrac{4}{5} \cdot \dfrac{2}{3} (n \text{ 为大于 1 的正奇数}), I_1 = 1 \\ \dfrac{n-1}{n} \cdot \dfrac{n-3}{n-2} \cdot \cdots \cdot \dfrac{3}{4} \cdot \dfrac{1}{2} \cdot \dfrac{\pi}{2} (n \text{ 为正偶数}), I_0 = \dfrac{\pi}{2} \end{cases}$